· 高职高专土建类专业系列规划教材 ·

主 编 孙桂良 张齐欣

副主编 张 拓 高玉春 吴 巍

建 筑 设 备（第2版）

合肥工业大学出版社

书　名	建筑设备（第 2 版）
主　编	孙桂良　张齐欣
责任编辑	陈淮民
出　版	合肥工业大学出版社
地　址	合肥市屯溪路 193 号（230009）
发行电话	0551 - 62903163
责编电话	0551 - 62903467
网　址	www.hfutpress.com.cn
版　次	2009 年 9 月第 1 版
	2013 年 7 月第 2 版
印　次	2013 年 7 月第 5 次印刷
开　本	787 毫米×1092 毫米　1/16
印　张	15.75
字　数	328 千字
书　号	ISBN 978 - 7 - 5650 - 0497 - 1
定　价	30.80 元
印　刷	合肥学苑印务有限公司
发　行	全国新华书店

── **图书在版编目（CIP）数据** ──

建筑设备/孙桂良,张齐欣主编 .—2 版 .—合肥：
合肥工业大学出版社,2013.7
ISBN 978 - 7 - 5650 - 0497 - 1

Ⅰ.①建…　Ⅱ.①孙…②张…　Ⅲ.①房屋建筑设
备—高等职业教育—教材　Ⅳ.①TU8

中国版本图书馆 CIP 数据核字(2013)第 151640 号

前　言

（第 2 版）

　　建筑是一种凝固的艺术,而能够为建筑提供完善的使用功能的就是建筑设备。随着科学技术与材料科学的发展,建筑设备也由以往的安全使用功能发展成为安全使用、节能环保,为使用者提供舒适完善的空间。

　　本教材在编写体例上打破了传统的灌输式理论教学模式,把理论部分和实践训练分开进行了编写,突出理论知识够用为主,强化实践训练,每章开端都有"内容要点"和"知识链接"两部分,可以使学生更容易地掌握住知识要点。

　　本书的特点是为教材的使用者——学生着想的:第一是让学生更好地掌握知识要点,搞得清楚、弄得明白;第二是提供了许多训练课目和实用的案例,这样可以更好地提高学生职业技能和动手能力,到了工作岗位能够很快适应工作环境;第三是在正文中,每章之后都有相应的练习题,巩固所学知识。

　　本书在总结目前高职高专使用教材的基础上进行编写,立足于对建筑设备及施工机械典型的系统原理图的介绍,使学习者熟悉建筑设备的组成、功用及施工设备的选用。在介绍时参考了《建筑工程施工规范》的项目划分原则,利于学习过程与实践过程的统一。全书共分五章。包括建筑给水、排水及采暖,建筑电气,智能建筑,通风与空调,电梯。

　　本书按 60 学时进行编写,使用时可根据各学校的教学要求及相关专业的不同需要,在各章节的内容上自行取舍。

　　本书由孙桂良、张齐欣担任主编,参编人员有孙桂良、张齐欣、张拓、高玉春、吴巍、汤同芳、刘从燕、江东波、韩军、范一鸣、许晨等老师;参编的学校包括宿州职业技术学院、安徽建工技师学院、淮北职业技术学院、滁州职业技术学院、安徽交通职业技术学院、六安职业技术学院、江西现代职业技术学院和亳州职业技术学院等。

　　由于作者水平所限,在编写过程中,难免出现疏漏甚至错误之处,恳请读者指正。

编　者

2013 年 6 月

目 录

绪 论

随着科学技术的发展和人们物质文化生活水平的提高,建筑不仅只为人们提供工作、生活的空间,而且还要满足人们工作、生活时有一个卫生、舒适、安全的生活和工作环境的要求。因此,在建筑物内需要设置完善的给水、排水、采暖、通风、空气调节、燃气、供电、电话、电视、火灾自动报警、安保、电梯等设备系统。装设在建筑物内的这些系统,统称为建筑设备。

一、本课程的性质与任务

"建筑设备"是高职高专建筑工程施工、管理类的主干课程之一,是一门实践性很强的课程。

本课程任务是学习建筑设备工程系统组成、原理、分类、应用,同时为加强理解还列举了相关的典型案例,为该专业的同学工作以后对建筑设备工程的施工组织打下稳定的基础。

建筑设备设置在建筑物内,要附着或固定在建筑结构上,这必然要求它们与建筑、装饰和结构等相互协调。因此,只有综合结构、建筑、装饰和设备各专业进行设计和施工,才能使建筑物达到适用、经济、卫生、舒适和安全的要求,充分发挥建筑物应有的功能,提高建筑物的使用质量。

二、本课程的主要内容

建筑设备是建筑工程的重要组成部分,主要分为五个部分。(1)建筑给水、排水及采暖。系统介绍建筑给水系统,建筑排水系统,供暖系统;(2)建筑电气。系统介绍室内外供配电系统、电气照明及防雷接地;(3)智能建筑。系统介绍有线电视、通讯系统、计算机网络、广播系统和火灾报警、安防系统等;(4)通风与空调。系统介绍建筑供风、排风、排烟、空调系统和设施;(5)电梯。系统介绍了电梯的组成、分类、和使用维护知识。

随着我国城镇各类建筑的兴起、人民生活居住条件的改善、基本建设工业化施工的迅速发展,建筑设备工程技术水平正在不断提高。同时,由于新科技、新材料快速发展,在建筑设备中引起了许多技术改革,如楼宇智能化更加完善,传统的管道连接更多地使用快速卡箍,新能源灯具、用具的使用,节约了大量的电力,采用塑胶制品代替各种金属材料,还能保证设备的使用质量,节约了金属材料和施工费用。新设备的研发和投入使用,使建筑设备工程技术不断更新,各种系统由于集中自动化控制而提高了效率,节约了费用,并创造更加舒适和安全的卫生环境,也为建筑设备技术的发展开辟了更加广阔的空间。

三、本课程的特点和学习方法

1. 本课程的特点

(1)综合性强

本课程由水、暖、电、智能电气等多专业、多学科专业知识组合而成,是一门独立的、实践性很强的课程,各部分内容既有密切的联系,又具有相对的独立性。

(2)各专业特点突出

本课程涉及多个专业,且各个专业又具有相对独立的特点,在介绍时没有过多地进行理论和公式的推导,本着基本理论知识和专业知识够用为度,主要介绍基本理论和案例。

(3)实践性强

本课程的学习应经过课堂教学和实训来完成。

2. 本课程的学习方法

首先要明确作为建筑施工管理人员必须掌握建筑设备的基本知识和技能,具有综合考虑和处理各种建筑设备与建筑主体之间关系的能力,具有理解设计意图、识图、组织施工的能力。

在课堂教学中应重点学习系统组成原理、系统分类、施工要点和方法,掌握施工程序、材料性能、施工工艺及施工要求等。教学可以以实物、参观、教学课件等手段,使学生通过课堂教学基本掌握各部分的施工组织。

本章思考与实训

1. 什么是建筑设备?
2. 学习建筑设备的目的是什么?
3. 本课程的学习方法有哪些?

第一章　建筑给水、排水及采暖、供热

【内容要点】

1. 室内给水系统的分类、组成和给水方式；
2. 室内排水系统的分类和组成；
3. 给排水管道的布置和敷设；
4. 室内热水供应方式和系统的布置；
5. 室外供热管道的敷设。

【知识链接】

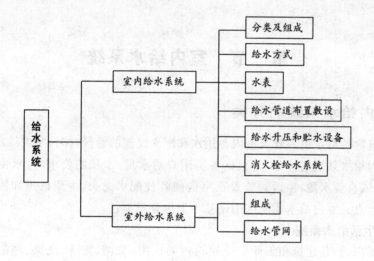

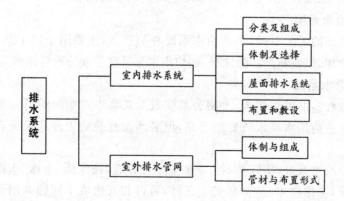

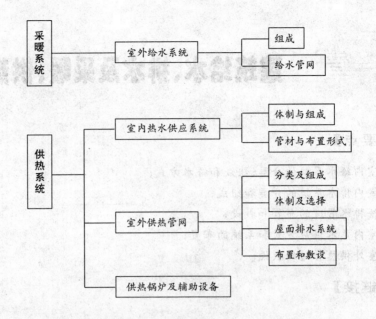

第一节 室内给水系统

一、室内给水系统的分类

建筑物的给水引入管至室内各用水和配水设施的管段,称为室内给水系统。

室内给水系统的任务,是根据各类用户对水量、水压的要求,将水由城市给水管网(或自备水源)输送到装置在室内的各种配水龙头、生产机组和消防设备等各用水点。室内给水系统按用途基本上可分三类:

1. 生活给水系统

供民用、公共建筑和工业企业建筑内的饮用、烹调、盥洗、洗涤、淋浴等生活上的用水,要求水质必须严格符合国家规定的饮用水质标准。

2. 生产给水系统

因各种生产的工艺不同,生产给水系统种类繁多,主要用于以下几个方面:生产设备的冷却、原料和产品的洗涤、锅炉用水及某些工业的原料用水等。

3. 消防给水系统

供给层数较多的民用建筑、大型公共建筑及某些生产车间的消防系统的消防设备用水。消防用水对水质要求不高,但必须按建筑防火规范保证有足够的水量和水压。

[问一问]
室内给水系统具有什么任务?

上述三种给水系统,实际并不一定需要单独设置,按水质、水压、水温及室外给水系统情况,考虑技术、经济和安全条件,可以相互组成不同的共用系统。如生活、生产、消防共用给水系统;生活、消防共用给水系统;生活、生产共用给水系统;生产、消防共用给水系统。

二、室内给水系统的组成

建筑内部给水系统(如图1-1所示)一般由以下各部分组成。

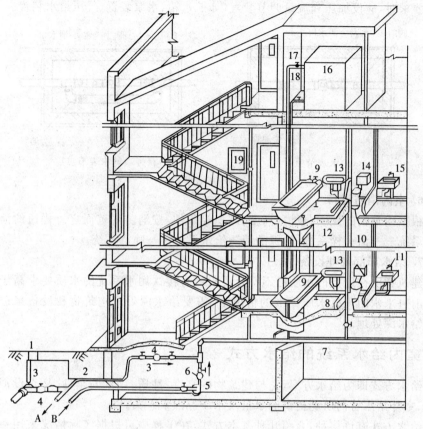

1—阀门井;2—引入管;3—闸阀;4—水表;5—水表节点;6—逆止阀;7—干管;
8—支管;9—浴盆;10—立管;11—水龙头;12—淋浴器;13—洗脸盆;14—大便器;
15—洗涤盆;16—水箱;17—进水管;18—出水管;19—消火栓;A—入储水池;B—来自储水池

图1-1 建筑内部给水系统示意图

1. 引入管

引入管又称进户管,是市政给水管网和建筑内部给水管网之间的连接管道,它的作用是从市政给水管网引水至建筑内部给水管网。

2. 水表节点

水表节点是指引入管上装设的水表及其前后设置的阀门、止回阀、泄水阀等装置的总称。水表用来计量建筑物的总用水量,阀门用以水表检修、更换时关闭管路,泄水阀用于系统检修时排空之用,止回阀用于防止水流倒流,水表节点如图1-2所示。

3. 给水管网

给水管网是指由垂直干管、立管、横管等组成的建筑内部的给水管网。

4. 给水附件

给水附件是指管路上闸阀、止回阀等控制附件及淋浴器、配水龙头、冲洗阀

[问一问]

室内给水系统主要有哪几部分组成?

等配水附件和仪表等。

5. 升压和贮水设备

室外给水管网的水压或流量经常或间断不足,不能满足室内或建筑小区内给水要求时,应设加压和流量调节装置,如贮水箱、水泵装置、气压给水装置。

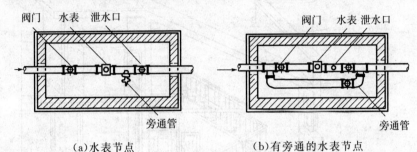

(a)水表节点　　　　　　(b)有旁通的水表节点

图 1-2　水表节点

6. 室内消防设备

根据建筑物的性质、规模、高度、体积等条件,按消防规范而定。普通的消防给水系统——消火栓系统;特殊的消防给水系统——喷洒系统。

7. 给水局部处理设备

建筑物所在地点的水质已不符合要求或直接饮用水系统的水质要求高于我国目前自来水的现行水质标准的情况下,需要给水深处理构筑物和设备来进行局部给水深处理。

三、室内给水系统的给水方式

给水方式即为给水方案,它与建筑物的高度、性质、用水安全性、是否设消防给水、室外给水管网所能提供的水量及水压等因素有关。

给水方式有许多种,介绍几种基本方式,在工程中可根据实际情况采用一种或几种,综合组成所需要的形式。

1. 直接给水方式

直接把室外管网的水引向建筑用水点,这种给水方式称为直接给水方式,如图 1-3(a)所示。适用于室外管网压力、水量在任何时候均能满足室内用水需要。该系统简单,安装维护可靠,充分利用室外管网压力,内部无贮水设备,可外停也可内停。

2. 水泵给水方式

(1)恒速泵

适用于室外管网压力经常不满足要求,室内用水量大且均匀,多用于生产给水。

(2)变频调速泵供水

当建筑物内用水量大且用水不均匀时,可采用变频调速供水方式。特点是变负荷运行,节省减少能量浪费,不需设调节水箱。

3. 水泵、水箱供水方式

(1)单设水箱供水

当室外管网水压周期性不足,一天内大部分时间能满足需要,仅在用水高峰

[做一做]
1. 请列表比较室内给水系统几种给水方式各自的特点。
2. 请绘制各种供水方式的简图。

时,由于水量的增加,而使市政管网压力降低,不能保证建筑上层的用水时可采用室内外管道直接相连,屋顶加设水箱,如图1-3(b)所示。室外管网压力充足时(夜间)向水箱充水;当室外管网压力不足时(白天),由水箱供室内用水。该方式节能无需设管理人员,减轻市政管网高峰负荷(众多屋顶水箱,总容量很大,起到调节作用),但屋顶造型不美观,水箱水质易污染,采用该方式应掌握室外供水的流量及压力变化情况及室内建筑物内用水情况,以保证水箱容积能满足供水压力时建筑内用水的需要。仅适用于用水量不大、水压力不足时间不很长的建筑,体积不大于20m³。

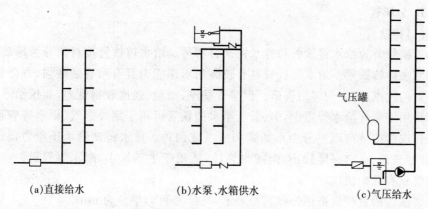

(a)直接给水　　　　　(b)水泵、水箱供水　　　　　(c)气压给水

图1-3　室内给水系统的给水方式

(2)水泵水箱联合供水

当室外管网压力经常不足且室内用水又不很均匀时,可采用水泵水箱联合供水的方式,这种供水方式水泵及时向水箱充水,使水箱容积减小,又由于水箱的调节作用,使水泵工作状态稳定,可以使其在高效率下工作,同时水箱的调节,可以延时供水,供水压力稳定,可以在水箱上设置液体继电器,使水泵启闭自动化。

4. 分区供水方式

适用于多层建筑中,室外给水管网能提供一定的水压,满足建筑下几层用水要求,且下几层用水量有较大。供水方式是下区由市政管网压力直接供水;上区由水泵水箱联合供水,两区间设连通管,并设阀门,必要时,室内整个管网用水均可由水泵、水箱联合供水或由室外管网供水。

5. 气压给水方式

当城市配水管网的水质和水量能满足建筑内用水要求,而水压不足或经常性不足,抑或周期性不足且室内用水不均匀且建筑不宜设置高位水箱时,可采用气压给水方式,如图1-3(c)所示。该给水方式即在给水系统中设置气压给水设备,水泵抽水加压向管网和该设备的气压水罐供水,而利用罐内压缩气体将罐中贮备水压向管网供水,以调节流量和控制水泵运行。气压水罐的作用相当于高位水箱,但其位置可根据需要设置在高处或低处。

其主要优点:一是取消了高位水箱,灵活、机动,便于安装拆卸,且利于防冻;二是罐内水质不易被污染;三是基建投资较省;四是便于集中管理,较容易实现自动控制。

其主要缺点：一是常用的变压式给水设备给水压力变化幅度大，不稳定；二是气压罐调节容积小，其贮存和调节水量的作用远不如高位水箱，因而其供水可靠性较差；三是设备的运行费用高。

四、建筑给水管材、管件及附件

(一)常用管材及管件

建筑给水管材可以分为金属管和非金属管两大类。

1. 金属管

(1)铸铁管

铸铁管分为给水铸铁管和排水铸铁管两种。给水铸铁管按材质分为球墨铸铁管和灰口铸铁管。给水铸铁管具有较高的承压能力且有耐腐蚀性强、寿命长、价格低的优点，适宜作埋地管道。但是管壁厚、质脆、强度较钢管差，高压给水铸铁管多用于室外给水管道中，中、低压给水铸铁管可用于室外燃气、雨水等管道。给水铸铁管按接口形式分为承插式和法兰式两种。排水铸铁管承压能力低、质脆、管壁较薄、承口深度较小，但能耐腐蚀，适用于生活污水、雨水等管道。排水铸铁管只有承插接口。

铸铁管的直径规格用公称直径表示，符号为DN，单位为 mm。

(2)钢管

建筑给水常用的钢管有焊接钢管和无缝钢管。

焊接钢管通常由钢板以对缝或螺旋缝焊接而成，故又称为有缝钢管。按其表面是否镀锌可分为镀锌钢管(白铁管)和非镀锌钢管(黑铁管)。按钢管壁厚不同又可分为普通焊接钢管、加厚焊接钢管和薄壁焊接钢管。焊接钢管的直径规格用公称直径表示，符号为DN，单位为 mm。

无缝钢管是用钢坯经穿孔轧制或拉制成的管子，常用普通碳素钢、优质碳素钢或低合金钢制成，具有承受高压及高温的能力，用于输送高压蒸汽、高温热水、易燃易爆及高压流体等介质。为满足不同的压力需要，同一公称直径的无缝钢管的壁厚并不相同，所以用 D(管外径，单位为 mm)$\times\delta$(壁厚，单位为 mm)。

(3)铜管

一种比较传统但价格比较昂贵的管道材质，耐用而且施工较为方便。在很多进口卫浴产品中，铜管都是首位之选。价格是影响其使用量的最主要原因，另外铜蚀也是一方面的因素。

(4)不锈钢管

不锈钢管是一种较为耐用的管道材料。但其价格较高，且施工工艺要求比较高，尤其是材质强度较硬，现场加工非常困难。所以，在装修工程中被选择的几率较低。

铜管和不锈钢管强度大，比塑料管材坚硬、韧性好，不宜裂缝，不宜折断，具有良好的抗冲击性能，延展性高，可制成薄壁管及配件，更适用于高层建筑给水和热水供应系统中。

2.非金属管

（1）铝塑复合管

铝塑复合管是目前市面上较为常用的一种管材，它以焊接铝管为中间层，内外层为由于交联聚乙烯塑料，采用专用热熔胶，通过挤压成形的方法复合成一体的管材，可分为冷水和热水用铝塑管。其质轻、耐用而且施工方便，尤其可弯曲性更适合在家装中使用。其主要缺点是在用作热水管使用时，由于长期的热胀冷缩会造成管壁错位以致造成渗漏。

（2）不锈钢复合管

不锈钢复合管与铝塑复合管在结构上差不多，在一定程度上，性能也比较相近。同样，由于钢的强度问题，施工工艺仍然是一个问题。

（3）PVC 管

PVC（聚氯乙烯）塑料管是一种现代合成材料管材。但近年内科技界发现，能使 PVC 变得更为柔软的化学添加剂酞，对人体内肾、肝、睾丸影响甚大，会导致癌症、肾损坏、破坏人体功能再造系统，影响发育。一般来说，由于其强度远远不能适用于水管的承压要求，所以极少使用于自来水管。大部分情况下，PVC 管适用于电线管道和排污管道。

（4）PP 管

PP（Poly Propylene）管分为多种，常见的有：

① PP－B（嵌段共聚聚丙烯）：因在施工中采用熔接技术，所以也俗称热熔管。由于其无毒、质轻、耐压、耐腐蚀，PP－B 管正在成为一种推广的材料，但目前装修工程中选用的还比较少，一般来说，这种材质不但适用于冷水管道，也适用于热水管道，甚至纯净饮用水管道。

② PP－C（改性共聚聚丙烯）管：性能基本同 PP－B。

③ PP－R（无规共聚聚丙烯）管：性能基本同 PP－B。

PP－C(B) 与 PP－R 的物理特性基本相似，应用范围基本相同，工程中可替换使用。主要差别为 PP－C(B) 材料耐低温脆性优于 PP－R，PP－R 材料耐高温性好于 PP－C(B)。在实际应用中，当液体介质温度 $\leqslant 5$℃时，优先选用 PP－C(B) 管；当液体介质温度 $\geqslant 65$℃时，优先选用 PP－R 管；当液体介质温度 5℃～65℃之间区域时，PP－C(B) 与 PP－R 的使用性能基本一致。

常用塑料给水管技术性能比较见表 1-1。

（二）给水管道的连接

管路系统是由给水管道、管件及附件组合而成的。

管件是管道之间、管道与附件及设备之间的连接件。管件的作用是：连接管路、改变管径、改变管路方向、接出支线管路及封闭管路等。管件根据制作材料不同，可分为铸铁管件、钢制管件、铜制管件和塑料管件；管件根据接口形式不同，可分为螺纹连接、法兰连接、承插口连接；管件按用途分类有接头、弯头、三通、四通、堵头等。

表1-1 常用塑料给水管性能比较表

管材种类	UPVC管	PP－R管	PE管	铝塑复合管	PP－B管
工作温度（℃）	$-5 \leqslant t \leqslant 45$	$-20 \leqslant t \leqslant 95$	$-50 \leqslant t \leqslant 65$	$-40 \leqslant t \leqslant 95$	$-30 \leqslant t \leqslant 110$
最大使用年限/年	50	50	50	50	50
主要连接方式	粘接	热熔电熔（挤压）	热熔电熔	挤压	挤压（热熔电熔）
接头可靠性	一般	较好	较好	好	好
产生二次污染	有	无	无	无	无
最大管径/mm	400	125	400	110	50
综合费用	约占镀锌管的60%左右	高出镀锌管50%左右	高出镀锌管20%左右	高出镀锌管1倍以上	高出镀锌管2倍以上

不同种类的管材都有适合它自身特点的连接方式，以下介绍的是常用的管道连接方式。

1. 螺纹连接

螺纹连接也称丝扣连接，管子多采用圆锥形外螺纹，并与圆柱形内螺纹的管件将管子紧密的连接。钢管、厚型铜管和塑料管均可采用螺纹连接。当钢管采用螺纹连接时，管材与管件应选用的一致。采用螺纹连接施工方便，且易变化，能满足各种设备的安装需要。

2. 焊接

焊接只能用于非镀锌钢管、铜管和塑料管。当钢管的壁厚小于5mm时可采用氧－乙炔气焊，壁厚大于5mm的钢管采用电焊连接；而塑料管则可采用热空气焊。焊接连接具有接头紧密、不漏水、施工速度快、不需用配件的特点，但不能拆卸。

3. 法兰连接

法兰连接是管径较大（50mm以上）的管道中应用广泛的一种连接。它通常是将法兰盘焊接或螺纹连接在管端，再用螺栓连接起来。法兰连接的强度高、拆卸方便，但技术要求高。常用在连接阀门、止回阀、水表、水泵等处，以及需经常拆卸、检修的管段上。

4. 承插连接

承插铸铁管可采用承插口连接。承插铸铁管的一端为承口，一端为插口。承插口连接就是将填料填塞在承口与插口间的缝隙内而将其连接起来。铸铁管的承插连接的填料分为石棉水泥、膨胀水泥、青铅及柔性橡胶圈等。

5. 承插黏接

即采用黏合剂将承口和插口黏合在一起的连接方式，适用于 UPVC 管与CPVC 管。

6. 热熔连接

热熔连接是相同热塑性塑料制作的管材和管件互相连接时，采用专用热熔

[做一做]
请列表比较给水管道几种连接方式各自的用途及优缺点。

机具将连接部分表面加热,连接接触面处的本体材料互相融合、冷却后连接成为一体的连接方式。热熔连接有对接式热熔连接、承插式热熔连接和电熔连接。电熔连接是由相同的热塑性塑料管道连接时,插入特制的电熔管件,由电熔连接机具对电熔管件通电,依靠电熔管件内部预先埋设的电阻丝产生所需的热量进行熔接,冷却后管道与电熔管件连接成为一体。

7. 挤压夹紧式连接(卡套连接)

卡套式连接的连接件由带锁紧螺丝帽和丝扣管件组成,连接方法是当管道插入管件后,拧动锁紧螺帽,把预先套在管道上的金属管箍压紧,以起到管材与管件密封和连接作用。卡箍式连接的方法是管道插入有倒牙的管件后,将套在管道外表面的铜制管箍,用专用夹紧钳夹紧以起到管材与管件密封和连接作用。该连接方法适用于铝塑复合管、薄壁铜管和大多数塑料管。

8. 卡箍式连接

卡箍连接式也称沟槽连接,在90年代中期引进应用,现已被广泛应用于消防系统、生活给水系统、热水系统、空调系统,已逐渐取代了法兰、丝接、焊接的传统管道连接方式。

卡箍管件连接分为钢性连接和柔性连接,实际操作时在被连接管道外表面用滚槽机挤压出一个沟槽,对好钢管(事先套好密封胶圈),然后卡好两片卡箍即可。

卡箍连接的优点非常多,它不但使用方便,现场需要的机械工具也很简单,仅仅需要切割机、滚槽机和扭紧螺栓用的扳手,施工组织方便。使用卡箍连接的管道稳定性很好,同时管道日后维修也非常方便,只需松开两片卡箍即可任意更换、转动、修改一段管路。

当不同材料的管材之间需要连接时,则采用过渡性的接头管件连接。如塑料管与金属管采用过渡性的接头进行螺纹或法兰连接。常用的金属管和非金属管的连接方法见表1-2、表1-3。

[做一做]
动手练习各种管道与管件的连接。

表 1-2　常用的金属管的连接方式

管材	钢管		铸铁管	铜管	薄壁不锈钢管
	镀锌钢管	不镀锌钢管			
连接方式	螺纹、法兰	螺纹、法兰、焊接	承插连接	焊接、法兰、螺纹、挤压夹紧	焊接、螺纹、挤压、压封式连接

表 1-3　常用的几种塑料管及复合管材的连接方式

连接方式	PE	PEX	PP	PB	UPVC	普通 ABS	塑料复合管
挤压夹紧	可以	可以	可以	可以	不可以	不可以	可以
热熔连接	可以	不可以	可以	可以	不可以	不可以	不可以
承插粘接	不可以	不可以	不可以	不可以	可以	不可以	不可以

[注]　改性 ABS 塑料管、钢塑复合管则都采用螺纹连接、法兰连接。

(三)给水附件

1. 配水附件(水龙头、水嘴)

[问一问]

给水管材有几种？不同的管材的连接方式是否一样？

在各种用水器具上安装的用于调节和分配水流的给水附件,俗称水龙头水嘴。常见的有:装在洗涤盆、污水盆、盥洗槽上的盥洗、沐浴用的排水龙头(如图1–4(a));装在洗脸、浴盆等上的有冷热水分别设置的混合龙头(如图1–4(b))和沐浴器等;还有小便斗龙头、皮带龙头、洗衣机龙头等。为大力推动节水工作的开展,政府有关部门特推荐使用感应式水嘴、延时自闭式水嘴等节水型水嘴。

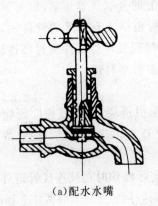

(a)配水水嘴　　　　　　　　(b)混合水嘴

图1–4　配水附件

2. 控制附件

控制附件即指阀门,它是截断、接通流体通路或改变流向、流量及压力值的装置。阀门的规格通常用公称直径和公称压力表示,前者指阀门与管道连接处管道的公称直径;后者指阀门在基准温度下允许的最大工作压力。按用途分有截断阀、调节阀、止回阀、分流阀、安全阀、多用阀六类。

(1)截断阀

截断阀类主要用于接通或截断管路中流体通路,如截止阀、闸阀、蝶阀、球阀、旋塞阀、隔膜阀等。

(2)调节阀

调节阀类主要用于调节流体的压力、流量等,如节流阀、减压阀、浮球调节阀等。

(3)止回阀

止回阀(单向阀、逆止阀)是只允许流体沿一个方向流动,能自动防止回流的阀门。

(4)分流阀

分流阀类用于分配流体的通路去向,或将两相流体分离,如分配阀、三通旋塞阀、三通或四通球阀、疏水阀、排气阀等。

(5)安全阀

安全阀(泄压阀)主要用于安全保护,用来防止锅炉、压力容器或管道因超压而破坏。

(6)多用阀

多用阀是具有一种以上功能的阀门,如截止止回阀既能起到断流作用又能起止回作用。

五、水表

水表是一种计量用户累计用水量的仪表。目前我国广泛采用的是流速式水表,它是根据流速与流量成比例这一原理制作的。流速式水表按翼轮转轴构造不同,分为旋翼式和螺翼式,如图1-5所示。

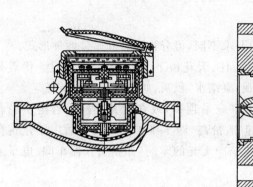

(a)旋翼式　　　　　　　　　(b)螺翼式

图1-5　流速式水表

通常在给水系统中,水表直径小于50mm时,采用旋翼式水表;大于50mm时,可选用旋翼式水表和螺翼式水表;当通过的水量变化很大时,应采用复式水表。复式水表由大小两个水表并联组成,总流量为两个水表流量之和。测量大流量的水表有孔板流量计、涡轮流量计、电磁水表、超声波流量计等。现在又出现了为了便于抄表及收费的远传式水表、IC卡水表。

另外,建筑给水系统中使用的仪表还有测压力的压力表、真空表、温度计及水位计等。

六、室内给水管道的布置和敷设

(一)给水管道的布置

1. 引入管

从配水平衡和供水可靠性上考虑,宜从建筑物用水量最大处和不允许断水处引入(用水点分布不均匀时)。用水点均匀的从建筑中间引入,以缩短管线长度,减小管网水头损失。条数:一般一条,当不允许断水或消火栓个数大于10个时2条,且从建筑不同侧引入,同侧引入时,间距大于10m。

2. 室内给水管网

与建筑性质、外形、结构状况、卫生器具布置及采用的给水方式有关。

(1)力求长度最短,尽可能呈直线走,平行于墙梁柱,兼顾美观,考虑施工检修方便。

(2)干管尽量靠近大用户或不允许间断供水,以保证供水可靠,减少管道转输流量,使大口径管道最短。

(3)不得敷设在排水间、烟道和风道内,不允许穿过大小便槽、橱窗、壁柜、木装修。

(4)避开沉降缝,如果必须穿越时,应采取相应的技术措施。

(5)车间内给水管道可架空、可埋地。架空时,不得妨碍生产操作及交通,不在设备上通过,不允许在遇水会引起爆炸、燃烧或损坏的原料、产品、设备上面布管道。埋地应避开设备基础,避免压坏或震坏。

(二)给水管道的敷设

根据建筑对卫生、美观方面的要求不同,可分为明装和暗装两种形式。

(1)明装是管道在室内沿墙、梁、柱、天花板下、地板旁暴露敷设。优点是造价低,便于安装维修;缺点是不美观,凝结水,积灰,妨碍环境卫生。

(2)暗装则是管道敷设在地下室或吊顶中,或在管井、管槽、管沟中隐蔽敷设。其特点是卫生条件好,美观,但造价高,施工维护均不便。适用于建筑标准高的建筑(如高层、宾馆),要求室内洁净无光的车间(如精密仪器车间、电子元件车间)等。

室内给水管道可以与其他管道一同架设,应考虑安全、施工、维护等要求。在管道平行或交叉设置时,对管道的相互位置、距离、固定等应按管道综合有关要求统一处理,如引入管的敷设要求。

[问一问]

1. 给水管道的布置应考虑什么?

2. 引入管进入建筑物应如何敷设?

在穿越基础或承重墙时,应注意管道的保护:若基础埋得较深时,给水管要穿过基础或承重墙(如图1-6(a)所示),施工基础或承重墙时应预留孔洞;若基础埋得较浅,管道则可以从基础底部通过,如图1-6(b)所示。

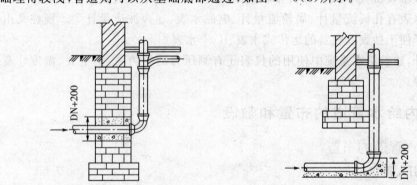

(a)管道穿过深基础　　　　　　(b)管道从浅基础下通过

图1-6　给水管道进入建筑物

七、给水升压和贮水设备

(一)水泵

水泵是给水系统中的主要升压设备。在建筑内部的给水系统中,一般采用离心式水泵。它具备结构简单、体积小、效率高、流量和扬程在一定范围内可以调整等优点。

1. 离心泵的基本构造

离心泵的基本构造是由泵壳、泵轴、叶轮、吸水管和压水管等部分组成。如图 1-7 所示。

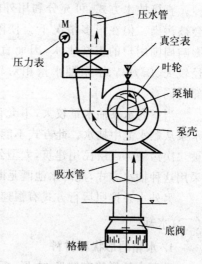

图 1-7　离心水泵装置

2. 离心泵的工作原理

离心泵工作前,先将泵内充满液体,然后启动离心泵,叶轮快速转动,叶轮的叶片驱使液体转动,液体转动时依靠惯性向叶轮外缘流去,同时叶轮从吸入室吸进液体,在这一过程中,叶轮中的液体绕流叶片,在绕流运动中液体作用一升力于叶片,反过来叶片以一个与此升力大小相等、方向相反的力作用于液体,这个力对液体做功,使液体得到能量而流出叶轮,这时液体的动能与压能均增大。离心泵依靠旋转叶轮对液体的作用把原动机的机械能传递给液体。由于离心泵的作用液体从叶轮进口流向出口的过程中,其速度能和压力能都得到增加,被叶轮排出的液体经过压出室,大部分速度能转换成压力能,然后沿排出管路输送出去,这时,叶轮进口处因液体的排出而形成真空或低压,吸水池中的液体在液面压力(大气压)的作用下,被压入叶轮的进口,于是,旋转着的叶轮就连续不断地吸入和排出液体。

3. 水泵的基本性能参数

(1)流量(Q)

水泵在单位时间内所输送的液体体积,单位是 L/s 或 m³/h。

(2)扬程(H)

单位重量液体通过水泵时所获得的能量,单位是 Pa 或 mH₂O。

(3)轴功率(N)

水泵从电机处所获得的能量,单位是 kW。

(4)效率(η)

水泵的有效功率与轴功率的比值为效率。

(5)转速(n)

水泵叶轮每分钟旋转的次数,单位是 r/min。

(6)允许吸上真空高度(H_s)

水泵在标准状态下(水温为 20℃,液面压强为一个标准大气压下)运转时,进口所允许达到的最大真空值,单位是 Pa 或 mH₂O。

以上所介绍的水泵各基本工作参数之间是相互联系,相互影响的,它们之间的关系可用离心式水泵即特性曲线来反映。这种曲线可从水泵样本中查到。

---

4. 水泵装置

水泵装置按其进水方式有直接从室外给水管网抽水和从贮水池抽水两种。直接抽水方式,可充分利用外网的水压,节省能量,系统比较简单,水质不会被污染。但在很多情况下会使附近外网的水压降低(甚至出现负压),从而影响周围用户的正常供水,因而直接抽水方式必须加以限制。只有在外网管径较大、压力高、水泵抽水量相对较小时方可采用,同时仍必须征得城市供水部门同意。

当室内水泵抽水量较大,不允许直接从室外管网抽水时,需建造贮水池,用水泵从贮水池中抽水。此方式不能利用外网的水压、水泵能耗大,且水池水质易被二次污染。高层民用建筑,大型公共建筑及由城市管网供水的工业企业,一般采用这种抽水方式,此时水池既是断流、调节水池,又兼作贮水池用。

另外水泵按照运行方式有恒速运行和变速运行两种。

(二)水箱

1. 水箱的形状和材料

常用水箱形状有圆形、方形、矩形和球形,特殊情况下,也可根据具体条件设计成其他任意形状。

水箱按材料分主要有钢筋混凝土、不锈钢、铜、铝、塑料、复合钢板、玻璃钢水箱等。

2. 水箱附件

水箱一般应设进水管、出水管、溢水管、泄水管、通气管和水位信号装置等附件,如图1-8所示。

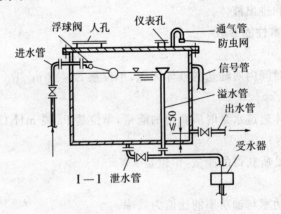

图1-8 水箱附件剖面图

(1)进水管

水箱进水管一般从侧壁接入,也可从底部或顶部接入。当水箱利用管网压力进水时,进水管水流出口应尽量装设液压水位控制阀或者浮球阀,控制阀顶部接入水箱,当管径≥50mm时,其数量一般不少于两个。每个控制阀前应装有检修阀门,当水箱利用加压泵压力进水并利用水位升降自动控制加压泵运行时,不应装水位控制阀。

(2)出水管

水箱出水管可从侧壁或底部接出。出水管内底（侧壁接出）或管口顶面（底部接出）应高水箱内底不少于50mm。出水管上应设置内螺纹（小口径）或法兰（大口径）闸阀，不允许安装力较大的截止阀。当需要加装止回阀时，应采用阻力较小的旋启式代替升降式，止回阀标高水箱最低水位不少于1m。

(3)溢水管

水箱溢水管可从侧壁或底部接出，其管径宜比进水管大1～2号。溢水管上不得装设阀门，溢水管不得与排水系统直接连接，必须采用间接排水。溢水管上应有防止尘土、昆虫、蚊蝇等进入的措施，如设置水封、滤网等。

(4)泄水管

水箱泄水管应自底部最低处接出。泄水管上装有内螺纹或法兰闸阀（不应装截止阀）。泄水管可与溢水管相接，但不得与排水系统直接连接，泄水管管径在无特殊要求时，一般不小于50mm。

(5)通气管

供生活饮用水的水箱应设有密封箱盖，箱盖上应设有检修人孔和通气管。通气管可伸至室内或室外，但不得伸到有有害气体的地方，管口应有防止灰尘、昆虫和蚊蝇进入的滤网，一般应将管口朝下设置。通气管上不得装设阀门、水封等妨碍通气的装置。通气管不得与排水系统和通风道连接，通气管管径一般采用不小于50mm。

(6)水位信号装置

一般应该在水箱侧壁上安装玻璃液位计，用于就地指示水位。若在水箱末端装液位信号计时，可设信号管给出溢水信号。信号管一般自水箱侧壁接出，其设置高度应使其管内底与溢水管内底或喇叭口顶面溢流水面齐平。管径一般采用15mm。信号管可接至经常有人值班房间内的洗脸盆、洗涤盆等处。若水箱液位与水泵联锁，则应在水箱侧壁或顶盖上安装液位继电器或信号器。常用液位继电器或信号器有浮球式、杆式、电容式与浮子式等。

(三)气压给水设备

它利用密闭管中压缩气体的压力变化，调节和压送水量，在给水系统中主要起增压和水量调节作用。

1. 分类和组成

按压力稳定情况可分为变压式和定压式两种；按气—水接触方式可分为补气式和隔膜式两大类。

(1)变压式气压给水设备

变压式气压给水设备在向给水系统输水过程中，给水系统的压力随着气压罐的压力变化而变化，如图1-9所示。罐内的水在压缩空气的起始压力P_1作用下被压送至给水管网，随着罐内水量的减少，压缩空气体积膨胀压力减小，当压力降至最小工作压力P_2时，压力信号器动作，水泵启动。水泵出水除了供用户外，多余的部分进入气压水罐，罐内水位上升，空气又被压缩，

当压力达到 P_1 时,压力信号器动作,使水泵停止工作,气压水罐再次向管网输水。

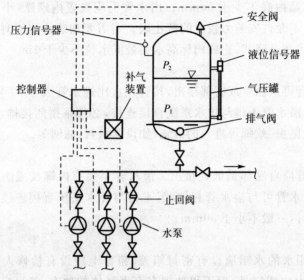

图 1-9 变压式气压给水设备

(2)定压式气压给水设备

给水系统的压力不随着气压罐的压力变化而变化,分成:

① 单罐式:在变压式气压给水设备的供水管上安装压力调节阀,调节阀后水压在要求的范围内,使供水压力相对稳定。

② 双罐变压式:可以在压缩空气连通管上安装压力调节阀,将阀后气压控制在要求的范围内。

(3)隔膜式气压给水设备

气压罐内装设橡胶隔膜将水与空气分开。常用的隔膜主要有帽形、囊形两类。图1-10为囊形隔膜式气压罐。隔膜式气压给水设备不仅省去补气装置,而且避免了空气对水的污染,因此,应用广泛。

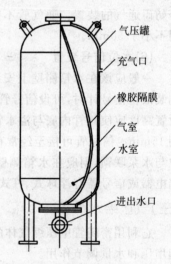

图 1-10 隔膜式气压给水设备

2. 特点及适用范围

气压给水设备的优点是:灵活性大,设置位置不受限制,便于隐蔽,安装、拆卸都很方便;气压水罐为密闭罐,不但水质不易污染,同时还有助于消除给水系统中水锤的影响。其缺点是:调节容积小,贮水量少,供水安全性较差;水泵启动频繁,设备寿命短;耗用钢材较多。

根据气压给水设备的特点,它适用于有升压要求,但又不适宜设置水塔或高位水箱的小区或建筑内的给水系统。

八、室内消火栓给水系统

室内消火栓给水系统是消防给水系统中常用的一种。

(一)室内消火栓系统的组成

1. 室内消火栓系统的组成

室内消火栓系统由水枪、水龙带、消火栓管道系统、水源以及供水设备。

(1)消火栓

分为单出口和双出口消火栓,口径有 50mm 和 65mm,是以消防水枪出水流量来决定的。如 qxh<5L/s 时,选 SN50mm;qxh>5L/s 时,选 SN65mm。

(2)水龙带

有麻质和衬胶两种材料,口径有 50mm 和 65mm 两种;长度有 15m、20m、25m 三种。

(3)水枪

室内常用的水枪口径为 13mm、16mm、19mm。

(4)消防管道

消防时水量大、压力也大,对于独立消防系统,管材采用焊接钢管;生活消防共享系统采用镀锌钢管或焊接钢管。

(5)水源

为了安全,一般要考虑两种水源(市政、贮水池)。

2. 附属设备

(1)屋顶消火栓

为了检查消火栓给水系统是否解决正常运行及保护本建筑物免受邻近建筑火灾的袭击,在室内消火栓给水系统的屋顶设一个实验消火栓,南方设在室外,北方防水地区设在水箱间。

(2)水泵接合器

水泵接合器连接室内消防管网与室外消防车的水泵连通器。有三种类型:①地下式,通常用于北方寒冷地区;②地上式,通常用于南方地区;③墙壁式,南方地区常用。水泵接合器由消防栓口、单向阀、安全阀、闸阀组成。

(3)减压孔板

室内消火栓给水系统中立管上消火栓由于高度不同,其上管底部消火栓压力最大,当上部消火栓口水压满足消防灭火需要时,则下部消火栓压力必然过剩,若开启这类消火栓灭火,其出流必然过大,将迅速用完消防贮水。为保证消防灭火时各栓口的压力均匀,需要消除各栓口处过剩水压。消火栓口处的压力超过 0.5MPa 时,要设减压措施。

(4)消防水喉设备

为十分钟内将火灾扑灭,赶在消防人员到来之前,一些建筑,如设有空调系统的旅馆和办公大楼采用除了原有的消火栓外,附带有自救式小口径直流水枪消火栓设备,如图 1-11 所示。

[看一看]
观察自己身边建筑内外,看看消火栓是由哪些部分组成的。并绘出构造草图。

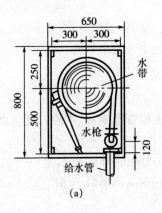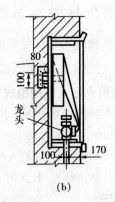

图1-11 自救式小口径消火栓设备

(二)消火栓给水系统的布置要求

[问一问]
常用的给水升压和贮水设备是什么,它们是如何工作的?

保证同层有两支水枪的充实水柱(即水枪射流中密实的、有足够力量扑灭火灾的那段水柱)同时到达室内任何部位。只有建筑高度不高于24m且体积不大于5000m³的库房,可采用一支水枪的充实水柱到达室内任何部位。水枪的充实水柱长度应由计算确定,一般不应小于7m,但超过六层的民用建筑、超过四层的厂房和库房内,不应小于10m。合并系统中,消火栓立管应独立设置,不能与生活给水立管合用。低层建筑消火栓给水立管直径不小于50mm,高层建筑消火栓给水立管直径不小于100mm。

消火栓应设在明显的、易于取用的位置,如楼梯间、走廊、消防电梯前室等处,枪口距安装地面处的高度为1.1m,消火栓开口应朝下或与墙面垂直。同一建筑内应采用相同规格的消火栓、水龙带和水枪。

【实践训练】

课目:参观建筑的给水系统

(一)目的

(1)参观某一建筑,熟悉其中的给水方式、观察管道布置。

(2)了解消防系统工作原理。

(3)参观泵房、贮水池、水箱、气压罐等相应的升压贮水设备。

(二)要求

(1)明确泵房中所采用的水泵的类型、作用,掌握水泵选取的原则。

(2)观察水箱,清楚其中的各主要配管的作用和设置原则。

(3)观察气压罐,了解其工作原理、工作特点。

(4)观察消火栓的附属设备。

第二节　室内排水系统

一、室内排水系统的分类

室内排水系统的任务是及时排除建筑物内卫生设备产生的生活污水、工业废水及屋面的雨水。水使用过后改变了原有的化学成分或物理性质，受到不同程度的污染，因此通常把经过使用的水称之为污水或废水（也包括雨水及冰雪融化水）。其主要分为：

（1）生活污水：日常生活中使用过的水称为生活污水。生活污水中一般含有较多的蛋白质、动植物脂肪及尿素等有机物；用于清洁洗涤后的水含有肥皂和合成洗涤剂以及细菌、病原微生物等。

（2）工业废水：把工业生产中使用过的水称为工业废水。受到轻度污染的称为生产废水；受到较严重污染的称为生产污水。它们都含有不同程度的有害、有毒物质。

（3）降水：雨水、降雪融化的水统称为降水。由于空气的污染以及降水因夹带流经地带的特有物质而受到污染，使降水亦受到程度不同的污染。

因此，建筑室内排水系统也大致分为生活污水排水系统、工业废水排水系统及屋面雨水排水系统三类。

二、室内排水体制及选择

在排除城市（镇）和工业企业中的生活污水、工业废水和雨雪水时，是采用一个管渠系统排除，还是采用两个或两个以上各自独立的管渠系统进行排除，这种不同排除方式所形成的排水系统，称为排水系统的体制（简称排水体制）。

建筑内部排水体制分为分流制和合流制两种：

1. 建筑内部分流排水

是指居住建筑和公共建筑中的粪便污水和生活废水，工业建筑中的生产污水和生产废水各自由单独的排水管道系统排除。

以下情况宜采用分流排水：

（1）两种污水合流后会产生有毒有害气体或其他有害物质时；

（2）污染物质同类，但浓度差异大时；

（3）医院污水中含有大量致病菌或所含放射性元素超过标准时；

（4）不经处理或略作处理可重复使用的水量较大时；

（5）建筑中水系统需要收集原水时；

（6）公共饮食业厨房含有大量油脂的洗涤废水时；

（7）工业废水中有贵重工业原料需回收利用以及夹有大量矿物质或有毒、有害物质需要单独处理时；

（8）锅炉、水加热器等加热设备排水温度超过 40℃等。

2. 建筑内部合流排水

是指建筑物中两种或两种以上的污、废水合用一套排水管道系统排除。建筑物屋面雨水排水系统应独立设置，以便迅速、及时将雨水排出。

下列情况，宜采用合流排水：

(1)城市有污水处理厂，生活废水不需回用时；

(2)生产污水与生活污水性质相似时。

在确定建筑物内部排水体制时，一要根据污水性质、污染程度，二要结合建筑外部排水系统体制，三要考虑污水处理、中水开发、综合利用等因素。

三、室内排水系统的组成

排水系统的基本要求是通畅地排除使用后的污水或废水，管线力求简短，排水管道要安装正确牢固，不渗不漏，保持水封，使管道正常运行。排水系统组成如图 1-12 所示。

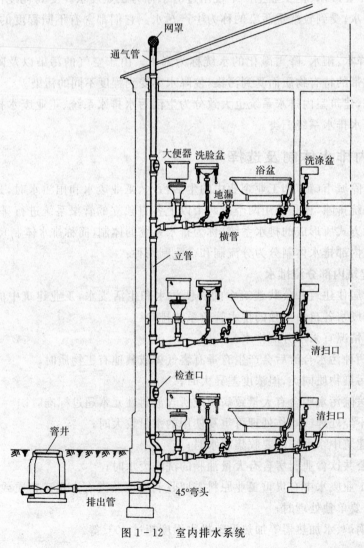

图 1-12　室内排水系统

1. 卫生器具

卫生器具是供水系统的最终点,也是排水系统的起点。它们由洗沐器具、洗涤器具及排污器具等组成。

(1)洗沐器具

洗脸盆、浴盆、淋浴盆、卫生盆及其他(如土耳其浴、桑拿浴盆)。

(2)洗涤器具

洗菜盆、洗衣盆等。

(3)排污器具

污水盆、拖布盆、卫生盆、坐式及蹲式大便器、小便器及小便槽等。

(4)冲洗设备

大小便器均有各自的冲洗设备,坐式便器多用低水箱或冲洗阀,蹲式便器用高水箱或冲洗阀。

2. 存水弯

存水弯作用是为了防止排水管内的腐臭有害气体、虫类等通过排水管进入室内。有的设在卫生器具的排水管上,有的直接设在器具内部。形式多种,常用的分为管式、瓶式及筒式等,管式有"乙"字形或 S 形等。

3. 排水管道

排水管道的作用是排除卫生器具用后的污水,排水系统由横支管、立管、排出管及通气管等部分组成。

(1)横支管

横支管是连接卫生器具的横向排水管,应使其管线简短,污水最快地排入立管。

(2)立管

立管承接各楼层横支管排入的污水,管径不能小于相连横支管的管径。

(3)排出管

排出管是排泄立管污水的横向出墙管。

(4)通气管

设置通气管的目的是使室内排水管系统与大气相通,尽可能使管内压力接近大气压力,以保护水封不受破坏;同时排放管道内的有害腐气,防止腐蚀,延长管道的使用年限。通气管形式有:伸顶通气管、专用通气管、主通气管、副通气管、环形通气管、器具通气管、结合通气管等,如图 1-13 所示。

4. 排水管的附属设备

(1)检查口及清扫口

它们在工业和民用建筑中的排水管道上。为了检查、清扫管道的堵塞障碍物,应按建筑层,清通方便、合理设置检查口及清扫口。

(2)地漏

用以排泄卫生间的地面积水,一般设置在易溅水的器具附近、室内的最低处。

[做一做]

观察一座办公楼和一栋宿舍楼,看看它们的排水系统有何异同点。

[问一问]

排水系统是怎样分类和组成的?

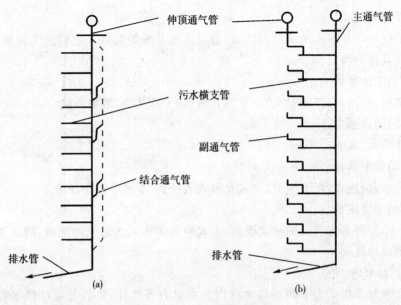

图 1-13 排水系统通气管

(3)检查井

排出管与室外排水管的连接处应设置检查井,检查及消除排水管堵塞。

四、屋面雨水排水系统

屋面雨水的排放是建筑物排水系统中的重要组成部分,能否顺利将屋面雨水排放出去,直接关系到建筑物的正常使用和安全。图 1-14 是屋面排水系统示意图。

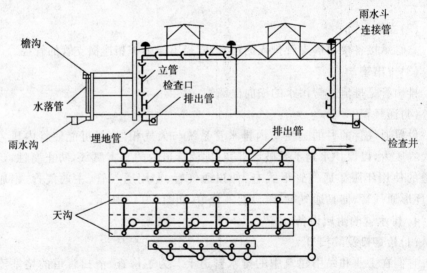

图 1-14 屋面排水系统示意图

1. 系统的分类

(1)外排水系统

外排水系统是指屋面不设雨水斗,建筑内部没有雨水管道的雨水排放形式。

按屋面有无天沟,又可分为檐沟外排水系统和天沟外排水系统。

（2）内排水系统

是指屋面设有雨水斗,建筑物内部设有雨水管道的雨水排水系统。内排水系统可分为单斗排水系统和多斗排水系统,敞开式内排水系统和密闭式内排水系统。

（3）混合排水系统

同一建筑物采用几种不同形式的雨水排除系统,分别设置在屋面的不同部位,组合成屋面雨水混合排水系统。

2. 系统的组成

（1）外排水系统的组成

外排水系统包括:檐沟外排水系统（重力流）和长天沟外排水系统（单斗压力流）。

（2）内排水系统的组成

内排水系统由天沟、雨水斗、连接管、悬吊管、立管、排出管、埋地干管和检查井组成。

3. 排水系统的管材

外、内排水系统采用的管材有 UPVC 塑料管和铸铁管,其最小管径可用 DN75mm,但注意下游管段管径不得小于上游管段管径,且在距地面以上 1m 处设置检查口,并牢靠地固定在建筑物的外墙上。对于工业厂房屋面雨水排水管道,也可采用焊接钢管,但其内外壁应作防腐处理。

五、排水系统的布置与敷设

1. 排水管道布置的原则

排水系统的布置形式与地形地质、平面与竖向规划、排水体制、污水处理厂的位置、水体接纳情况以及污水的种类、污染程度、处理程度和其他管线工程情况等因素有关。

在布置排水管道时,一般应遵循下述原则:

（1）排水通畅,水力条件好;

（2）使用安全可靠,防止污染,不影响室内环境卫生;

（3）管线简单,工程造价低;

（4）施工安装方便,易于维护管理;

（5）占地面积小、美观;

（6）同时兼顾给水管道、热水管道、供热通风管通、燃气管道、电力照明线路、通信线路及电视电缆等的布置和敷设要求。

[问一问]
排水管道布置时,要注意哪些问题?

2. 排水管道布置和敷设的要求

（1）排水管不得布置在食堂、饮食业的主副食操作烹调和跃层、住房厨房间的上方,若实在无法避免,应采取防护措施;

（2）生活污水立管不得穿越卧室、病房等对卫生、安静要求较高的房间,并不

宜靠近与卧室相邻的内墙;

(3)排水管道不得穿过沉降缝、烟道和风道、并不得穿过伸缩缝,当受条件限制必须穿过时,应采取相应的技术措施;

(4)排水埋地管道,不得布置在可能受重压易损坏处或穿越生产设备基础,特殊情况下应与有关专业协商处理;

(5)硬排水管的布置距离应最短,管道转弯应最少;

(6)排水立管应靠近排水量最大和杂质最多的排水点;

(7)排水管道不得布置在遇火会引起燃烧、爆炸或损坏的原料、产品和设备的上面;

(8)架空管道不得布置在生产工艺或卫生有特殊要求的厂房内,以及食品、贵重商品库、通风小室和变配电间内;

(9)排水横管不得布置在食堂、饮食业的主副食操作烹调和跃层住宅厨房间内聚氯乙烯排水立管(UPVC管)应避免布置在易受机械撞击处,如不能避免时,应采取保护措施;

(10)应避免布置在热源附近,如不能避免,且管道表面受热温度大于 60℃时,应采取隔热措施,立管与家用灶具边净距应不小于 0.4m,硬聚氯乙烯排水管应按规定设置阻火圈或防火套管;

(11)排水管道一般应地下埋设,规范规定住宅的污水排水横管应设在本层套内,若必须敷设在下一层的套内空间时,其清扫口应设于本层。

3. 排水管道的防腐和防堵

金属排水管道应进行防腐处理,常规是涂刷防锈漆和面漆。为了避免管道堵塞,应注意,管道布置时尽量成直线,少转弯,靠近立管的大便器可直接接入;尽量采用带检查口的弯头、存水弯;经常加强维护管理。

第三节 室内热水供应系统

一、分类和组成

1. 室内热水供应系统的分类

室内热水供应系统按热水供应方式划分为局部(分户)式与集中式。

(1)局部(分户)式热水供应方式

主要使用在住宅和公共建筑的厨房、浴室等,是在建筑内各用水点(每一户内)设小型热水器,把水加热后供本用水点使用。一般采用的加热设备有:即热式燃气热水器、即热式电热水器、容积式燃气热水器、容积式电热水器、太阳能热水器。

(2)集中式热水供应方式

主要使用在宾馆、酒店式管理公寓、医院等场所,是在建筑物外设大型热水加热设备(如锅炉),将水集中加热后,用管道将热水输送到各用水点。如图

1-15所示。

其管网布置方式又划分为:全循环、半循环、无循环管道的热水系统。典型
管网布置方式如图1-15所示。

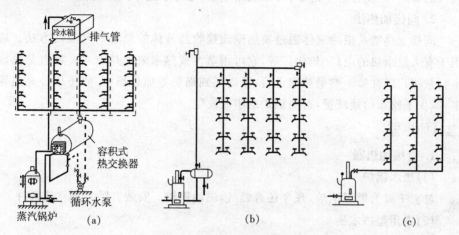

图1-15 集中式热水供水系统的图示

2. 热水供应系统的组成

(1)热媒管路

它是锅炉和水加热设备之间的连接管路。

(2)配水管路

它是连接热水器和用水点配水龙头之间的管路,有配水管和回水管之分。

(3)加热设备

加热冷水的设备如锅炉房、热水器。

(4)其他附件

其他附件如循环水泵、各种仪器仪表等。

3. 热水供应的方式

室内热水供应系统的方式要根据建筑物的性质,供水要求、建筑高度、热源
情况等来综合评定。

(1)按加热方式分:直接加热法、间接加热法(热源,热交换器)。

(2)按管网布置形式分:上行下给式(横干管在立管上方)、下行上给式(与自
来水相同)。

(3)按循环情况分:无循环、半循环(对于定时供应热水的系统,在供水前半
小时用循环泵使干管中的水进行循环,以减小排放管路中冷水的时间)、全循环
(管路中一直是热水)。

二、加热方法和加热器

(一)加热方法

加热方法是指发热体的热能通过壁面直接与水接触,使水得到热量的方法。
常见有直接加热法和间接加热法两种:

1. 直接加热法

直接加热方法可以利用燃料直接的燃烧,加热锅炉中的水;可以利用清洁的蒸汽的凝结,加热容器中的水;可以利用电能;还可以利用太阳能。

2. 间接加热法

间接加热法是指冷液体通过换热壁面接收热液体的热量而升温的方法。应用于有大量余热的电厂、焦化厂等,它可用蒸汽或热水来加热凉水。特点是热媒不会被用户消耗掉。热量被取走后,又送回到锅炉等加热器中,故不用补充热媒水,减少了硬水的处理量,避免锅炉的事故发生。

(二)加热器

1. 直接加热器

(1)热水锅炉

过去主要为燃煤锅炉,现今还有燃气,燃油锅炉。安装有卧式和立式两种。

[做一做]

请将常见的直接加热器用相机拍下来。

(2)家用型热水器

主要有燃气、电热水器。

(3)太阳能热水器

节能、清洁、安全,常用的有管板式、真空管式。

(4)汽水混合加热器

将清洁的蒸汽通过喷射器送入冷水箱中,使汽与水充分混合而加热水(如图1-16所示)。其热效率高,设备简单,噪音大。

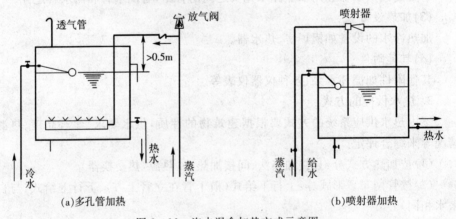

(a)多孔管加热　　　　　　　　　(b)喷射器加热

图1-16　汽水混合加热方式示意图

2. 间接热水器

它通过冷热换热器加热。这种热水器按有无贮存水量,可分为容积式、即热式、半即热式。

(1)容积式加热器

加热器内贮存一定的热水量,用以供应和调节热水用量的变化,使供水均匀稳定,它具有加热器和热水箱的双重作用,如图1-17所示。其优点是安全可靠,但其缺点是热效率低、体积大、占地多。

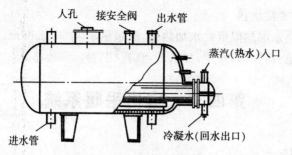

图1-17 容积式加热器

(2)快速热水器(即热式)

没有贮存热水的容积,体积小,加热面积较大,被加热水的流速较容积式的水流速大从而提高了传热效率,因而加快了热水产量,适用于用水量大而均匀的建筑物,如饭店、医院等。

因其热媒不同,快速加热器可分为:水—水(内管通冷水,外管通热水)和水—汽(内管通冷水,外管通蒸汽)两种。热媒与水逆向流动(如图1-18、图1-19所示),传热效果显著。

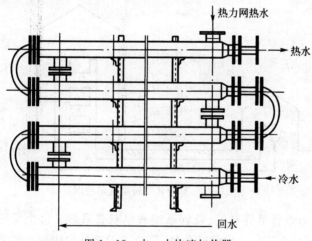

图1-18 水—水快速加热器

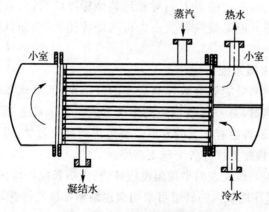

图1-19 水—汽快速加热器

(3)半即热式热水器

半即热式热水加热限量贮水加热器,贮水量小,加热面积大,热效率高,体积小。它的组成是:筒壳,热媒管,加水管,盘管(铜管),温控器。

第四节　室内采暖系统

一、分类及特点

目前室内采暖系统及所选用的散热器的种类很多,而且在不断地发展和变化中。随着人们生活的改善,对室内装饰要求的逐步提高,采暖系统及散热器形式的改善,已给设计人员提出了新的要求。

目前常用如下几种采暖系统:

1. 热水供暖系统

目前普遍采用的是以热水为热媒的集中式供暖系统。这种系统主要由三部分组成:(1)热源;(2)输热管道;(3)散热设备。如图 1-20 所示。

[看一看]
选择几座办公大楼,了解其采暖的形式。

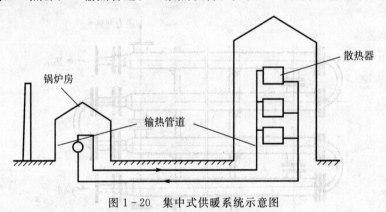

散热器

锅炉房

输热管道

图 1-20　集中式供暖系统示意图

室内一般为垂直单管系统、双管系统或单双管系统。每个房间或两个房间设一根明装立管,立管位于房间转角处,散热器设在外窗中间。普通明装散热器会影响整个房间的美观。随着人们对建筑装饰标准的提高,目前大部分将明装散热器做个暖气罩。但是暖气罩会占去房间的使用面积,而且使其散热量减少约 20%。

2. 地板辐射采暖系统

采用地板辐射采暖能够有效提高居室的舒适度,而且该系统可以减去室内的明敷管道及散热器,是一种较理想的采暖形式。目前此采暖形式在国内已经开始起步,预计今后将会有较大的发展。要想达到理想效果,设计过程要经过严格的计算,施工过程要把握好各个施工工序。

地板辐射采暖的地板表面平均温度应该为:人员长期停留区域 26℃,短期停留区域为 30℃,埋在地板内的管道可采用交连高密度聚乙烯管,供水温度宜采用 ≤60℃,供回水温度差宜采用 10℃,在地板加热管之下应铺设热绝缘层,加热管以上的地面面层厚度不宜小于 60mm。较理想的做法是由施工单位统一铺设热绝缘层、聚乙烯管道及上面 6mm 的地面层。居室面层可采用水泥、陶瓷砖、水磨石、大理石、塑料类、木地板、地毯等,最好统一考虑采用其中的某种材料。采用地板辐射采暖,对施工要求较高,难度较大,必须严格按照程序办,才能达到高质量、高标准。

3. 热风采暖系统

热风采暖是使用设在地下室内的暖风机将室外的冷空气加热后,经设在墙内的风管送到卧室、起居室,这部分空气分别再经过厨房、卫生间,排至室外,是有组织的通风系统。一般卧室、起居室换气次数为每小时 2 次,以保证人们在冬季拥有足够的新鲜空气。空气经卧室、起居室再排到厨房、卫生间,不致使有污染的空气回流到卧室、起居室。这种形式初投资费用高,运行费用也高于其他形式采暖系统,在欧美的别墅建筑中司空见惯,在我国尚不多见,相信在不久的将来会逐渐发展起来的。

4. 挂镜线或踢脚板式散热器采暖系统

在房间挂镜线 2.5m 高处,做高约 8cm,宽约 3cm 的镜线散热器,或在位于踢脚板处,做高约 8cm,宽约 3cm 的踢脚板散热器,看上去就像是普通的挂镜线或踢脚板,在室内看不到管道也看不到普通散热器,这样做可以增大室内的有效使用面积。采暖系统采用水平串联系统。该系统可在每户设置一套采暖系统,用热流计计费,有利于物业管理及节省能源。这种系统在北美已经被采用,在我国尚不多见,具有很高的开发价值。

5. 发热电缆与电热膜采暖系统

发热电缆与电热膜采暖系统是近几年刚刚兴起的一种采暖方式。随着电力供应的市场化趋势,供电部门陆续推出了一些鼓励大负荷用电的政策,发热电缆、电热膜采暖因此得以发展起来。发热电缆的供热原理类似于地板辐射采暖,而电热膜则通常结合房间的吊顶布置,由于采用了较先进的电热膜发热技术加热室内空气达到取暖目的,其热效率远高于普通电暖气类设备。电热膜不占用室内空间,而且使用安全可靠,因此在新型采暖设备中具有一定优势。如北京地区一套 100 平方米的住宅一个采暖季使用智能电热采暖的电费不到 1 000 元人民币,其运行费用并不比燃气锅炉,热水采暖系统高。

二、散热器

采暖系统的基本设备主要有锅炉、换热器、散热器等,在这里主要介绍散热器。采暖散热器是通过热媒将热源产生的热量传递给室内空气的一种散热设备。散热器的内表面一侧是热媒(热水或蒸汽),外表面一侧是室内空气,当热媒温度高于室内空气温度时,散热器的金属壁面就将热媒携带的热量传递给室内空气。

(一)散热器的类型

散热器按制造材质的不同分为铸铁、钢制、铝质和其他材质散热器;按结构形式的不同分为柱型、翼型、管型和板型散热器；按传热方式的不同，分为对流型（对流散热量占总散热量的 60％以上）和辐射型（辐射散热量占总散热量的 50％以上）散热器。

1. 铸铁散热器

常用的铸铁散热器有柱型和翼型两种形式。

(1)翼型散热器

翼型散热器又分为长翼型和圆翼型两种。

长翼型散热器如图 1-21 所示。其外表面上有许多竖向肋片，内部为扁盒状空间，高度通常为 60mm，常称为 60 型散热器。每片的标准长度 L 有 280mm(大 60)和 200mm(小 60)两种规格，宽度为 115mm。

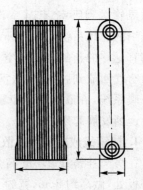

图 1-21　长翼型散热器

圆翼型散热器如图 1-22 所示，它中间是一根内径为 75mm 的管子，其外表面带有许多圆形肋片。圆翼型散热器的长度有 750mm 和 1000mm 两种，两端带有法兰盘，可将数根并联成散热器组。

翼型散热器制造工艺简单，造价较低，但金属耗量大，传热性能不如柱型散热器。因其外形不美观，并且不易恰好组成所需面积，所以翼型散热器现已逐渐退出市场，被柱型散热器所取代。

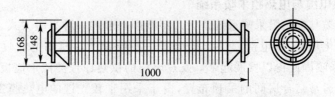

图 1-22　圆翼型散热器

(2)柱型散热器

柱型散热器是单片的柱状连通体，每片各有几个中空的立柱相互连通，可根据散热面积的需要，把各个单片组对成一组。

柱型散热器常用的有四柱 640 型、二柱 M—132 型和二柱 700 型等，如图 1-23 所示。

M—132 型散热器的宽度是 132mm，两边为柱状，中间有波浪形的纵向肋片。

四柱散热器的规格以高度表示，如四柱 640 型，其高度为 640mm。四柱散热器有带足片和不带足片两种片形，可将带足片作为端片，不带足片作为中间片，组对成一组，直接落地安装。

柱型散热器传热系数高，散出同样热量时金属耗量少，易消除积灰，外形也比较美观。每片散热面积少，易组成所需散热面积。

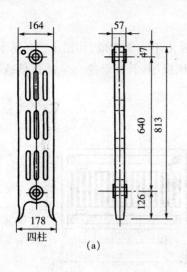
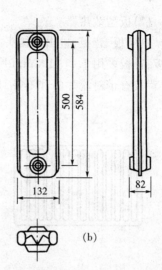

图 1-23 柱型散热器

铸铁散热器是目前应用最广泛的散热器,它结构简单,耐腐蚀,使用寿命长,造价低,但其金属耗量大,承压能力低,制造、安装和运输劳动繁重。在有些安装了热量表和恒温阀的热水采暖系统中,普通方法生产的铸铁散热器,内壁常有"黏砂"现象,易于造成热量表和恒温阀的堵塞,使系统不能正常运行,因此《规范》规定:安装热量表和恒温阀的热水采暖系统不宜采用水流通道内含有黏砂的散热器,这就对铸铁散热器内腔的清砂工艺提出了特殊要求,应采取可靠的质量控制措施。目前我国已有了内腔干净无砂,外表喷塑或烤漆的灰铸铁散热器,美观漂亮,档次高,完全可用于分户热计量系统中。

2. 钢制散热器

(1)闭式钢串片式

闭式钢串片式散热器由钢管、钢片、联箱及管接头组成,如图 1-24 示。钢片串在钢管外面,两端折边 90°形成封闭的竖直空气通道,具有较强的对流散热功能。但使用时间较长会出现串片与钢管连接不紧或松动,影响传热效果。其规格常用高×宽表示,如图中的即为 240×100 型。

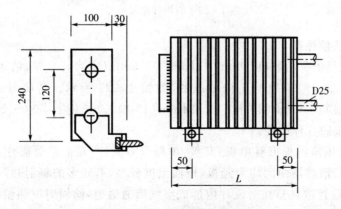

图 1-24 闭式钢串片式散热器

(2)板型散热器

由面板、背板、进出口接头、放水门固定套及上下支架组成,如图1-25所示。面板、背板多用1.2～1.5mm厚的冷轧钢板冲压成型,其流通断面呈圆弧形或梯形,背板有带对流片的和不带对流片的两种规格。

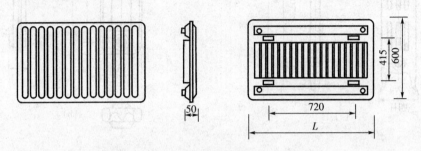

图1-25 板型散热器

(3)钢制柱型散热器

如图1-26所示,其结构形式与铸铁柱型相似,它是用1.25～1.5mm厚的冷轧钢板经冲压加工焊制而成。

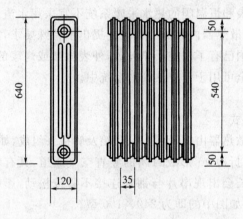

图1-26 钢制柱型散热器

(4)扁管散热器

这种散热器是由数根50mm×11mm×1.5mm(宽×高×厚)的矩形扁管叠加焊接在一起,两端加上连箱制成的,如图1-27所示。高度有三种规格:416mm(8根)、520mm(10根)和624mm(12根)。长度有600～2000mm以200mm进位的八种规格。

扁管散热器的板形有单板、双板、单板带对流片、双板带对流片4种形式。单、双板扁管散热器两面均为光板,板面温度较高,有较多的辐射热。带对流片的单、双板扁管散热器在对流片内形成空气流通通道,除辐射散热量外,还有大量的对流散热量。

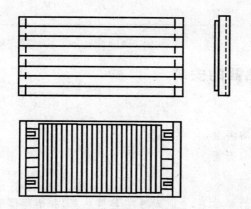

图 1-27　扁管散热器

(5)钢制光面管散热器

又叫光排管散热器,是在现场或工厂用钢管焊接而成的。因其耗钢量大、造价高,外形尺寸大、不美观,所以一般只用在工业厂房内。

(二)散热器的安装

安装散热器时,应注意下列一些问题:

为了达到室内取暖效果,散热器一般应安装在室内的窗台下,这样,沿散热器上升的对流热气流能阻止和改善从玻璃冷辐射的影响,使流经室内的空气比较暖和舒适。当房间进深小于 4m 时,如窗台下无法装散热器时,可以安装在靠内墙。

另外为了防止冻裂散热器,双层外门的外室、门斗内,均不准设置散热器。在楼梯间或其他有冻结危险的场所,其散热器应有单独的立、支管供热,且不得装设调节阀。

在楼梯间布置散热器时,考虑楼梯间热流上升的特点,应尽量布置在底层或按一定比例分布在下部各层。当散热器数量过多,可适当设在其他各层。

每组散热器的片数或长度,不应超过下述规定:

① M-132,20 片;

② 四柱、五柱型,25 片;

③ 长翼型,7 片;

④ 圆翼型,14m;

⑤ 钢串片、板型、扁管式,2.4m。

散热器一般应明装,因其布置简单、传热效果好。但是,对于内部装修要求较高的公共与民用建筑,按建筑装饰要求也可采用暗装。

托儿所和幼儿园应暗装或加防护罩,以防烫伤儿童。

在垂直单管或双管热水供暖系统中,同一房间的两组散热器可以串联连接。贮藏室、盥洗室、厕所和厨房等辅助用房及走廊的散热器,可同邻居串联连接。两串联散热器之间的串联管直径,应与散热器接口直接相同。

【实践训练】 ————————————————————

课目：参观散热器的安装

(一)目的

    (1)了解散热器的类型；

    (2)熟悉散热器的安装。

(二)要求

    (1)在工人师傅的指导下，自己动手安装散热器，并请师傅讲述其安装要点；

    (2)了解散热器安装的注意事项。

第五节 室外给水管网

    室外给水系统是为了满足城乡居民及工业生产等用水需要而建造的工程设施，它所供给的水在水量、水压和水质方面，应能适合于各种用户的不同需求。它的任务是自水源取水，并将其净化到所要求的水质标准后，经输配水系统送往用户。

[做一做]

参观自来水厂，绘出室外给水系统的简图。

一、室外给水系统的组成

    室外给水系统由取水、净水、贮水和输配水构筑物及其相应的设备管道组成，它包括水源(取水构筑物)、净水厂(水处理、清水池)、输水管、配水管网用户等。

二、室外给水管网

(一)室外给水管网的布置形式

1. 树枝状管网

    树枝状配水管网，其管线如树枝一样，由水源向用户伸展。它的优点是管线总长度较短，初期投资较省。但供水安全可靠性差，当某一管线发生故障时，其后面管线供水就会中断。

[问一问]

1. 室外给水系统是如何组成的？

2. 室外给水管网的布置形式有哪几种？

2. 环状管网

    管网布置形成环状。它的优点是供水安全可靠。但管线总长度较树枝状管网长，管网中阀门多，基建投资相应增加。实际工程中，往往将树枝状管网和环状管网结合起来进行布置。

(二)室外管网中的管材与管道附属构筑物

1. 室外给水管材与附件

    如表1-4。

表 1-4　室外给水管材与附件

[做一做]

请绘制出本校某一区域室外给水管网的平面图。

管　材		特　点	连接方式
室外给水管	金属管 → 铸铁管	耐用,抗腐蚀性强,缺点是质脆且重量大	承插式 法兰式
	钢管	优点是强度高,能耐高压,但不耐腐蚀	焊接法兰 连接
	非金属管 → 钢筋混凝土管	分为预应力钢筋混凝土管与自应力钢筋混凝土管两种	承插
	塑料管 PE 管	水力条件好,耐腐蚀,质量小,易施工	承插 热熔

[注]　埋地管道的管顶最小覆土厚度,在车行道下,一般不应小于 0.7m。

2. 室外给水附属构筑物

(1)阀门井

在给水管道上要设置各种阀门来调节水量或进行开闭控制,同时还要在适当地方设置排水阀和排气阀来保证系统正常运行与维修,这里阀门都安装在阀门井内。

(2)室外消火栓

在给水管网的适当地点要设置室外消火栓,以保证有火灾时消防车能就近取水补救。室外消火栓的安装有地上式和地下式(设在室外消火栓井内)两种。

第六节　室外排水管网

室外排水是将用户用过的污废水由建筑物内排到室外排水支管,然后在干管汇集,最后排到污水处理厂,进行污水处理,除去污水中有害物质,回收水中有用物质,使处理后水质达到排放标准,最后排入河道或灌溉农田。

一、室外排水系统的体制

室外排水系统的排水体制有分流制和合流制两种体制。

1. 分流制

将生活污水、工业废水和雨水分别采用两套及两套以上各自独立的排水系统进行排除的方式称为分流制排水系统。其中,排除生活污水及工业废水的系统称为污水排水系统;排除雨水的系统称为雨水排水系统。

2. 合流制

将生活污水、工业废水和雨水混合在同一管渠系统内排除的方式称为合流制排水系统。这种排水系统比分流制系统造价低,管线单一,有利于施工。但是由于晴天和雨天流入管网和污水处理厂的水量和水质变化较大,所以管网中水力条件较差,污水厂规模较大,运行管理较复杂。

二、室外排水系统的组成

1. 污水排水系统的组成

(1)建筑物内部排水系统及设备；

(2)污水泵站及压力管道(当污水不能自流到污水厂时)；

(3)污水处理厂；

(4)污水排放口。

2. 雨水排水系统的组成

(1)房屋雨水系统；

(2)室外雨水管道及雨水口；

(3)雨水排放口。

3. 合流制排水系统的组成

除具有雨水口外,其主要组成部分与分流制中污水排水系统组成相同。

三、室外排水管网

1. 室外排水管材与构筑物

(1)管材

室外排水管材常采用混凝土管、钢筋混凝土管、石棉水泥管和陶土管,当压力较高时可选用铸铁管。

(2)检查井

为了便于对排水系统作定期检查和清通,必须在管道交汇、转弯、管径或坡度改变处以及相隔一定距离的直线管道上设置检查井。

(3)化粪池

化粪池的主要作用是使粪便污水沉淀并发酵腐化,分解沉淀物中的有机物,以达到初步处理的目的。

2. 排水系统的布置形式

城镇居住区或工业企业的排水系统在平面上的布置,随地形、规划、污水厂位置、土壤条件、河流的情况、污水种类和污染程度等因素而定。在工业企业内部,车间的位置及地下设施等因素将影响工业企业排水系统的布置。在确定排水系统的布置形式时,应以技术上可行、经济上合理、维护管理方便为原则,因地制宜,综合考虑。

在街坊内部布置污水支管时,常采用以下三种形式,如图1-28所示。

(1)环绕式

在街坊四周街道下敷设污水干管,街坊内水污从四面流入污水干管。此方式便于污水排出,但管线长,投资大。

(2)贯穿式

贯穿几个街坊埋设干管,使污水经过敷设在一个街坊内的污水干管排入另一个街坊内的污水干管,此方法管线短,投资少。

[看一看]

参观一家污水处理厂,了解其主要构筑物的作用和功能。

[做一做]

请绘制出本校某一区域室外排水管网的平面图。

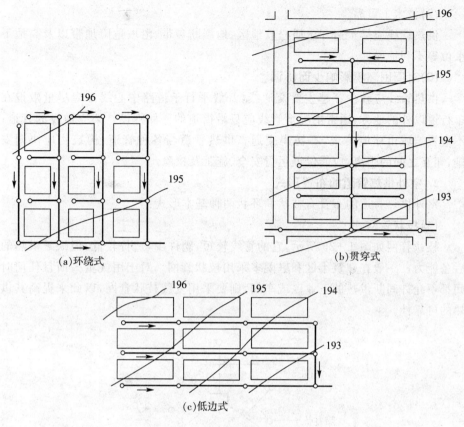

图1-28 污水支管的布置形式

(3)低边式

污水干管设置在地形较低的一侧,街坊内的污水排入较低一侧的污水干管中。此布置方式较经济,造价低。

[问一问]

1. 室外排水的体制和排水系统是如何组成的?

2. 室外排水系统的布置有哪些形式?

第七节　室外供热管网

室外供热管网连接热源和热用户,起着输配热媒的作用。

一、室外供热管道的布置

1. 室外供热管道的布置原则

供热管网的管道走向,要根据厂区或城市街区规划,热源的布局,地上、地下建筑物与构筑物,气象、水文、地质、地形条件等因素,通过技术经济比较来确定。供热管线平面位置的确定(即定线),应遵守如下基本原则:

(1)经济上合理

主干线力求短直,主干线尽量走热负荷集中区;要注意管线上的阀门、伸缩器和某些管道附件(如放气、放水、疏水等装置)的合理布置。

(2)技术上可靠

供热管线应尽量避开土质松软地区、地震断裂带、滑坡危险地带以及高地下水位等不利地段。

(3)对周围环境影响少而协调

供热管线应较少穿越主要交通线,一般平行于道路中心线并应尽量敷设在车行道以外的地方,通常情况下管线应只沿街道的一侧敷设。架空敷设的管道；不应影响城市环境美观,不妨碍交通。供热管道与各种管道、构筑物应协调安排,相互之间的距离,应能保证运行安全、施工及检验。

2. 室外供热管道的布置形式

室外供热管道的布置有枝状和环状两种基本形式：

(1)枝状管网

枝状管网如图1-29所示,它的管线较短,阀件少,造价较低,但缺乏供热的后备能力。一般在建筑小区和庭院多采用枝状管网。对于用气量大而且任何时间都不允许间断供热的工业区或车间,则要采用复线枝状管网,以此来提高其供热的可靠性。

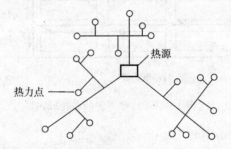

图1-29 枝状管网示意图

(2)环状管网

对于城市集中供热的大型热水供热管网,有两个以上热源时,可以采用环状管网,提高供热的后备能力。但造价和钢材耗量都比枝状管网大得多。虽然说,这种管网的主干线是环状的,但通往各用户的管网仍是枝状的,如图1-30所示。

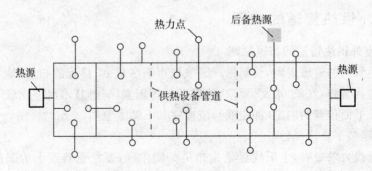

图1-30 环状管网示意图

二、室外供热管道的敷设

(一)架空敷设

架空敷设是将管道架设在地面上独立设置的支架或建筑物的墙上。按支架高度不同,有低支架和中、高支架之分:

1. 低支架敷设

管道保温结构底部距地面的净高不小于 0.3m,以防雨、雪的侵蚀。低支架的结构一般采用毛石砌筑或混凝土浇筑,如图 1-31 所示。这种敷设方式建设投资比较少。

2. 中、高支架敷设

在人员或车辆通行频繁的地区,管道应采用中、高支架敷设,如图 1-32 所示。行人和一般车辆通过处,其净高为 2.5~4.0m;跨越公路时一般不低于 4.0m;跨越铁路时不低于 6.0m。中高支架可采用钢筋混凝土或钢结构。厂区或小区内的架空管道,当管径较小、管道数量不多时,应尽量利用已有的建筑物外墙、围墙,通过悬壁托架来敷设管道,以减少独立的支架。

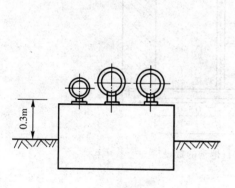

图 1-31　低支架敷设

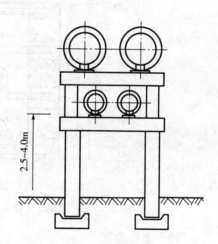

图 1-32　中、高支架敷设

(二)地下敷设

1. 地沟敷设

供热管道的地沟按其功能和结构尺寸,分为通行地沟、半通行地沟和不通行地沟。

(1)通行地沟

当管道数目较多时,可设通行地沟,如图 1-33 所示。工作人员在地沟内自由通行,保证检修、更换管道和设备等作业。因此,通行地沟的净高不应低于 1.8m,人行通道的净宽度不应小于 0.7m。沟内设自然通风或机械通风,使空气温度不应超出 40℃~50℃,照明电压不得高于 36V。

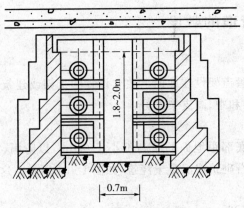

图 1-33　通行地沟的敷设

(2)半通行地沟

在半通行地沟内,维修人员能弯腰行走,能进行一般的管道维修工作。地沟净高不小于 1.2m,人行通道净宽为 0.5~0.7m,如图 1-34 所示。每隔 60m 应设置一个检修出入口。

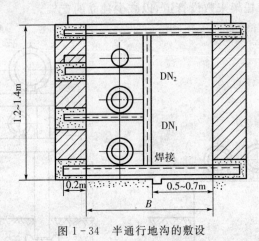

图 1-34　半通行地沟的敷设

(3)不通行地沟

不通行地沟如图 1-35 所示。其断面尺寸根据管的规格和数量而定,管道与管道、管道与沟壁的距离仅保证施工要求即可。不通行地沟适用于管径较小,数目不多,不需要经常检修的管网。

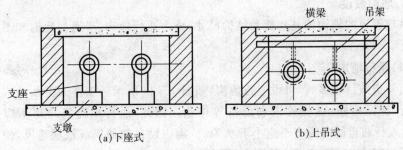

图 1-35　不通行地沟的敷设

2. 直埋敷设

直埋敷设是把保温后的管道直接埋设在土壤里。为了防水、防腐蚀,保温结构应连续无缝,形成整体。常用的保温材料有沥青珍珠岩、聚氨基甲酸酯硬质泡沫塑料和聚异氰脲酸酯硬质泡沫塑料等。保护层可采用沥青玻璃布,硬泡类保温层外多采用硬塑管或钢管。

直埋敷设作法如图1－36所示,为了使管道很好地落实在沟槽内的地基上,减少管道的弯曲能力,管道下需作100mm厚砂热层。管道落地调整后,再铺70mm厚粗砂枕层;有条件时,最好用砂子填至管顶以上100mm处,最后用沟土回填。

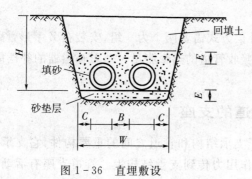

图1－36　直埋敷设

三、室外供热管道的补偿器

(一)补偿器的作用

[想一想]
补偿器有何作用? 有哪些常用的种类?

补偿器的主要作用是补偿管道因受热而产生的热伸长量。供热管道中常用的补偿器有方形补偿器、套管补偿器,另外还有波纹管补偿器、球形补偿器等。在布置管路时,应尽量利用管道的自然弯曲(如L形和E形)的补偿能力。对于室内供热管路,由于直管段长度短,在管路布置得当时,可以只靠自然补偿。当自然补偿不能满足要求时,才考虑装设特制的补偿器。

(二)补偿器的种类

1. 方形补偿器

方形补偿器是用管子煨制或用弯头焊制而成,如图1－37所示,这种补偿器的优点是制造安装方便,不需要经常维修,补偿能力大,作用在固定点上的推力较小,可用于各种压力和温度条件。缺点是补偿器外形尺寸大,占地面积多,由于方形补偿器具有工作压力和工作温度高,适用

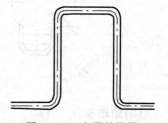

图1－37　方形补偿器

范围大的突出优点,使得它在管道热补偿方面得到广泛应用。

2. 套管补偿器

套管补偿器有单向和双向两种。单向套管补偿器的芯管(又称导管)直径与连接管道的直径相同。芯管在套管内移动,吸收管道的热伸长量。芯管和套管

之间用填料密封,用压盖将填料压紧。套管补偿器的补偿能力大,尺寸紧缩,流动阻力较小。缺点是轴向推力较大,需要经常更换填料,否则容易泄漏,如管道变形有横向位移时,易造成芯管卡住,不能自由活动。

3. 波纹管补偿器

波纹管补偿器是利用波纹形管壁的弹性变形来吸收管道的热膨胀,故又称其为波形补偿器。这种补偿器体积小,质量轻,占地面积和占用空间小,易于布置,安装方便。与套管补偿器相比,它不需要进行维修,承压能力和工作温度都比较高。因此,在供热管道补偿设计中经常采用。但它的补偿能力较小,安装质量要求严格,价格较高。

4. 球形补偿器

球形补偿器的补偿方式需要两个为一组,安装在 Z 字形管路中,利用角度屈折(一般可达 30°)来吸收管道的热膨胀量。球形补偿器的补偿能力大,但它的制作要求严格。

四、室外供热管道的支座

管道支座是位于支承结构和管道之间的重要构件,它支承管道或限制管道产生的作用力,并将作用力传到支承结构上。管道支座有活动支座和固定支座两种类型。

1. 活动支座

活动支座承受管道的重力,并保证管道在发生温度变形时能自由移动。活动支座有滑动支座、滚动支座、悬吊架等。

(1)滑动支座

由于管道在支承结构上有轴向位移,一般可在与支承结构产生位移的管道接触面处焊制弧形板、曲面槽或丁字滑托等。为限制径向位移,在支承结构上应加导向板。图 1-38 为曲面槽滑动支座。

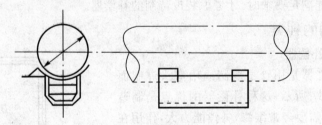

图 1-38 曲面槽滑动支座示意图

(2)滚动支座

滚动支座利用滚子的转动来减少管道移动时的摩擦力,这样可以减小支承结构的尺寸。常用的有滚柱、滚轴形式,图 1-39 所示的为滚柱式支座。由于滚动支座的结构较为复杂,一般只用于热媒温度较高,管径较大的室内或架空敷设的管道上。地沟敷设的管道不宜使用这种支座,这是因为滚动支座的滚柱式滚轴在潮湿环境内会很快锈蚀而不能转动后使用效果差。

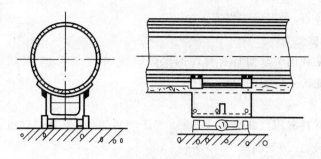

图 1-39 滚柱式支座

(3)悬吊架

悬吊架是通过钢筋或其他材料将管道悬吊在支承结构上,这种方式常用于室内的供热管道上。使用悬吊架的管道,在温度变化发生变形时有横向位移,使管道产生扭曲,伸长量的补偿不得采用套管补偿器。

2. 固定支座

固定支座是管道固定在支承结构上,使该点不能产生位移。固定支座除承受管道重力外,还承受其他作用力。室内供热管道常用卡环式固定支座,室外供热管道多采用焊接角钢固定支座、曲面槽固定支座(如图 1-40 所示);当轴向推力较大时,多采用挡板式固定支座(参见图 1-36)。

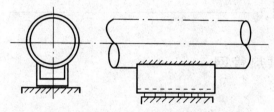

图 1-40 曲面槽固定支座

供热管道通过固定支座分成若干段,分段控制伸长量,保证补偿器均匀工作。因此,两个补偿器之间必须有一个固定支座,两个固定支座之间必须设一个补偿器。

五、室外供热管道的保温

供热管道保温的目的主要是减少热媒在输送过程中的热损失,保证热用户要求的热媒参数,节约能源;另外可以降低管壁外表面的温度,避免烫伤人。保温结构由保温层和保护层两部分组成,管道的防腐涂料层包含在保护层内,外面的保护层可以防潮、防水,阻挡外界环境对保温材料的影响,延长保温结构的寿命,保证其保温效果。

1. 保温结构

(1)涂抹式

将湿的保温材料,如石棉粉、石棉砖藻土等直接分层抹于管道或设备外面。

(2)预制式

将保温材料和胶凝材料一起制成块状、瓦状,然后用镀锌铁丝绑扎。常用的

[问一问]

1. 室外供热的布置原则是什么?

2. 室外供热管道的布置与敷设是怎样要求的?

材料有水泥蛭石、水泥珍珠岩等。

(3)捆扎式

捆扎式是利用柔软而具有弹性的保温织物,如矿渣棉毡、玻璃棉毡等,它裹在管道或其他需要保温的设备、附件上。

(4)浇灌式

浇灌式材料常用泡沫混凝土、硬质泡沫塑料等,在模具和管道、附件之间注入配好的原料,直接发泡成型。

(5)充填式

将松散的、纤维状的保温材料充填在管子四周特制的套子或铁丝网中,以及充填于地沟或无地沟敷设的槽内。

2. 保护层

内防腐层在保温前进行,首先应对金属表面除油、除锈,然后刷防腐涂料,如防锈漆等。保护层可根据保温结构及敷设方式选择不同的做法,常采用的保护层做法有沥青胶泥、石棉水泥砂浆等分层涂抹;或用油毡、玻璃布等卷材缠绕;还可利用黑铁皮、镀锌铁皮、铝皮等金属材料咬口安装;或在保温层外加钢套管、硬塑套管等。保护层外根据要求刷面漆。

[问一问]
供热管道应当如何进行保温?

【实践训练】

课目:参观供热管网

(一)目的

参观某一区域室外供热管网,了解其布置形式、敷设形式以及补偿器的设置、保温层的设置方式等。

(二)要求

(1)了解室外供热管道的布置的原则及管网的形式;

(2)了解室外管道架空敷设与地下敷设的特点;

(3)掌握设置补偿器的用法;

(4)掌握供热管道保温结构的几种方式。

第八节　供热锅炉及辅助设备

一、锅炉的分类、构造与工作原理

(一)锅炉的分类

锅炉是利用燃料燃烧释放的热能(或其他热能)加热给水或其他工质,从而生产规定参数(压力和温度)的蒸汽、热水或其他工质的设备。

锅炉按其用途不同可分为动力锅炉和工业锅炉,供热锅炉为工业锅炉。根据制取的热媒形式,可分为蒸汽锅炉和热水锅炉两大类;按不同的安装方式有散装锅炉和快装锅炉之分。在蒸汽锅炉中,蒸汽压力小于或等于70kPa的,称为"低压锅炉";大于70kPa的,称为"高压锅炉"。

锅炉除了使用煤作燃料外,还能使用石油冶炼中生产的轻油、重油、天然气、煤气等液体及气体燃料。通常把用煤作为燃料的锅炉,称为"燃煤锅炉";把用油、气体作为燃料的锅炉,称为"燃油燃气锅炉"。

(二)锅炉的构造

锅炉设备包括锅炉本体和辅助设备两大部分。

锅炉本体的组成,不同型号的锅炉有不同的结构,现以双锅筒横置式水管锅炉为例,说明其基本构造。

1. 锅筒

锅筒又称为汽包。锅筒是由钢板焊制而成的圆筒形受压容器,它由筒体和封头两部分组成。内设进水装置,汽水分离装置、排污装置等。由于筒内能容纳相当数量的水,增加了运行的安全性和稳定性,设置汽水分离装置可提高蒸汽的品质。

下锅筒通过管束与上锅筒相连,形成水循环。下锅筒还起到沉积水渣作用并通过排污管定期排放。有些锅炉不设下锅筒,用联箱代替,称为单锅筒锅炉。

2. 水冷壁

水冷壁由垂直布置在炉膛四周壁面上的许多水管组成,吸收炉膛内的辐射热,因此称为辐射受热面。管子下端与下集箱相连,下集箱通过下降管与锅筒的水空间相连,管子的上端可直接与锅筒连接,从而构成水冷壁的水循环系统。

水冷壁的另一个作用是减少熔渣和高温烟气对炉墙的破坏,起到保护炉墙的作用。

3. 对流管束

对流管束通常是由连接上下锅筒间的管束构成,其全部设置在烟道中,受烟气冲刷,吸收烟气热量,将管内水加热。对流管束称为对流换热面,它和锅筒,水冷壁构成锅炉的主要受热面。

4. 蒸汽过热器

蒸汽过热器是产生过热蒸汽的锅炉中不可缺少的部件,它由弯成蛇形的钢管和联箱组成,通过管道与上锅筒的蒸汽管相接,蒸汽过热器设置在烟道中,管内的饱和蒸汽吸收烟气热量被加热成过热蒸汽。

5. 省煤器

省煤器是尾部受热面,一般可用铸铁管或钢管制成,设置在对流管束后面的烟道中,利用排烟的部分余热加热锅炉给水,以提高锅炉热效率,节省燃料。

6. 空气预热器

空气预热器也是利用烟气余热的尾部受热面。主要作用是加热燃料燃烧需要的冷空气,提高送入炉膛内的空气温度,改善炉内燃料燃烧条件,同时可降低排烟温度,提高锅炉热效率。蒸汽过热器、省煤器、空气预热器称为锅炉的辅助受热面。

7. 燃烧设备

燃烧设备是指燃料燃烧的装置,根据燃料品种或锅炉结构不同,燃烧设备分为很多种类。小型燃煤锅炉可通过人工将煤加入炉内的炉排上,这种人工加煤、拨火、除渣的炉子称为手烧炉。手烧炉的炉排有固定炉排、翻转炉排、摇动炉排等。大型燃煤炉采用机械上煤,一般由运输设备送往炉前煤斗,再将煤送入炉内。常用的有链条炉、往复炉排炉、振动炉排炉,以及抛煤机炉、沸腾炉等。

链条炉主要由电动机、变速箱、链条等组成。煤由煤头经闸板落到炉排上,链条炉排由电动机带动从炉前向炉后移动,边移动边燃烧,当移动到炉子后部时,已基本燃尽成为灰渣,落入灰斗或除渣装置中。燃油炉的燃料可采用重油、煤油、柴油等,燃烧设备主要由输油管、油嘴、调风器等组成。

8. 炉墙和钢架

炉墙构成锅炉的燃烧室和烟道的外壁,阻止热量向外散热,并使烟气按一定方向流动。炉墙内层采用耐火材料,如耐火砖、硅藻土砖、蛭石砖等,外表面可用红砖或用钢板包住。锅炉钢架由型钢(工字钢、槽钢、角钢等)焊接而成,用来支撑汽包、联箱、受热面管子、平台、扶梯及部分炉墙,并严格保持这些部件的相对位置。

(三)锅炉的工作过程

1. 燃料的燃烧过程

以链条炉为例,煤进入炉内在炉排上燃烧可以分为三个阶段:炉排前端为预热阶段,煤吸收炉内热量提高自身温度,预热阶段基本不需要空气;煤移动到炉排中部为燃烧阶段,燃烧阶段需要大量的空气,由送风(或经过空气预热器)送入炉排下部,穿过炉排到达燃烧层,帮助燃料燃烧,燃烧阶段放出大量热能,生成了高温烟气;燃料移动到后端时为燃尽阶段,燃料已基本成为灰渣,被尾部的除渣板(老鹰铁)铲除了灰渣斗后推出。

2. 烟气向水及其他工质的传热过程

由于燃料的燃烧放热,炉膛内温度很高,首先与水冷壁进行强烈的辐射换热,将热量传给管内介质,在引风机和烟囱引力作用下,高温烟气沿预定的烟道流动,冲刷对流管束、蒸汽过热器等受热面;然后进入尾部烟道,加热省煤器中的锅炉给水,以及空气预热器中送往炉排下的冷空气,使烟气温度降低并排至炉外。

3. 水的受热及汽化过程

按流程,锅炉的给水首先进入省煤器中预热,然后进入上锅筒。在锅炉工作时,锅筒中的工质是处于饱和状态下的汽水混合物,流体在水冷壁和对流管束内边流动边吸热。在自然循环的锅炉中,流体靠密度不同产生循环。水冷壁的循环是在炉墙外设有不受热的下降管,将工质引入下联箱,又经炉内的水冷壁管受热升至上锅筒。对流管束内的流动较复杂,位于高温烟气区的管子受热强烈,工质密度小,会沿管子上升;位于烟道偏后部的管子受热相对较弱,工质密度大,会沿管子下降。

二、锅炉房设备及其布置

(一)锅炉房的设备

1. 水处理设备

锅炉给水中含有大量的悬浮物、沉积物,会引起管道堵塞使水流不畅;在加热过程中,炉水不断浓缩,碱性增强,会促使金属结晶脆化;水中含有钙、镁盐,在受热面内形成水垢,会影响传热,增加燃料消耗,蒸发量降低。更为严重的是水垢与管壁之间形成夹层高温区,使管壁温度急剧上升,引起管子烧坏,造成爆管、爆炸事故;水中含有氧气对金属腐蚀,减少使用寿命等。因此必须对锅炉的给水和炉水进行处理,使水质达到一定的标准,水处理包括过滤、软化、除氧等。

图1-41为钠离子软化系统,主要由钠离子交换器、盐水池、盐泵及软水箱等组成。钠离子交换器中放有一定厚度的钠离子交换剂,常用天然海绿砂、人工树脂、磺化煤等。原水经过钠离子交换剂时,水中的钙、镁离子被钠离子置换,原水由硬水变为软水。随着反应的进行,交换剂的钠离子逐渐被钙、镁离子置换,从而失去了软化能力,必须使交换剂再生。再生包括反洗、还原、正洗三个步骤:

[做一做]
请列表排出锅炉房的设备,写出各自的功能。

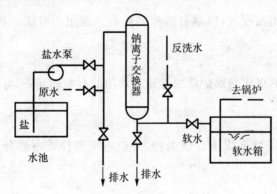

图1-41 钠离子软化系统

(1)反洗

交换剂失效后,一定压力的水将自下而上地通过交换剂层,冲掉破碎的交换剂和泥渣等污物,同时疏松交换剂,使以后还原时盐液易渗入层中与交换剂表面充分接触。

(2)还原

在盐池内配制一定浓度的氯化钠溶液,通过盐泵从上部进入交换器,与失效的交换剂进行还原反应,废液从底部排出。

(3)正洗

原水从上部进入交换器,清除残留的还原剂和还原时的生成物,正洗后的水从底部排出,也可以储存在水箱内,供下次反洗使用。

2. 给水及供水、供热设备

锅炉给水一般由给水箱、给水泵和给水管道组成。经过处理后的水储存于给水箱内,水箱应具有一定容积,以保证锅炉安全用水要求,然后再由水泵送入锅炉。工业锅炉的给水系统,至少应装两台独立工作的给水泵,其中一台作为备用。蒸汽锅炉应设蒸汽泵,在停电时使用。

锅炉房通往各用户的蒸汽管及锅炉房自用汽管应尽量从分汽缸接出,既便于集中管理,又可避免在蒸汽管上多开口。分汽缸一般用钢管或钢板焊制而成。在分汽缸底部设疏水器,以排除分离或凝结的水分。

分汽缸应安装在便于管理和控制的地方,前面应留有足够的操作位置。分水缸和集水器的构造与分汽缸相同,分水缸用于分配和调节供水系统的水量。各系统的回水通过集水器收集。

3. 运煤除渣设备

(1)运煤设备

燃煤锅炉的燃料是煤,通常由车、船运来,用人工或机械卸到现场,再送到锅炉的煤斗。机械运煤设备应根据锅炉对煤的要求等具体情况而定。

① 装卸设备

当煤的粒度不符合锅炉燃煤要求时,煤块必须经过破碎。根据破碎的不同粒径,可选用颚式破碎机、双齿辊破碎机、锤式破碎机。

② 筛选设备

一般在破碎机前设置,以减轻破碎的负荷。常用的有固定筛、摆动筛、振动筛等。

③ 运输设备

用来将煤场的煤送到锅炉前的煤斗。常用的有电动葫芦、斗式提升机、胶带输送机等。

④ 磁选设备

用来吸除输送机上煤中含铁杂物,一般可采用挂式电磁分离器、电磁皮带轮等。

⑤ 计量装置

用来计量燃煤量,汽车、手推进煤时,可采用地秤;胶带输送机上煤时,常采用皮带秤。

⑥ 给煤机

用来调节或控制给煤量并使煤均匀。常用圆盘给煤机、螺旋给煤机、电振给煤机等。

(2)除渣设备

燃煤锅炉必须及时清除燃料燃尽后生成的灰渣,并输送到灰渣场。除渣方法有人工除渣、机械除渣、水力除渣。机械除渣设备常用卷扬机牵引有轨小车、刮板输送机、螺旋出渣机、马丁出渣机、斜轮式出渣机等。水力除渣是利用喷嘴喷出的水流将锅炉落入灰渣沟内的灰渣冲至灰渣沉淀池,沉淀后的灰渣由抓斗吊车装入汽车等运输工具运走。

4. 通风除尘设备

锅炉通风的任务是向锅炉炉膛内送入一定数量的空气,同时将生成的燃烧产物排出炉外,保证燃料在炉膛内能正常燃烧。根据锅炉容量大小有自然通风和机械通风两种。自然通风是利用烟囱的抽力将烟气排出,同时空气被补充;机械通风按燃烧要求,可以分别设置送风、引风,或同时设置送、引风,通常把向炉内供应空气称为送风,把排出烟气称为引风。送风系统由送风机、风道等组成。有空气预热器时,空气先进入空气预热器预热,再送入炉内。引风系统一般包括烟道、除尘器、引风机和烟囱等。

烟、风道和烟囱有金属材料和非金属材料两种,金属材料一般用钢板,非金属材料有砖或钢筋混凝土等。在排烟温度较高时,应有耐火砖或耐火砂浆等作内衬。金属烟、风道或烟囱断面多制成圆形或矩形;非金属材料烟道有大圆弧拱顶、半圆弧拱顶等;非金属材料烟囱有圆锥形或方锥形,筒身锥度取 2%~2.5%。烟囱底部留清灰孔,烟囱底部比水平烟道低 0.5~1.0m,作为积灰坑。如图 1-42 为烟囱底部的构造示意图。

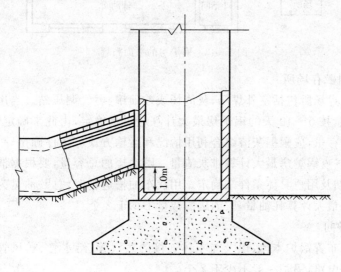

图 1-42　烟囱底部的构造示意图

固体燃料在燃烧过程中产生的烟尘使大气污染,危害人体健康和工农业生产;烟尘中的固体颗粒冲刷引风机,会降低其使用寿命,因此必须对锅炉采取消烟除尘措施。消烟除尘的方法,一是在炉膛设拱,可改善燃烧条件和提高炉温,加强燃料和空气的混合,提高燃烧效率,降低烟气中可燃碳的成分,减少黑烟的浓度;二是在引风机前设除尘器,降低烟气中含尘量。锅炉常用的除尘装置有尘降室、旋风除尘器、湿式除尘器等。

5. 监控仪表

为了使锅炉安全经济地运行,除了本体上装有仪表外,锅炉房内还装设各种仪表和控制设备,如蒸汽流量计、压力表、风压计、水位计以及各种自动控制设备。

(二)锅炉房的布置

锅炉房的平面布置,以保证设备安装、运行、检修安全方便;使风、烟、汽流程短;锅炉房面积和体积紧凑为原则。根据锅炉房的工艺流程,以建筑布局来看,可以分为燃料贮存场所、锅炉间、辅助间、通风除尘间和生活间等五个部分,如图1-43所示。

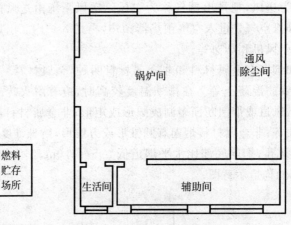

图1-43　锅炉房的平面布置

1. 燃料贮存场所

燃料贮存场所包括室外煤场、灰渣场或贮油罐、燃气调压站。当用汽车运煤时,煤场贮量按5～10天的锅炉房最大计算耗煤量确定,由此来确定煤场面积。灰渣场的贮存量,应根据灰渣综合利用情况和运输方式等条件确定,一般应能贮存3～5个昼夜锅炉房最大计算排灰渣量。贮油罐的总容量,要根据油的运输方式、供油周期及用户具体条件来确定。用汽车油槽运输时,总贮油量为5～10个昼夜锅炉房最大计算耗油量,贮油罐的数量不少于2个。

2. 锅炉间

锅炉间布置锅炉本体,以及与本体连接的蒸汽管、给水管、送风管、排烟道、动力与控制电路,锅炉一般不少于2个。

3. 辅助间

辅助间布置给水泵、蒸汽泵、水处理设备,还包括化验室、控制间、维修间等附属房间。

4. 通风除尘间

通风除尘间内布置送风机、引风机、烟尘净化设备。对燃油燃气锅炉,可不设通风除尘间。

5. 生活间

生活间包括值班室、浴室等附属房间。

(三)锅炉房对建筑的要求

锅炉间属于丁类厂房,蒸汽锅炉>4t/h,热水锅炉>2.8MW时,锅炉间建筑不低于二级耐火等级;蒸汽锅炉≤4t/h,热水锅炉≤2.8MW时,该建筑不低于三级耐火等级。

锅炉间外墙的门、窗应向外开;锅炉间与辅助间隔墙上的门、窗应向锅炉间

【问一问】
锅炉房的布置有何特别要求? 对于建筑又有哪些要求?

开。锅炉房一般每层至少有两个出入口,分别设在相对的两侧,如有通向附近消防梯的太平门时,可只设一个出入口,锅炉房炉前总宽度不超过12m,面积不超过200m²的单层锅炉间,可只开一个门。

锅炉房应预留通过设备最大搬运件的安装孔洞,安装孔洞与门窗结合考虑。每台锅炉的基础应做成整体,不应分开,与楼板相接处,要设置沉降缝。锅炉房的地下室或地下构筑物(如烟道)应有可靠的防止地面水和地下水渗入的措施。地下室的地面要有向集水坑倾斜的坡度,以便使地面积水顺利汇入坑内排出。锅炉房的地面,至少应高出室外地面约150mm,以免积水和便于泄水,外门台阶应做成坡道以利于运输。

砖砌或钢筋混凝土烟囱一般设置在锅炉房的后面,烟囱中心与锅炉房后墙的距离应满足烟囱地基不碰到锅炉房地基的要求,如果这之间不设风机等设备,其距离一般为6~8m。锅炉房应采用轻型屋顶,每平方米一般不宜超过120kg,否则,屋顶应开设天窗,或在高出锅炉的锅炉房外墙上开设玻璃窗,开窗面积不得小于锅炉房面积的10%。

本章思考与实训

1. 室内给水系统的组成有哪些?
2. 排水系统布置的原则是什么?
3. 常用的加热器有哪些?各有何特点?
4. 室内采暖系统的分类及特点是什么?
5. 室外给水管网是如何组成的?
6. 室外排水系统的体制是什么?
7. 简述室外供热管道敷设的要点。
8. 锅炉房的布置有哪些特殊要求?

第二章 建筑电气

【内容要点】

1. 建筑电气的组成、分类及作用；
2. 变配电室(所)的选择、形式、布置、组成，常用的自备应急电源；
3. 供电线路的种类、设计及施工；
4. 常用电气设备的特点及选择；
5. 电气照明基础知识、灯具选择、照明施工图的识读及施工安装要求和方法等；
6. 安全用电及建筑物的防雷措施。

【知识链接】

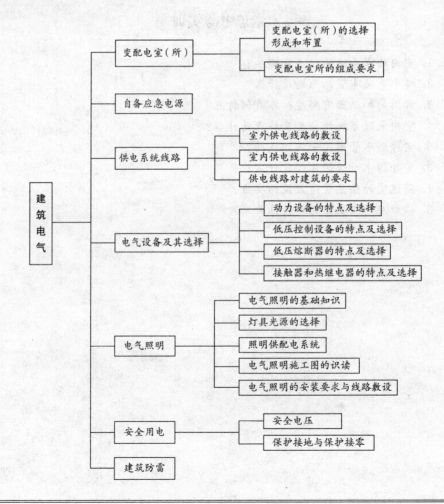

第一节 概　　述

一、建筑电气的含义

建筑电气是建筑设备工程中的重要组成部分之一。建筑电气的基本含义是：建筑物及其附属建筑的各类电气系统的设计与施工以及所用产品、材料与技术的生产和开发的总称。

最近 10 年是建筑电气步入高科技领域的 10 年，不仅原有的配电系统如照明、供电等方面技术不断更新，而且电子技术、自动控制技术与计算机技术也迅速进入到建筑电气设计与施工的范畴，与之相适应的新技术与新产品也正以极快的速度被开发和应用，并且不断地更新。近年来，由于建筑物向着高层和现代化的方向发展，使得在建筑物内部电能应用的种类和范围日益增加和扩大。因此，不仅是目前且今后建筑电气对于整个建筑物建筑功能的发挥、建筑布置和构造的选择、建筑艺术的体现、建筑管理的灵活性以及建筑安全的保证等方面，都起着重要的作用。

二、建筑电气系统的组成

建筑电气系统一般都是由用电设备，配电线路，控制、保护设备三大基本部分组成。

(1)用电设备

包括照明灯具、家用电器、电动机、电视机、电话、喇叭等，种类繁多，作用各异，分别体现出各类系统的功能特点。

(2)配电线路

它用于传输电能和讯号能。各类系统的线路均为各种型号的导线或电缆，其安装和敷设方式也都大致相同。

(3)控制、保护设备

是对相应系统实现控制保护等作用的设备。这些设备常集中安装在一起，组成配电盘、柜等。若干盘、柜常集中安装在同一房间中，即形成各种建筑电气专用房间，如变配电室(所)、共用电视天线前端控制室、消防中心控制室等。这些房间均需结合具体功能，在建筑平面设计中统一安排布置。

[想一想]
常见的控制、保护设备有哪些种类？各起到什么作用？

三、建筑电气系统的分类

从电能的供入、分配、输送和消耗使用的观点来看，全部建筑电气系统可分为供配电系统和用电系统两大类。而根据用电设备的特点和系统中传送能量的类型，又将用电系统分为三种。

(一)建筑的供配电系统

接受电力系统输入的电能，并进行检测、计量、变压，然后向建筑物各用电设备分配电能的系统,称为供配电系统。建筑供配电系统包括变配电室,各级线路的选择、敷设,电气设备的选择等内容。

(二)建筑的用电系统

1. 建筑电气照明系统

应用可以将电能转换为光能的电光源进行采光,以保证人们在建筑物内正常从事生产和生活活动,以及满足其他特殊需要的照明设施,称为建筑电气照明系统。它由电气和照明两套既相互独立又紧密联系的系统组成。

(1)电气系统

是由电源、导线、控制和保护设备以及各种照明灯具所组成。其本身属于建筑供配电系统的一部分。

(2)照明系统

是指光能产生、传播、分配和消耗吸收的系统,一般由电光源、控制器(灯具)、室内空间、建筑内表面、建筑形状和工作面等组成。

2. 建筑动力系统

应用可以将电能转换为机械能的电动机拖动水泵、风机、电梯等机械设备运转,为整个建筑物提供舒适、方便的生产和生活条件而设置的各种系统称为建筑动力系统,如供暖、制冷、通风、给排水、运输系统等。维持这些系统工作的机械设备如冷冻机、空调机、送排风机、给排水泵、电梯等,全部(或大部)是靠电动机拖动的,因此可以说,建筑动力系统实质上就是向电动机配电,以及对电动机进行控制的系统。

3. 建筑弱电系统

建筑弱电系统是建筑电气的重要组成部分。一般把建筑物的动力、照明这样输送能量的电力简称为强电,而把以传输语音、数字信号,进行信息交换的"电"简称为弱电。应用可以将电能转换为信号能的电子设备,保证信号的准确接受、传输、处理和显示,以满足人们对各种信息的需要和保持相互联系的各种系统统称为建筑弱电系统。

[问一问]

建筑电气设备具有哪些作用?

四、建筑电气的作用

根据在建筑中所起的作用范围的不同,可将建筑电气设备分为如下几类:

1. 创造环境的设备

对居住者的直接感受最大的环境因素是光、温湿度、空气和声音等。这几个方面的条件部分或全部由建筑电气所创造。

(1)创造光环境的设备

在人工采光方面,无论是满足人们生理需要为主的视觉照明,还是满足人们心理需要为主的气氛照明,均是采用电气照明装置实现的。

(2)创造温湿度环境的设备

为室内温湿度不受外界自然条件的影响,可采用空调设备实现,而空调设备的工作是靠消耗电能才得以完成的。

（3）创造空气环境的设备

补充新鲜空气，排除臭气、烟气、废气等有害气体，可采用通风换气设备实现，而通风换气设备，多是靠电动机拖动才工作的。

（4）创造声音环境的设备

可以通过广播系统形成背景音乐，将悦耳的乐曲或所需的音响送入相应的房间、门厅、走廊等建筑空间。

2. 追求方便性的设备

方便生活和工作是建筑设计的重要目的之一。增加相应的建筑电气设备是实现这一目的的主要措施。例如：增加居住者和使用者生活和工作方便的设施，缩短信息传递时间的系统，增强安全性的设备和提高控制性能的设备等。

综上可见，建筑电气不仅是建筑物内必要和重要的组成部分之一，而且其作用和地位日益增强和提高，因而应引起建筑设计人员越来越多的重视。

[想一想]

在你身边有哪些设备为增强居住者和使用者生活和工作方便的；哪些设备是缩短信息传递时间的；哪些设备是增强安全性的；哪些设备又是提高控制性能的？

第二节　变配电室（所）和自备应急电源

用于安装和布置高低压配电设备和变压器的专用房间和场地称为变配电室。建筑用的变配电室大多属于 10kV 类型的变配电室，主要由高压开关室、变压器室和低压配电室三部分组成，变配电室接受电网输入的 10kV 电源，经变压器降压至 380/220V，然后根据需要将其分配给各低压配电设备。在民用建筑中，一般为 6～10kV 变配电室（所）。

自备应急电源可采用蓄电池组及发电机组。蓄电池组一般用于仅有事故照明的负荷，对设有消防电梯、消防水泵的负荷则采用柴油发电机组。自备应急电源与工作电源应防止并列运行。

一、变配电室（所）

（一）变配电室（所）位置的选择

根据《民用建筑电气设计规范》（JGJ16—2008）规定，建筑物或建筑群变配电所位置的确定应符合下列要求。

（1）接近负荷中心。避免送电半径过大而造成电压损失过大或带来其他问题。一般情况下，低压（380/220V）的供电半径不宜超过 250m。进出线方便，为设计、施工、管理带来最大便利，且节约投资。

（2）接近电源侧。避免因外线过长而对安全、投资、占地等各方面造成的不利影响。

（3）设备吊装、运输方便。不但考虑初次安装，还要考虑日后维修更换的运输通道。

（4）不宜设在有剧烈振动的场所，以免对变配电设备的安全构成威胁。

（5）不宜设在多尘、水雾（如大型冷却塔）或有腐蚀性气体的场所；如无法远离时，也不要设在污染源的下风侧，以保证变配电设备的可靠运行。

（6）不应设在厕所、浴室或其他经常积水场所的正下方或贴邻，以防止潮湿环境对变配电设备的威胁。

（7）不应设在爆炸危险场所内和设在有火灾危险场所的正上方或正下方，如布置在爆炸危险场所范围和布置在与火灾危险场所的建筑物毗邻时，应符合《爆炸和火灾危险环境电力装置设计规范》(GB50058—1992)的规定。

（8）变配电室（所）为独立建筑时，不宜设在地势低洼和可能积水的场所。

（9）高层建筑地下层变配电室（所）的位置，宜选择在通风、散热条件较好的场所。

（10）变配电室（所）位于高层建筑（或其他地下建筑）的地下室时，不宜设在最底层。当地下仅有一层时，应采用适当抬高该配电室（所）地面等防水措施，并应避免洪水或积水从其他渠道淹没变配电室（所）的可能性。

[想一想]

为什么变配电室（所）不宜设在最底层？

(二)变配电室(所)的形式

变配电室（所）按整体结构分为屋内式、屋外式和组合式 3 种形式；按变配电室（所）处的位置又可分为独立式、附设式、地下式和户外杆上或台上变配电所。

独立变配电所它独立于建筑物之外，一般向分散的建筑供电及用于有爆炸和火灾危险的场所。独立变配电室最好布置成单层，但采用双层布置时，变压器室应设在底层，设于二层的配电装置应由吊运设备的吊装孔或平台。

(三)变配电室(所)的布置

以独立变配电室（所）为例，表 2－1 列出的几种常用布置方案。

表 2－1　独立变配电室(所)几种常用布置方案

主接线图	适用场所	主接线图	适用场所
10(6)kV 0.4kV	单电源的变电所，其低压配电屏与变压器相邻近	10(6)kV 0.4kV 0.4kV	双电源的变电所，其工作电源引自 10(6)kV 供电系统，备用电源引自邻近建筑物，并要求带负荷切换或自动切换（当容量不大时，也可采用接触器构成的自动切换装置）
10(6)kV 0.4kV	单电源的变电所，其低压配电屏与变压器相邻近，但设有低压断路器	0.4kV	同上，但工作电源和备用电源皆引自邻近建筑物，用于负荷不大的场所

主接线图	适用场所	主接线图	适用场所
0.4kV (a) (b)	引自邻近建筑物的单电源用户。容量小的选图（a）接线；容量较大的选用图（b）接线	10(6)kV 0.4kV	双电源的变电所，其电源皆引自 10(6)kV 供电系统。母线分为三段，要求供电可靠性高的负荷，一般接在中间段母线。两台工作一台备用的设备，可将三台设备分别接于各段母线
10(6)kV 0.4kV 或	双电源的变电所，其电源皆引自 10(6)kV 供电系统，低压母联开关不允许停电操作时采用低压断路器，允许停电操作时采用刀开关或隔离开关	10(6)kV 0.4kV	三路电源的变电所，中间段母线与两端母线互为备用。低压母线开关不允许带负荷切换
10(6)kV 0.4kV	同上，低压设有备用电源自动合闸装置。如果容量小，可以采用接触器构成的自动合闸装置	10(6)kV 0.4kV 0.4kV	双电源的变电所，其工作电源引自 10(6) kV 供电系统，备用电源引自邻近建筑物，不要求带负荷切换或自动切换
		0.4kV	同上，但两路电源皆引自邻近建筑物

（四）变配电室（所）的组成及其安装要求

1. 高压开关室

（1）门应为向外开的防火门，应能满足设备搬运和人员出入要求。

（2）条件具备时宜设固定的自然采光窗，窗外应加钢丝网或采用夹丝玻璃，防止雨、雪和小动物进入，窗台距室外地坪宜不小于 1.8m。

（3）需要设置可开启的采光窗时，应采用百叶窗内加钢丝网（网孔不大于 10mm×10mm），防止雨、雪和小动物进入。

（4）一般为水泥地面，应采用高强度等级水泥抹平压光。

（5）在严寒地区，当室内温度影响电气设备和元件正常运行时，应有供暖措施。

（6）平面设计时，宜留有适当数量的开关柜的备用位置。

（7）高压开关柜底应做电缆沟，尺寸根据开关柜尺寸确定。

[问一问]

变配电室（所）由哪几部分组成？对它们各有什么要求？

2. 变压器室

(1)变压器室的大门一般按变压器外形尺寸加 0.5m,当一扇门的宽度为 1.5m 及以上时,应在大门上开一个小门,小门宽 0.8m,高 1.8m。

(2)屋面应有隔热层及良好的防水、排水设施,一般不设女儿墙。

(3)一般不设采光窗。

(4)进风窗和出风窗一般采用百叶窗,须采取措施防雨、雪和小动物进入室内。

(5)地坪一般为水泥压光。

(6)干式变压器的金属网状遮挡高度不低于 1.7m。

3. 低压配电室

(1)低压配电室的高度应与变压器室综合考虑,以便变压器低压出线。

(2)低压配电柜下应设电缆沟,沟内应水泥抹光并采取防水、排水措施,沟盖板宜采用花纹钢盖板。

(3)地坪应用高强度水泥抹平压光,内墙面应抹灰并刷白。

(4)一般靠自然通风。

(5)可设能开启的自然采光窗,并应设置纱窗。

(6)当兼作控制室或值班室时,在供暖地区应供暖。

[问一问]
常见的自备应急电源有哪几种?

二、自备应急电源

(一)柴油发电机组

柴油发电机组是一种自备电源,主要有普通型、应急自启动型和全自动化型三种。柴油发电机组本身包括柴油机和发电机两大部分,柴油发电机组均由柴油机、同步发电机、控制箱(房)和机组的附属设备组成。

1. 柴油发电机组设置的原则

是否需要设置柴油发电机组,是根据规范要求,按建筑物的重要性和功能要求以及城市电网供电的可靠性来决定的。

在符合下列情况之一时,应设置柴油发动机组:

(1)为保证一级负荷中特别重要的负荷用电;

(2)有一级负荷,但从市电取得第二电源有困难或不经济合理时;

(3)大、中型商业性大厦,当市电中断将会造成经济效益有较大损失时。

在方案或者初步设计阶段,可以暂按供电变压器容量的 10%～20% 来估算柴油发电机组的容量。到了施工图阶段,则可根据一级负荷及其特别重要负荷、消防负荷的大小,取其最大值来计算柴油发电机组的容量,另外还需校验柴油发电机组供电范围内最大鼠笼式电动机负荷全压启动时,母线压降是否符合规范要求,能否保证电动机负荷的顺利启动。

2. 柴油发电机房位置的选择

柴油发电机房由发电机房、控制及配电室、燃油准备及处理房等组成,一般应设置在建筑物的首层。如在首层选址确有困难时,也可以布置在建筑物的地下一层,除要尽可能靠近负荷中心和变配电室,以便于接线和操作控制外,还要处理好通风、防潮、机组的排烟、消除噪声和减振,以及要避开主要通道等。

机房中发电机间应有两个出入口,门的大小应能搬运机组出入,否则应预留吊装设备孔口,门应向外开,并有防火、隔声的功能。发电机间与控制及配电室之间的窗和门应能防火和隔声,门应开向发电机间。贮油间与机房如相连布置,其隔墙上应设防火门,门朝发电机间开。发电机、贮油房间地面应防止油、水渗入地面,一般作水泥压光地面。

(二)蓄电池

蓄电池是一种可逆电池,它能将化学能转换为电能。蓄电池放电前需预先充电,将电能转换为化学能并储存在电池内;待到放电时再用与充电相似的方法使活性物质还原。其容量应根据市电停电后由其维持的供电时间的长短要求选定。

蓄电池室要根据蓄电池类型采取相应的技术措施,如:酸性蓄电池室顶棚做成平顶对防腐有利,对顶棚、墙、门、窗、通风管道、台架及金属结构等应涂耐酸性油漆,地面应有排水设施并用耐酸材料浇筑。蓄电池室朝阳窗的玻璃应能防阳光直射,一般可用磨砂玻璃或在普通玻璃上涂漆,门应朝外开,当所在地区为高寒区及可能有风沙侵入时则应采用双层玻璃窗。

【实践训练】

课目:参观一座办公楼,了解其建筑电气设备的组成

(一)目的

根据变配电室(所)的位置选择、形式、布置及对其组成部分的要求。掌握变配电室(所)的设计及布置。掌握 10kV 配电室(所)的布置。

(二)要求

能看懂变配电室(所)的平面布置图,电气系统图。在变配电室(所)内能够熟悉各组成部分的设备及布置情况。要做到和书上所讲的理论知识进行比较和理解,认真操作,注意提出问题。

(三)步骤

(1)识读变配电室(所)的平面布置图。认真分析变配电室(所)的平面布置图,掌握变配电室(所)各组成部分的平面布置。

(2)参观变配电室(所)。通过参观变配电室(所)的实物,了解变配电室(所)各组成部分的设备及布置情况。

(3)总结。通过识读变配电室(所)的平面布置图和变配电室(所)的实物,将所学理论知识和实际情况进行比较。

(四)注意事项

在实训时，一定要注意安全！没有经过指导教师的允许，不能私自动变配电室(所)内的设备。参观时要多看、多思考、多提问、多记录，以此来巩固自己所学的知识。

第三节　供电系统线路

供电线路包括高压供电线路和低压供电线路。高压供电线路一般用于额定工作电压为 6000V 或 3000V 的大容量电动机等供电设备的供电，它基本采用高压电缆沿电缆沟敷设。这里主要介绍低压供电线路。

一、低压供电线路

[想一想]
室外供电线路的敷设有什么特点？

低压供电线路是指由市电电力网引至受电端的电源引入线。低压供电线路一般由室外供电线路和室内配电线路两部分组成。

(一)室外供电线路

室外供电线路主要有架空线路和电缆线路两大类。

1. 架空线路

架空线路可以用裸铝(铜)线架设在电线杆的绝缘子(引入建筑物的接户线必须采用绝缘线)，称为电线杆架空线路(如图 2-1 所示)；也可以用绝缘导线架设在墙壁支架的绝缘子上，称为沿墙架空线路(如图 2-2 所示)。

架空线路具有投资少、安装容易、维护检修方便等优点，因而得到广泛使用。但与电缆线路相比，其缺点是受外界自然因素(风、雨、雷、雪等)影响较大，故安全性、可靠性较差，并且不美观、有碍市容，所以其使用范围受到一定限制。

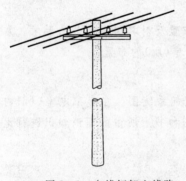
图 2-1　电线杆架空线路

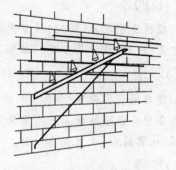
图 2-2　沿墙架空线路

(1)架空线路的组成

架空线路一般由导线、电线杆、横担、绝缘子、拉线及线路金具等组成。

导线的主要任务是输送电能。主要分绝缘线和裸线两类，市区或居民区尽量采用绝缘线。绝缘线又分为铜芯和铝芯两种。

电线杆的主要作用是支撑导线，同时保持导线的相间距离和对地距离。电线杆按材质分为木杆、水泥杆和铁塔三种。电线杆按其功能分为直线杆、转角杆、终端杆、跨越杆、耐张杆、分支杆等。

横担主要用来安装绝缘子以固定导线。从材料来分,有木横担、铁横担和瓷横担。低压架空线路常用镀锌角铁横担,横担固定在电线杆的顶部,距顶部一般为300mm。

绝缘子主要作用是固定在横担上,用来使导线之间、导线与横担之间保持绝缘,同时也承受导线的垂直荷重的水平拉力。低压架空线路绝缘子主要有针式和蝶式两种。

金具是指架空线路上所使用的各种金属部件的统称,其作用是连接导线、组装绝缘子、安装横担和拉线等,即主要起连线或紧固作用。常用的金具有固定横担的抱箍和螺栓,用来连接导线的接线管,固定导线的线夹以及做拉线用的金具等。为了防止金具锈蚀,一般都采用镀锌铁件或铝制零件。

(2)敷设架空线路的注意事项

① 路径选择应不妨碍交通及起重机的拆装、进出和运行,且力求路径短直、转角小。

② 架空导线与邻近线路或设施的距离应符合表2-2的要求。

表2-2 架空线路与邻近线路或设施的距离

项目	邻近线路或设施的类别						
最小净空距离(m)	过引线、拉下线与邻线	架空线与拉线电线杆外缘				树梢摆最大时	
	0.13	0.65				0.5	
最小垂直距离(m)	同杆架设下的广播线路通信线路	最大弧垂与地面			最大弧垂与暂设工程顶端	与邻近线路交叉	
		施工现场	机动车道	铁路轨道		1kV以上	1~10kV
	1.0	4.0	6.0	7.5	2.5	1.2	2.5
最小水平距离(m)	电线杆至路基边缘	电线杆至铁路轨道边缘				边线与建筑物凸出部分	
	1.0	杆高+3.0				1.0	

③ 电线杆采用水泥杆时,不得露筋、不得有环向裂纹,其梢径不得小于130mm。电线杆的埋设深度宜为杆长的1/10加上0.6m,但在松软土地上应当加大埋设深度或采用卡盘固定。

④ 挡距、线距、横担长度及间距要求。挡距是指两杆之间的水平距离,施工现场架空线挡距不得大于35m。线距是指同一电线杆各线间的水平距离,一般不得小于0.3m。横担长度应为:两线时取0.7m,三线或四线取1.5m,五线取0.8m;横担间的最小垂直距离不得小于表2-3的要求。

表2-3 横担间的最小垂直距离(m)

排列方式	直线杆	分支或转角杆
高压与低压	1.2	1.0
低压与低压	0.6	0.3

⑤ 导线的形式选择及敷设要求。施工现场必须采用绝缘线,架空线必须设在专用杆上,严禁架设在树木或脚手架上。为提高供电可靠性,在一个挡距内每一层架空线的接头数不得超过该层线条数的 50%,且一根导线只允许有一个接头。

⑥ 绝缘子及拉线的选择及要求。架空线的绝缘子直线杆采用针式绝缘子,耐张杆采用蝶式绝缘子。拉线应选用镀锌铁线,其截面不小于 $\phi 4mm$,拉线与电线杆夹的角应在 $30°\sim45°$ 之间,拉线埋设深度不得小于 1m,水泥杆上的拉线应在高于地面 2.5m 处装设拉线绝缘子。

2. 电缆线路

电缆线路一般采用地下暗敷设。敷设的方式分为直埋、穿排管、穿混凝土管块、放入隧道内等。地下直埋电缆需要采用带防腐层的铠装电缆,其他可采用不带铠装的电缆,但对于重要负荷,为了防止鼠类咬伤电缆的外护层而造成事故,也应采用铠装电缆。

电缆线路与架空线路相比,虽然具有成本高、投资大、维修不便等缺点,但它具有运行可靠、不受外界影响、不占地、不影响美观等优点,特别是在有腐蚀气体和易燃易爆场所,不宜架设架空线时,只有敷设电缆线路。

电缆主要由线芯、绝缘层、外护套三部分组成。

根据电缆的用途不同,可分为电力电缆、控制电缆、通信电缆等;按电压不同可分为低压电缆、高压电缆两种。电缆的型号中包含其用途类别、绝缘材料、导线材料、保护层等信息。目前在低压配电系统中常用的电力电缆有 YJV 交联聚乙烯绝缘、聚氯乙烯护套电力电缆和 VV 聚氯乙烯绝缘等,一般选 YJV 电力电缆。

(二)室内配电线路

[想一想]
室内配电线路敷设种类和各种类敷设的特点?

室内配电线路是建筑物内的一种设施,是室内各种电气设备的供电线路。

1. 配电干线及分支干线的敷设

配电干线及分支干线通常采用电缆明敷设、电缆沟敷设、封闭式母线敷设、钢管明敷设、钢管或硬塑料管暗敷设。

(1)电缆明敷设

电缆明敷设是采用电缆吊架或电缆托盘架设电缆,主要用于机房、设备层、地下室的走道或垂直通道内。

电缆的吊挂点间距不超过 1m。电缆直线段的两端及电缆转弯处,需将电缆加以固定。垂直敷设的电缆在所有的支持点上均需加以固定,支持点的间距不得超过 2m。

(2)电缆沟内敷设

6 条及以下电缆采用沟底单层敷设(如图 2-3(a)),8 条以上时采用两侧支架敷设(如图 2-3(b))。电缆与缆沟尺寸的配合见表 2-4。

电缆沟的盖板是活动的,打开后可进行敷设或检修电缆。盖板需用不燃材料制成或进行防火处理,沟内电缆应采用不易燃护套型。敷设电缆的支架须接地,其间距为 1m。

表 2-4　电缆沟尺寸表

根数	尺寸		根数	尺寸	
	宽	深		宽	深
2	200	200	12	1 000	550
4	400	200	16	1 000	700
6	600	200	18	1 000	850
8	1 000	400			

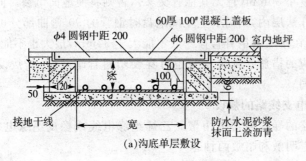

(a)沟底单层敷设

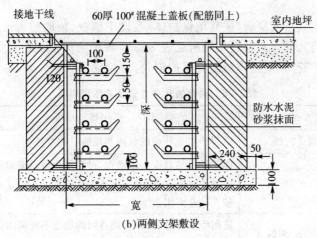

(b)两侧支架敷设

图 2-3　室内电缆沟内敷设示意图

(3)封闭式母线敷设

封闭式母线是工厂的定型产品,它是把铜(铝)母线用绝缘夹板夹在一起(用空气绝缘或缠包绝缘),置于钢板外壳内,这种敷设方式适用于大电流的配电干线。由于它的造价很高,因此需经过技术经济比较,合理时方可采用。

(4)钢管明敷设

钢管明敷设可采用沿墙支起的角钢或扁钢管架进行安装,用于垂直配电通道内,也可采用圆钢及角钢制成的吊装安装,用于水平敷设在地下室通道或机房内。支架的间距依据钢管的直径而定,见表 2-5。支架与钢管需结成一体接地,钢管之间的净距一般为 40mm,据此可确定支架的长度。

表 2-5 钢管明敷支架的最大允许距离

钢管内径(mm)	15~20	25~32	40~50	70~100
支架距离(m)	·1.5	2	2.5	3.5

(5)钢管或硬塑料管暗敷设

暗敷设的配电干管可埋入首层地面内,此时需注意暖气沟的位置,因暖气沟盖上面仅有约50mm的地面作法层,故较粗的干管需在沟底以下穿跨;也可埋入砖墙内或楼层地面内,此时需注意埋入砖墙内一般限于垂直敷设;埋入混凝土楼板时钢管的外径不得大于板厚的1/3;埋入地面作法层内时钢管的外径至少比地面作法层总厚度小30mm(且无其他管交叉),否则将使地面龟裂。同时还需注意即使埋入地面作法层内,当需引上至配电盘时钢管的90°弯曲部分可能露出地面或墙面,因此埋在楼层的钢管管径一般不能大于32mm,最大也不能超过50mm,此时需采取相应的措施。配电干线也可穿硬塑料管暗敷设,其敷设方法与钢管暗敷设基本相同。

2. 室内配电支线路的敷设

配电支线路的导线通常采用聚氯乙烯绝缘电线或橡皮绝缘电线,配电支线路的敷设方式有明敷和暗敷两种。

(1)明敷

是将导线直接或穿管(或其他保护体)敷设于墙壁、顶棚的表面及桁架、支架上面。明敷的几种方式及适用场所见表2-6。各种明敷配线方式穿墙或过楼板处都要加保护管,垂直过楼板要穿保护钢管。

[做一做]

明敷线路有多种方式,请你用相机把它们拍下来。

表 2-6 明敷的几种方式及其适用场所

敷设方式	适用场所及要求
瓷夹板、塑料线夹配线	适用于正常环境的室内和挑檐下的室外
瓷瓶(针式绝缘子)配线	能使导线与墙面距离增大,可用于比较潮湿的地方(如浴室、较潮的地下室等)或雨雪能落到的室外。工业厂房导线截面较大时常采用。
瓷柱(瓷柱、鼓式绝缘子)配线	适用于室内外,但雨雪能落到的地方不可采用。室内也可用于较潮湿的地方。瓷柱配线的导线截面最大不宜超过25mm²,否则用瓷瓶配线。
卡钉(铝片卡)配线	只能采用塑料护套线(BVV、BLVV 型)明敷于室内,不能在室外露天场所明敷,布线时固定点的间距不得大于200mm。
塑料槽板、木槽板配线	适用于干燥房屋的明敷,槽板应敷设于较隐蔽的地方,应紧贴于建筑物表面,排列整齐,一条槽板内应敷设同一回路的导线。
穿管(钢管、电线管、塑料管)	穿钢管适用于用电量较大,易爆、易燃、多尘、干燥,又容易被碰撞的线路及场所;穿塑料管适用于用电量较大,腐蚀、尘多的场所。

（2）暗敷

是将导线穿管（钢管、塑料管）敷设于墙壁、顶棚、地坪及楼板等的内部。配线管随土建工程施工时预埋好，然后把导线穿入管中。暗敷配线的特点是：不影响室内墙面的整洁美观，可防止导线受有害气体的腐蚀和机械损伤，使用年限长。但缺点是安装费用大，所以一般用于有特殊要求的工作场所或标准较高的建筑物中。

穿管配线无论是用于明敷或暗敷，管内导线的总截面（包括外护层）不应超过管子内截面的 40%。钢管有电线管和水、煤气管两种。一般可使用电线管，但在有爆炸危险的场所或标准较高的建筑物中，应采用水、煤气钢管。管内的导线不得有接头，接头时（如分支）应设接线盒。总之，在照明线路敷设中，应以经济、节俭、美观、实用为原则，密切与土建、水暖等工程配合，保质、保量地完成电气施工的任务。

［问一问］
室内配电线路有哪些技术要求？

3. 室内配线线路的技术要求

室内配电线路不仅要使电能的传送可靠，而且要使线路布置合理、整齐、安装牢固，符合技术规范的要求。内线工程不能破坏建筑物的强度和损害建筑物的美观。在施工前要考虑好给排水管道、热力管道、风管道以及通讯线路布线的位置关系。

室内配线技术要求如下：

（1）使用的导线其额定电压应大于线路的工作电压，导线的绝缘应符合线路的安装方式和敷设的环境条件，导线截面应能满足供电和机械强度的要求。

（2）配线时应尽量避免导线有接头，因为往往由于导线接头漏电而引发各种事故。必须有接头时，应采用压接和焊接，导线连接和分支处不应受到机械力的作用。穿在管内的导线，在任何情况下都不能有接头。必要时应尽可能把接头放在接线盒或灯头盒内。

（3）明配线路在建筑物内应水平或竖直敷设。水平敷设时，导线距地面不小于 2.5m；竖直敷设时，导线距地面不小于 2m，否则应将导线穿管以作保护，防止机械损伤。

（4）当导线互相交叉时，为避免碰线，在每根导线上应套上塑料管或其他绝缘管，并须将套管固定。

（5）导线穿墙、穿楼板、过伸缩缝等时的要求详见供电线路对建筑的要求。

二、供电线路对建筑的要求

［谈一谈］
讨论一下供电线路对建筑有哪些具体要求。

供电线路对建筑的要求可从室外供电线路与室内配电线路对建筑的要求两个方面去考虑。

（一）室外供电线路对建筑的要求

当室外供电线路采用架空线路时，架空线路导线与建筑物最小距离应不小于表 2-7 所列数值。室外供电线路上的低压接户线与建筑物有关部分的距离，应不小于表 2-8 所列数值。当室外供电线路采用直埋电缆敷设时，如直埋电缆与建筑物平行时,要求它们之间的最小净距为 0.5m。

表 2-7　架空线路导线与建筑物的最小距离(m)

建筑物的部位	线路电压	
	高压	低压
建筑物的外墙	1.5	1.0
建筑物的窗	3	2.5
建筑物的阳台	4.5	4
建筑物的屋顶	3	2.5

表 2-8　低压接户线与建筑物有关部分的最小距离(mm)

接户线接近建筑物的部位	最小距离
与接户线下方窗户间的垂直距离	300
与接户线上方阳台和窗户的垂直距离	800
与窗户或阳台的水平距离	750
与墙壁、构架之间距离	50

(二)室内配电线路对建筑的要求

室内配电线路对建筑的要求主要表现在:

(1)当导线穿过楼板时,应设钢管或塑料管加以保护,管子长度应从离楼板面 2m 高处到楼板下出口处为止。

(2)导线穿墙要用瓷管,瓷管两端的出线口,伸出墙面不小于 10mm,这样可防止导线和墙壁接触,防止墙壁潮湿时产生漏电现象。导线过墙用瓷管保护,除穿向室外的穿管应一线一根外,同一回路的几根导线可穿在同一根瓷管内,但管内导线的总面积(包括绝缘层)不应超过管内截面的 40%。

(3)当导线穿墙壁或天花板敷设时,导线与建筑物之间的距离一般不小于 10mm。在通过伸缩缝的地方,导线敷设应稍为松弛。钢管配线,应装设补偿盒,以适应建筑物的伸缩。

【试一试】

看看自己能否独立地看懂室内外配电线路平面图。

【实践训练】

课目:掌握室内外配电线路的布置

(一)目的

根据室内外配电线路形式、敷设要求,掌握室内外配电线路的布置及要求。

(二)要求

能看懂室内外配电线路的布置图,在实际情况下,掌握室内外配电线路的敷设要求。讨论变配电室(所)理论知识和实际布置有什么不同?布置时应注意哪些问题?

(三)步骤

(1)识读室内外配电线路图。认真分析室内外配电线路图,能够熟悉掌握室内外配电线路的敷设。

(2)参观室内外配电线路。通过参观实际敷设的室内外配电线路,掌握室内外线路敷设要求。

(3)总结。通过实际和理论的对照比较,将所学理论知识和实际情况进行比较。

第四节　电气设备及其选择

建筑工程中常用的电气设备有动力设备、照明设备、低压控制设备、保护设备、导线和电缆、变压器设备等。本节重点介绍动力设备(三相异步电动机)和低压控制设备(如刀开关、空气开关、熔断器、接触器、继电器等)。

一、动力设备

三相异步电动机是工业、农业生产中应用最广泛的一种动力设备。三相异步电动机分鼠笼式异步电动机和绕线式异步电动机,二者的差别在于转子的结构不同。鼠笼式电动机有结构简单、运行可靠、维护方便、价格便宜等优点,在工程实际中应用广泛,故而本文主要介绍鼠笼式异步电动机。

(一)三相异步电动机结构

三相异步电动机由两个基本部分组成:定子和转子,三相异步电动机结构如图2-4所示。定子和转子之间有很小的空隙(一般为 $0.2\sim2mm$),以保证转子在定子内自由转动。

1. 定子

定子由定子铁芯、定子绕组和机座三部分组成。定子铁芯是电动机的磁路部分,为减少铁芯中的涡流损耗,一般用 $0.35\sim0.5mm$ 厚、表面由涂有绝缘漆或氧化膜的硅钢片叠压而成。在定子硅钢片的内圆上冲制有均匀分布的槽口,用以嵌放对称的三相绕组。定子绕组是异步电动机的电路部分,与三相电源相连,其主要作用是通过定子电流,产生旋转磁场,实现能量转换。定子绕组由三相对称绕组组成,三相对称绕组按照一定的空间角度依次嵌放在定子槽内,并与铁芯间绝缘。一般异步电动机多将定子三相绕组的6根引线按首端 A、B、C,尾端 X、Y、Z,分别对应接在机座外壳的接线盒 U_1、V_1、W_1、U_2、V_2、W_2 内,可根据需要接成三角形和星形,如图2-5所示。

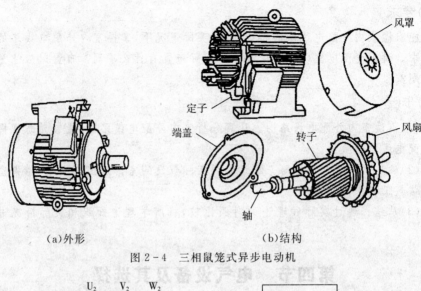

（a）外形　　　　　　　　　（b）结构

图 2-4　三相鼠笼式异步电动机

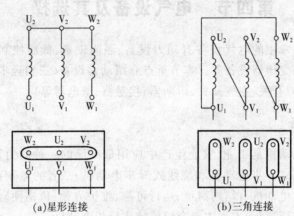

（a）星形连接　　　　　　　（b）三角连接

图 2-5　三相异步电动机的定子接线

机座是电动机的外壳和固定部分,通常用铸铁或铸钢制成。其作用是固定定子铁芯和定子绕组,并以前后端支撑转子轴,它的外表面还有散热作用。

2. 转子

转子是异步电动机的旋转部分,由转轴、铁芯和转子绕组三部分组成,它的作用是输出机械转矩,拖动负载运行。转子铁芯也是由硅钢片叠成,转子铁芯固定在转轴上,呈圆柱形,外圆侧表面冲有均匀分布的槽,槽内嵌放转子绕组。转子绕组在结构上分为鼠笼式和绕线式两种。

鼠笼式转子绕组是在转子导线槽内嵌放铜条或铝条,并在两端用金属体（也叫短路环）焊接成鼠笼形式,如图 2-6 所示。在中小型异步电动机中鼠笼转子多采用熔化的铝浇铸在转子导线槽内,有的还连同短路环、风扇叶等用铝铸成整体。

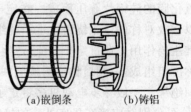

（a）嵌倒条　　　　（b）铸铝

图 2-6　鼠笼式转子

绕线式转子绕组和定子绕组一样，也是三相对称绕组，但通常接成星形，每组的始端连接在三个铜制的滑环上，滑环固定在转轴上，环与环、环与转轴都互相绝缘，在环上用弹簧压着碳质电刷。绕线式电动机结构较为复杂，成本比鼠笼式电动机高，但它具有较好的启动性能，在一定范围内它的调速性能也比鼠笼式电动机好。

(二)三相电动机的铭牌

要正确使用电动机，必须先看懂铭牌，因为铭牌上标有电动机额定运行时的主要技术数据。三相异步电动机的铭牌如图 2-7 所示。

三相异步电动机		
型号 Y160M-4	功率 11kW	频率 50Hz
电压 380V	电流 22.6A	接法 △
转速 1460r/min	温升 75℃	绝缘等级 B
防护等级 IP44	质量 120kg	工作方式 S1
××电机厂 年 月		

图 2-7 三相异步电动机的铭牌

Y160M-4 为该电动机的型号，含义为异步电动机，机座中心高 160mm，机座长度为中机座，电动机磁极数是 4 极。

电动机铭牌上的功率是指电动机的额定功率，也称容量。它表示在额定运行情况下，电动机轴上输出的机械功率，单位为千瓦(kW)，通常用 P_N 表示。

电动机铭牌上的电压是指电动机的额定电压，即电动机额定运行时定子绕组应加线电压。上述铭牌实例上所述的"380V、接法△"表示该电动机定子绕组接成三角形，应加的电源线电压为 380V。目前，我国生产的异步电动机若不特殊订货，额定电压均为 380V，3kW 以下为 Y 连接，其余均为△连接。

电动机铭牌上的电流是指电动机的额定电流，即电动机在额定频率、额定电压和额定输出功率时，定子绕组的线电流。

电动机铭牌上的转速是指额定频率、额定电压和额定负载下电动机每分钟的转速，即额定转速。由于额定转速接近于同步转速，故可以此判断出电动机的磁极对数。例如，转速为 1400r/min，则磁极对数 $P=2$。

电动机铭牌上的频率是指加在电动机定子绕组上的电源频率，在我国是 50Hz。

电动机铭牌上的工作方式主要分为连续、短时、断续三种。连续可按铭牌上给出的额定功率长期连续进行。拖动通风机、水泵等生产机械的电动机常为连续工作方式；短时运行时间短，停歇时间长，每次只允许在规定的时间内按额定功率运行，如果连续使用则会使电动机过热。拖动水闸闸门电动机常为短时工作方式；断续工作电动机的运行与停歇交替进行。起重机械、电梯、机床等均属断续工作方式。

电动机铭牌上的升温与绝缘等级：电动机在运行工程中产生的各种损耗转化成热能，致使电动机绕组温度升高。铭牌中的温升是指电动机运行时，其温度高出环境温度的允许值。环境温度规定 40℃，允许温升取决于电动机绝缘材料的耐热性能，即绝缘等级。常用绝缘材料的等级及其最高允许温度如表 2-9 所示。

表 2-9　常用绝缘材料的等级及其最高允许温度

绝缘等级	A 级	E 级	B 级	F 级	H 级
最高允许温度(℃)	105	120	130	155	182

电动机铭牌上的防护等级是指电动机外壳形式的分级，IP 是"国际防护"的英文缩写。上述铭牌中的第一位"4"是指防止直径大于 1mm 的固体异物进入，第二位"4"是防止水滴溅入。

效率是指电动机额定运行时，电动机轴上的输出功率与输入功率的比值，即

$$\eta = \frac{P_N}{P_1} \times 100\% = \frac{P_N}{\sqrt{3}\,U_N I_N \cos\varphi} \times 100\%$$

式中：U_N 与 I_N——电动机的额定电压与额定电流；

$\cos\varphi$——电动机的功率因数；

φ——定子相电压与相电流之间的相位差。

一般鼠笼式电动机在额定运行时效率为 72%～93%，异步电动机的功率因数较低，在额定负载时为 0.7～0.9，而在轻载和空载时更低，空载时只有 0.2～0.3。因此，必须正确选择电动机容量，防止"大马拉小车"和"小马拉大车"现象发生，并尽量缩短空载时间。

二、低压控制设备及其选择

(一)刀开关

常用的刀开关有开启式负荷开关（胶盖闸）和封闭式负荷开关（铁壳闸）。其功能是不频繁的接通电路，作为一般照明和动力线路的电源，并利用开关中的熔断器作为短时保护。

1. 开启式负荷开关

又称胶盖闸，如图 2-8 所示。由瓷底座和上下胶木盖构成，内设刀座、刀片熔断器。

常见型号有 HK1 型和 HK2 型。其额定电流有 5A、10A、15A、30A、60A，按极数分为二极开关和三极开关。胶盖闸内没有灭弧装置，拉闸时产生的电弧容易损伤刀开关，所以不能频繁操作。

胶盖闸的额定电流 I_N 应不小于电路中的工作电流，额定电压应大于线路中的工作电压。

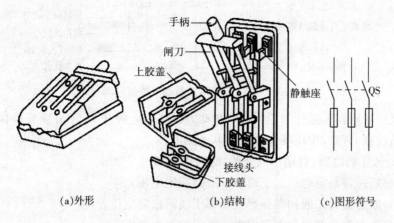

手柄
闸刀
上胶盖
静触座
QS
接线头
下胶盖

(a)外形　　　　　　　(b)结构　　　　　　(c)图形符号

图 2-8　胶盖闸刀开关

2. 封闭式负荷开关

封闭式负荷开关又称铁壳闸,如图 2-9 所示。其外壳为钢制铁壳,内设刀片和刀座、灭弧罩、熔断器、操作联锁机构。

铁壳闸一般作为电动机的电源开关,不宜频繁操作。其铁壳盖与操作手柄有机械联锁,只有操作手柄处于停电状态时,才能打开铁壳盖,比较安全。

铁壳盖的型号有 HH3 型、HH4 型、HH10 型、HH11 型等系列。HH10 型的额定电流有 10A、15A、20A、30A、60A、100A;HH11 型的额定电流有 100A、200A、300A、400A。

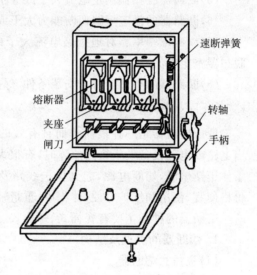

速断弹簧
熔断器
夹座
闸刀
转轴
手柄

图 2-9　铁壳闸刀开关

[想一想]

刀开关控制、保护方式的特点是什么?

铁壳闸的极数一般为三极。铁壳闸的额定电流 I_N 一般按电动机额定电流的三倍选择,其额定电压 U_N 大于线路的工作电压。

(二)低压断路器

低压断路器是一种应用最广泛的低压控制设备,低压断路器又称为自动空气开关。它不但可以接通和分断电路的正常工作电流,还具有过载保护和短路保护。当线路发生过载和短路故障时,能自动跳闸切断电流,所以又称为自动断路器。

低压断路器由 DZ 系列、DW 系列等,还有由国外引进的 C 系列小型空气断路器、ME 系列框架式空气断路器等多种系列产品。

1. 低压断路器的型号

其意义如图 2-10 所示。

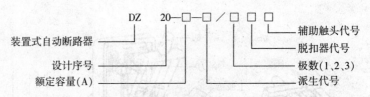

图 2-10　低压断路器型号编制方法

低压断路器一般作为照明线路和动力线路的电源开关,不宜频繁操作,并作为线路过载、短路、失压等多种保护电器使用。

2. 低压断路器(自动空气开关)的选用原则

(1)断路器额定电压大于或等于线路额定电压;

(2)断路器欠压脱扣器额定电压等于线路额定电压;

(3)断路器分断脱扣器额定电压等于控制电源电压;

(4)断路器壳架等级的额定电流大于或等于线路计算负载电流;

(5)断路器脱扣器额定电流大于或等于线路计算电流;

(6)断路器的额定短路通断能力大于或等于线路中最大短路电流;

(7)线路末端单相对地短路电流大于或等于 1.5 倍断路器瞬时(或短路时)脱扣器整定电流;

(8)断路器的类型应符合安装条件、保护性能及操作方式的要求。

(三)低压熔断器

低压熔断器是一种最简单而且有效的保护电器。把熔断器串联在电路中,当电路或电气设备发生短路故障时,有很大的短路电流通过熔断器,使熔断器的熔体迅速熔断,切断电源,起到保护线路及电气设备的作用。它具有结构简单、价格便宜、使用和维护方便、体积小、重量轻、应用广泛等特点。

熔断器的种类主要有瓷插式、螺旋式、封闭式、有填料封闭式等类型。

1. 熔断器的类型及结构

(1)瓷插式熔断器

瓷插式熔断器结构如图 2-11 所示。其结构简单,瓷座的动触头两端接熔丝,其熔丝的额定电流规格有 0.5A、1A、3A、5A、7A、10A、15A、20A、25A、30A、35A、40A、45A、50A、60A、70A、75A、80A、100A,熔断器的额定电流的规格有 5A、10A、15A、20A、30A、60A、100A 等。

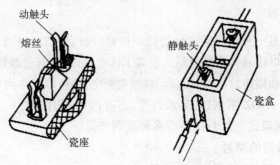

图 2-11　瓷插式熔断器

其型号意义如图2-12所示。

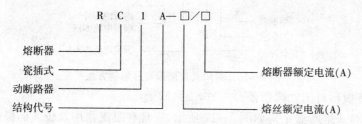

图2-12 瓷插式熔断器型号编制方法

(2)螺旋式熔断器

螺旋式熔断器结构如图2-13所示。其熔丝装在熔管内,熔丝熔断时其电弧不与外部空气接触,熔断器的额定电流规格有15A、60A、100A共三种。

其型号编制方法如图2-14所示。

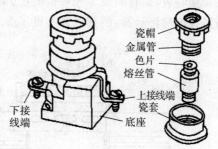

图2-13 螺旋式熔断器

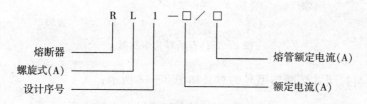

图2-14 螺旋式熔断器型号编制方法

(3)封闭式熔断器

型号编制方法如图2-15所示,封闭式熔断器结构如图2-15所示。它有耐高温的密封保护管(纤维管),内装熔片。当熔片熔化时,密封管内气压很高能起灭弧作用,还能避免相间短路。这种熔断器常作为大容量负载的短路保护。

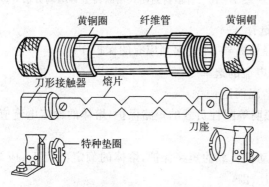

图2-15 封闭式熔断器

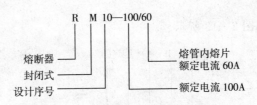

图 2-16　封闭式熔断器型号编制方法

(4)有填料封闭式熔断器

有填料式熔断器结构如图 2-17 所示,它具有限流作用及较大的极限分断能力。瓷管内填充硅砂,起灭弧作用。其熔体由两个冲压成栅状铜片和低熔点锡桥连接而成,具有限流作用,并采用分段灭弧方式,具有较大的断流能力。该熔断器有熔丝指示器,当其色片不见了表示熔体已熔断,需及时更换。

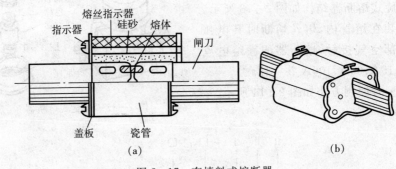

图 2-17　有填料式熔断器

有填料封闭式熔断器型号的意义如图 2-18 所示:

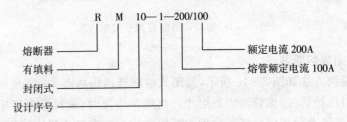

图 2-18　有填料封闭式熔断器型号编制方法

2. 熔断器的选择

只有正确选择熔断器,才能起到应有的保护作用

(1)熔体额定电流的选择

要根据不同情况而定:

① 对电炉、照明等阻性负载的短路保护,熔体的额定电流应稍大于或等于负载的额定电流。

② 对单台电动机负载的短路保护,熔体的额定电流 I_{RN} 应等于 1.5～2.5 倍电动机额定电流 I_N,即:

$$I_{RN} = (1.5 \sim 2.5) I_N$$

③ 对多台电动机的短路保护,熔体的额定电流 I_{RN} 应大于或小于其中最大容量的一台电动机的额定电流 I_{Nmax} 的 $1.5 \sim 2.5$ 倍,加上其余电动机额定电流的总和 $\sum I_N$,即:

$$I_{RN} = (1.5 \sim 2.5)I_{Nmax} + \sum I_N$$

(2)熔断器的选择原则

选择熔断器的原则是:熔断器的额定电压必须大于或小于线路的工作电压;熔断器的额定电流必须大于或等于所装熔体的额定电流。

[想一想]
　熔断器控制、保护方式的特点是什么?

(四)接触器

接触器是一种适用于远距离频繁地接通和分断交直流主电路及大容量控制电路的电器。主要用于控制电动机,也可用于控制其他电力负载如电热器、照明、电焊机、电容器等。

接触器按期主触点通过的电流种类不同,分为交流接触器和直流接触器。接触器的电气图形符号和文字符号如图 2-19 所示。

图 2-19　接触器的电气图形符号和文字符号

1. 接触器的型号

(1)交流接触器的型号含义如图 2-20 所示,其常用的型号有 CJ20、CJ32、B、3TB 等系列。

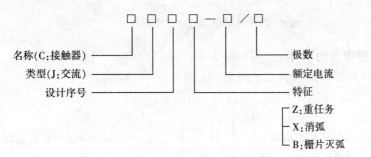

图 2-20　交流接触器型号编制方法

(2)直流接触器的型号含义如图 2-21 所示,它有 CZ0、CZ18、CZ21、CZ22 等系列。

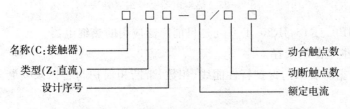

图 2-21　直流接触器型号编制方法

2. 接触器的选择

(1)类型选择

根据接触器所控制的负载性质来选择接触器的类型。控制交流负载选用交流接触器,控制直流负载选用直流接触器。

(2)额定电压的选择

应不小于负载电路的电压。

(3)额定电流的选择

额定电流应不小于负载电路的电流。

(4)吸引线圈的额定电压选择

吸引线圈的额定电压应与控制电路一致。

(5)接触器的触头数量及种类选择

接触器的触头数量及种类应满足主电路和控制电路的需求。

(五)继电器

继电器是一种根据某种电量(电压或电流)或非电量(热、时间、转速等)是否达到预先设定的值而决定动作或不动作,以接通与断开控制电路,完成控制和保护任务。继电器的种类很多,其中最常用的是热继电器。用于电动机的长期过载及断相保护。

热继电器的电气图形符号和文字符号如图 2-22 所示。

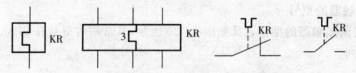

图 2-22 热继电器的电气图形符号和文字符号

1. 继电器的型号

热继电器的型号含义如图 2-23 所示:

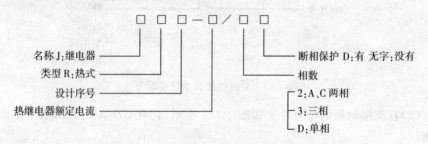

图 2-23 热继电器型号编制方法

[问一问]
熔断器和热继电器保护
的不同之处在哪里?

JR2、JR0、JR16、JR20、T 系列是目前广泛应用的热继电器。

2. 热继电器的选择

(1)根据所要求的保护特性曲线、相数、带断相保护与否以及安装条件,初选型号。

(2)热元件的额定电流一般应略大于电动机额定电流。即:

$$I_R = (1.1 \sim 1.25) I_D$$

式中：I_R——热元件额定电流；

I_D——电动机额定电流。

(3)在热继电器的产品样本或有关手册的技术数据中，查出可装配该热元件的热继电器的额定电流。

(4)热继电器整定电流一般调整到与电动机额定电流相等。也可根据实际负载与工艺流程的要求，上下波动5%。

【实践训练】

课目：观察各种电气设备的结构，掌握其操作要求

(一)目的

通过对各种常见电气设备的观察研究，了解它们的基本结构、工作原理、使用方法及选择原则等。

(二)要求

能够掌握三相异步电动机、刀开关、熔断器、接触器、热继电器的基本结构、工作原理、使用方法及选择原则等，结合课本所讲理论知识进行思考、提问等。

(三)步骤

(1)观察三相异步电动机，了解其结构、使用方法和选择标准。

(2)观察各种刀开关的结构，了解其工作原理、性能及使用操作要求。

(3)观察各种熔断器的结构，了解其工作原理、性能及使用操作要求。

(4)观察接触器的结构，了解其工作原理、性能、使用操作要求及选择标准。

(5)观察热继电器的结构，了解其工作原理、使用及整定方法。

第五节　电气照明

一、照明的基础知识

照明分天然照明和人工照明两大类。天然照明受自然条件的限制，不能根据人们的需要得到所需的采光。当夜幕降临之后或天然光线达不到的地方，都需要采取人工照明措施。现代人工照明是用电光源实现的，电光源具有随时可用，光线稳定，明暗可调，美观洁净等一系列优点，因而在现代建筑照明中得到最广泛的应用。

照明不仅可以延长白昼，人为创造良好的光照条件，使人从事相应的活动，以保证人们正常的生产、生活，而且可以利用光照的特点(方向性和层次性等)渲染建筑的功能，例如采用不同形式和大小的灯具烘托环境的气氛，配合相应的辅

助设施创造各种奇妙的光环境。人工照明已称为现代建筑中不可缺少的组成部分,并对人们的生活和生产产生着越来越大的影响。因此,首先必须对照明的基本知识有所了解。

(一)光的实质

光是一定波长范围内的一种电磁辐射。电磁辐射的波长范围很广,人眼可以感觉到的光仅是电磁波长中很小的一部分。光的波长一般在 380～780nm(纳米)之间($1nm=10^{-9}m$),这部分电磁波就是平常说的可见光,如图 2-24 所示为电磁波范围及可见光谱。与可见光相邻、波长短的部分称紫外线(100～380nm),波长长的部分称为红外线(780～34000nm)。

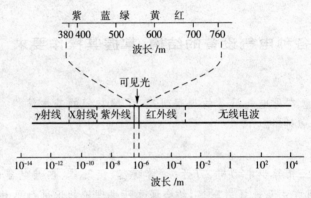

图 2-24   电磁波范围及可见光谱

电磁波具有能量,因而光也具有能量。在太阳所辐射的能量中,波长大于 1400nm 的被低空大气层中的水蒸气和二氧化碳强烈吸收,波长小于 290nm 的被高空大气层中的臭氧所吸收。可见光正好和能够达到地表的太阳辐射能的波长相符合,处于人眼感光的灵敏度之内。

不同波长的可见光,在眼中产生不同颜色的感觉,按照波长由长到短的排列次序分别为红、橙、黄、绿、青、蓝、紫七种颜色。但各种颜色的波长范围并不是截然分开的,而是由一种颜色逐渐减少,另一种颜色逐渐增多的形式而过渡的。全部可见光混合在一起,就形成了日光(白色光)。

(二)基本物理量

1. 光谱光视效率

不同波长的可见光在人眼中造成的光感不同,即波长不同的可见光虽然辐射能量一样,但看起来明暗程度不同。在白天(或在光线充足之处),对波长555nm 的黄绿光最敏感。波长偏离 555nm 越远,对其感光的灵敏度越低。用于衡量辐射能量所引起视觉能力的量叫光谱光效能。

光谱光效率:任意波长时的光谱光效能与 555nm 时的光谱光效能的比值称光谱光效率,它是用来评价人眼对不同波长的灵敏度,如图 2-25 为光谱光效率曲线。

2. 光通量

光通量:光源在单位时间内向空间发射出的光量,单位为 lm(流明),用 F 表

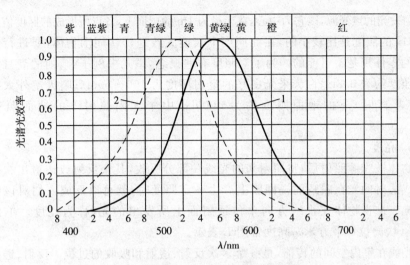

图 2 - 25　光谱光效率曲线

示。所谓光通量,并不是光源所发出的功率,而是人眼能感觉到的那部分光源的光功率。

3. 发光强度

发光强度:光源给定方向的单位立体角内所发出的光的光通量,它实质上是光功率的空间密度,单位是 cd(坎德拉),用 I 表示。

4. 色表、色温、显色性、显色指数

(1)色表

人眼直接观察光源时所看到的颜色。光源的色表用色温来度量。

(2)色温

当某光源所发射出的光的颜色与黑体在某一温度下所辐射的光的颜色相同,则黑体的这个温度就称为该光源的色温。其符号为 TC,单位为 K(开)。暖色为光源色的色温小于 3300K 时的颜色;冷色为光源色的色温大于 5300K 时的颜色;中间色是介入冷色和暖色之间的颜色。

(3)显色性

光源的光照射到物体上所产生的客观效果,也就是光源能否正确地显现物体颜色的性能。

(4)显色指数

是指在被测光源和标准光源照明下,在适当考虑色温适应状态下,物体的心理物理色符合程度的度量。光的显色性用显色指数 Ra 进行定量比较,以标准光源为准,其显色指数为 100,其余光源的显色指数均小于 100。

5. 照度

照度是单位被照面上所得到的光通量,单位是 lx(勒克斯),用 E 表示。照度与被照面的材料性质无关,容易计算求出。当材料固定时,照度的大小和光源的光通量成正比。

1lx 表示在 1m² 的面积上均匀分布 1lm 光通量的照度值,或者是一个光强为 1cd

的均匀发光的点光源,以它为中心,在半径为 1m 的球面上,各点所形成的照度值。

1lx 的照度是比较小的,在此照度下仅能大致地辨认周围物体,要进行区分细小的零件则是不可能的。为了对照度有些概念,举几个例子:晴朗的满月夜地面的照度约为 0.2lx;白天采光良好的室内照度为 100～500lx;晴天室外太阳散射光(非直射)下的地面照度约为 1000lx;中午太阳照射下的地面照度可达 10×10^4lx。

6. 亮度

物体被光源照射后,将照射来的光线一部分吸收,其余反射或透射出去。若反射或透射的光在眼睛的视网膜上产生一定照度时,就可以形成人们对该物体的视觉。被视物体在视线方向单位透射面上所发出的光,称为亮度。单位为 cd/m^2(坎德拉每平方米),亮度常用 L 表示。

光线在室内空间的传播,是一个多次反射、透射和吸收的过程。反射、透射和折射系数的大小和材料的光学性质有光。因而,可用于反映照明效果的各项光的参数值,不仅与光源的情况有关,而且与建筑所用的材料及内装饰情况有关。

7. 可见度

人眼确认物体存在或形状的难易程度称为可见度。在室内,用对象与背景的实际亮度对比 C 与临界对比 Ct 之比描述;在室外,以人眼恰可看到标准目标的距离定义。

8. 光幕反射

在工作照明时,往往会出现印在纸上的文字由于发亮而看不清的现象。其主要原因是由于不适当的照明使得文字和纸之间的亮度对比减少,这种现场称为光幕反射。应尽可能避免光幕反射,改善照明条件。

9. 眩光

当所观察物亮度极高或与背景亮度对比强烈时,所引起的不舒适或造成视力下降的现象称为眩光。

眩光可分为失能眩光和不舒适眩光。凡是降低人眼视力的眩光称为失能眩光,凡是使人产生不快之感的眩光称为不舒适眩光。眩光是影响照明质量最重要的因素,长期在有眩光的照明环境下进行视觉工作,易引起视疲劳,因而照明设计需要限制眩光。

【想一想】
如何来评判照明质量的好坏?

10. 频闪效应

指气体放电光源的辐射光通量随交流电的波动而强弱变化所造成的灯光闪烁现象,使视觉分辨能力降低。

(三)照明的质量

衡量照明质量的好坏,主要有以下几个方面。

1. 照明均匀

如果在被照面上照度不均匀,当人的眼睛从一个表面转移到另一个表面时,需要一个适应过程,从而导致视觉疲劳。因此,为了使工作面上的照度均匀,在进行照度计算时,必须合理的布置灯具。

2. 照度合理

为了保证必要的视觉条件,提高工作效率,应根据建筑规模、空间尺度、服务对象、设计标准等条件,选择适当的照度值。在各类建筑中,工作面上的照度值可以按表推荐选取。表2-10列出常用的照明设计照度标准值。

表2-10 照明设计照度标准值

类 别		参考平面及其高度	照度标准值
商店	一般区域	0.75mm	75—100—150
	柜台	柜台面上	100—150—200
	货架	1.5m 垂直面	100—150—200
	陈列柜、橱窗	货物所处平面	200—300—500
	商场营业厅	0.75m	150—200—300
	试衣间	1.5m 高处垂直平面	150—200—300
办公楼	办公室、报告厅、会议室、接待室、陈列室、营业厅	0.75m 水平面	100—150—200
	有视觉显示屏的作业	文本面上	150—200—300
	设计室、绘图室、打字室	实际工作面	200—300—500
	档案室	0.75m 水平面	75—100—150
	门厅	地面	30—50—75
旅馆	西餐厅、酒吧间、咖啡厅、舞厅	0.75m 水平面	20—30—50
	大宴会厅、总服务台、主餐厅柜台、外币兑换处	0.75m 水平面	150—200—300
	主餐厅、客房服务台、酒吧柜台	0.75m 水平面	50—75—100
	门厅、休息厅	0.75m 水平面	75—100—150
	健身房、器械室、游泳池	0.75m 水平面	30—50—75
	理发	0.75m 水平面	100—150—200
	美容	0.75m 水平面	200—300—500
图书馆	一般阅览室、研究室、美工室	0.75m 水平面	150—200—300
	陈列室、目录厅、出纳厅、视听室、缩微阅览室	0.75m 水平面	75—100—150
	老年读者阅览室、阅览室	0.75m 水平面	200—300—500
	读者休息室	0.75m 水平面	30—50—75
	书库	0.75m 水平面	20—30—50
住宅	一般活动区	0.75m 水平面	20—30—50
	书写、阅读	0.75m 水平面	150—200—300
	床头阅读	0.75m 水平面	75—100—150
	精细作业	0.75m 水平面	200—300—500
	餐厅、厨房	0.75m 水平面	20—30—50
	卫生间	0.75m 水平面	10—15—20
	楼梯间	地面	5—10—15

3. 限制眩光

眩光使人在感觉上不舒适,而且对视力危害较大。因此,必须采取措施限制眩光。一般可以采取限制光源的亮度,降低灯具表面的亮度,也可以通过正确选择灯具,合理布置灯具的位置,并选择适当的悬挂高度来限制眩光。当照明灯具的悬挂高度增加,眩光作用就可以减小。照明灯具距地的最低悬挂高度有规定,可查阅有关资料。

4. 光源的显色性好

在采用电气照明时,如果一切物体表面的颜色基本上保持原来的颜色,这种光源的显色性就好。反之,物体的颜色发生很大的变化,这种光源的显色性就差。在需要正确辨别色彩的场所,应采用显色性好的光源。如白炽灯、荧光灯是显色性较好的光源,而高压水银灯的显色性差。为了改善光色,有时用两种光源混合使用。由此可见,光源的显色性能也是衡量照明质量好坏的一个因素。

5. 其他要求

除上述因素外,照明质量的好坏还需考虑照度的稳定性、消除频闪效应等。

(四)照明方式

[试一试]

请分别列举两种以上属于一般照明、局部照明、混合照明的方式。

房屋的照明方式可分为正常照明和事故照明两大类:

1. 正常照明

正常照明是满足一般生产、生活需要的照明,它有三种照明方式:

(1)一般照明

即总体照明,可以使整个房屋内都有一定的照度。如教室、阅览室等都宜采用一般照明。

(2)局部照明

是为了满足局部区域的要求,单独为该区域设置照明灯具的一种照明方式。局部照明又可分为固定方式和移动方式两种。固定式局部照明的灯具是固定安装的;移动式局部照明灯具可以移动。为了人身安全,移动式局部照明灯具的工作电压不得超过 36V,如检修设备时临时照明用的手提灯。

(3)混合照明

由一般照明和局部照明组成的照明方式。在整个工作场所采用一般照明,对于局部工作区域采用局部照明,以满足各种工作面的照度要求。这种照明方式,在工业厂房中应用较多。

2. 事故照明

在正常照明突然停电的情况下,供继续工作和使人员安全疏散的照明,称为事故照明。如医院的手术室、急救室,大型影剧院等都需要设置事故照明。

事故照明应采用白炽灯或碘钨灯等能瞬时点燃的光源。当事故照明作为工作照明的一部分而经常点燃,且不需切换电源时,可采用其他光源。用于继续工作的事故照明,在工作面上照度不得低于一般照明推荐照度的 10%,用于人员疏散的事故照明,其照度不应低于 0.5lx。

二、电光源和灯具

照明系统中最重要的设备是光源。用于安装、固定、保护光源和分配光源发出的光通量的附属设备是控照器。光源和配套部件组成灯具。灯具的类型、形式、尺寸大小和安装布置,应与建筑设计协调配合。还有一种与建筑的设计、施工、维护管理各阶段都紧密结合、浑然一体的照明设施称为发光装置。

(一)电光源

凡可以将其他形式的能量转换为光能,从而提供光通量的器具、设备统称为光源。其中可以将电能转换为光能,从而提供光通量的器具和设备称电光源。当前建筑内使用的光源基本为电光源。

1. 电光源的分类

1879 年 12 月 21 日爱迪生发明以炭化棉线为灯丝的白炽灯问世,百余年来,电光源的种类不断增多。建筑中用到的电光源,按发光原理可分为三大类:

(1)热辐射光源

它是利用电能使物体(如钨丝)加热到白炽灯程度而发光的光源。如白炽灯、卤钨灯(在充气白炽灯中的填充气体内含有卤族元素或卤化物)等。

(2)气体放电光源

主要是利用电流通过气体(或蒸气)时,激发气体(或蒸气)电离、放电而产生的可见光。根据放电时在灯管(泡)内造成的蒸气压的高低,可分为三种:超高压放电灯,如超高压汞灯、超高压金属卤化物灯等;高压放电灯,如高压汞灯、高压荧光汞灯、高压金属卤化物灯、高压钠灯、氙灯等;低压放电灯,如荧光灯、低压钠灯、氖灯等。一般情况下,光源的发光效率、亮度、显色性能等指标,随蒸气压的增高而增高。在各种气体放电光源中,最为成功,应用最广泛的一种是荧光灯。

(3)固体(半导体)发光光源

如发光二极管(LED)等。

2. 电光源的特性参数

(1)额定电压(V)

灯泡(管)的设计电压,施加在光源灯头两触电间的电压称为灯电压。

(2)额定功率(W)

灯泡(管)的设计功率值。

(3)额定电流(A)

灯泡(管)在额定电压下工作时的设计电流。

(4)启动电流(A)

气体放电,灯启动电流。

(5)启动时间(s 或 min)

气体放电,灯从接触电源开关至灯开始正常工作所需要的时间。

(6)再启动时间(s 或 min)

气体放电稳定工作后断开电源,从再次接通电源开关到灯重新开始正常工作所需的时间。

(7)额定电通量(lm)

由制造厂给定的某种灯泡在规定条件下工作的初始通量值。

(8)光通维持率

灯在给定点燃时间后的光通量与其初始光通量之比,通常用百分比表示。

(9)发光效率(lm/W)

灯的光通量与灯消耗电功率之比。

(10)电光源寿命(h)

灯泡点燃到失效,或者根据某种规定标准,点到不能再使用的状态时的累积点燃时间。

(11)电光源平均寿命(h)

在规定的条件下,同寿命试验灯所测得寿命的算术平均值。电光源的寿命随使用情况和环境条件而变化,故铭牌所指寿命为平均寿命。

另外,与使用有关的还有色温、显色指数、光束角(定向投射的光源)、淘汰表面温度、点燃位置、灯头形状、外形尺寸、配件(如镇流器)损耗等。

(二)白炽灯

白炽灯是最重要的热辐射光源。自产生后百余年来,几经演进,发光效率由当初的 3lm/W 提高到 20~30lm/W。目前,虽然各种高强度气体放电光源不断出现,但白炽灯由于具有随时可用、价格便宜、启动迅速、便于调光、显色性能良好、功率可以很小等特点,所以仍有广泛的应用和广阔的前途。

1. 白炽灯构造

白炽灯由灯头、灯丝和玻璃壳等部分组成,如图 2-26 所示。

(1)灯头

用于固定灯泡和引入电流,分为螺口和卡口灯头两种。螺口的接触面较大,适合大功率灯泡,卡口的与相应灯座配合使用,具有抗振性能。

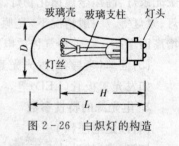

图 2-26 白炽灯的构造

(2)灯丝

用高熔点(达 3663K),低高温蒸发率的钨丝,做成螺旋状或双螺旋状。当由灯头经引线引入电流后,发热使灯丝温度升高到白炽程度(2400~3000K)而发光。

(3)玻璃壳

用普通玻璃做成。为降低其表面亮度,可采用磨砂玻璃,或涂上白色涂料,或镀上一层反光铝膜等。

2. 白炽灯的分类

按是否充气可将白炽灯分为两类:

（1）真空灯泡

玻璃壳中抽成真空，可避免钨丝高温氧化。没有气体对流造成的附加热损耗，但钨丝蒸发率大，目前只用于 40W 以下。

（2）充气灯泡

适于 60W 以上较大功率的灯泡。所充惰性气体可抑制钨丝的蒸发，并可阻挡已蒸发的钨粒，使之折回灯丝上或灯泡的顶部。因此可提高灯丝的工作温度，提高发光效率，保持玻璃壳的透光性。

所充气体应对钨丝不起化学作用，热传导性小，具有足够的电气绝缘强度。目前多用氩和氮（占百分之几到十几）混合气。氪和氙热传导性更小，可使发光效率进一步提高，但由于成本高，故只在特殊用途的灯泡中才采用，充气后会因对流造成附加热损耗。

3. 白炽灯的特点和使用

白炽灯是当前在建筑照明中应用最广泛的电光源之一。为保证和提高电气照明的合理性、经济性和安全性，必须进一步了解白炽灯的有关性能特点及使用中应注意的问题。

灯丝具有正电阻特性，冷电阻小。启动冲击电流可达到额定电流的 12～16 倍，持续时间为 0.05～0.23s（与灯泡功率成正比）。一个开关控制的白炽灯不宜过多，当采用热容量小的速熔熔丝保护时，可能使熔丝烧断。

可看成是纯电阻负载，认为 $\cos\varphi = 1$。在使用过程中，灯丝因挥发而逐渐变细，电阻增大；当电压不变时，电流减小，灯泡实际消耗的功率逐渐减少，故辐射的光通量也随之逐渐减少。

因灯丝加热很快，故可迅速起燃。因灯丝有热惰性，故随电流交变光通量变化不大，闪烁指数仅 2%～13%（40～500W）。电压大幅度下降时也不至于突然熄灭，能够保持照明的连续性，故适宜在重要场合选用。

应严格按额定电压选用，否则明显影响灯泡的寿命或辐射光通量。点燃时玻璃壳表面温度很高，使用中应防止溅上水造成炸裂，以及防止烤燃、烤坏装饰材料。光色以长波光（红光）强，短波光（蓝和紫光）弱。宜用于肉店，可使肉色有新鲜感。不宜用于布店，将使红布变紫，造成色觉偏差。

随着使用，沉积在玻璃壳上的挥发钨加厚，使灯泡变黑，发光效率大大下降。故白炽灯的全寿命虽长，但有效寿命却短，造成维护管理上的困难。

（三）荧光灯

1. 灯光灯的构造

荧光灯在建筑照明中的应用最为普遍。其基本构造由灯管和附件（镇流器和启辉器）两部分组成。灯管由灯头、热阴极和玻璃管三部分组成。热阴极上涂有一层具有产生热电子能力的氧化物——三元碳酸盐。灯管内壁涂有一层荧光质，管内抽成真空后充有少量汞和惰性气体（氩、氖、氦等）。镇流器是线圈绕在铁芯上构成的。启辉器可看成一个自动开关，由一个 U 形双金属片动触点和金属片静触点与一个小电容器并联，装在一个充有惰性气体的小玻璃泡内。

灯管、启辉器和镇流器的基本构造如图 2 - 27 所示。

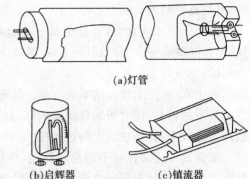

(a)灯管

(b)启辉器　　　　(c)镇流器

图 2 - 27　荧光灯的基本构造

2. 荧光灯的工作原理

合上开关,电压加到启辉器动静触点之间,由于放电间隙小,使灯泡内氖气辉光放电,U 形双金属片动触点受热弯曲,与静触点接触,使灯管灯丝通过电流而被加热,灯丝温度升高到 800℃～1000℃,产生大量热电子。由于启辉器的动、静触片接通,辉光放电消失,U 形动触点冷却复原,突然切断电路,在镇流器中产生很大的自感电动势与电源电压叠加,形成一个高电压加在灯管的两端。因管内存在大量电子,在高电压的作用下,使气体击穿,随后在较低电压下维持放电状态而形成电流通路。这时,镇流器由于本身的阻抗,产生较大的电压降,使灯管两端维持较低的工作电压。电源电压分别加在镇流器和灯管上,灯管工作电压较低,不足以使启辉器产生辉光放电,荧光灯进入正常工作。当灯管两极放电时,管内汞原子受到电子的碰撞,激发产生出紫外线,照射到灯管内壁的荧光粉上,发出近乎白色的可见光。

3. 荧光灯的特点

(1)发光效率高

荧光灯发光效率高达 85lm/W,这是它应用广泛的重要原因。

(2)光色好

不同荧光粉可产生不同颜色的光。白色和日光色荧光灯发的光接近太阳光,故使用于对辨色要求高的场所。

(3)寿命长

寿命与连续点燃的时间长短成正比,与开关的次数成反比,在使用中应注意减少开关灯的次数。

使用时要注意灯管和附件应配套使用,以免损坏。因配有镇流器,故有电功率因数偏低,在采用大量荧光灯照明的场所,应考虑采用改善功率因数的措施。有频闪效应,故而不宜在有旋转部件的房间内使用。

荧光灯对使用条件有着较高要求:电压偏移不宜超过 $\pm 5\% U_e$;环境湿度应低于75%～80%,最适宜的环境温度为 18℃～25℃。

(四)灯具的光学特性

灯具是能透光、分布和改变光源分布的器具。灯具的主要作用是分配光源,所以我们应当了解灯具的光学特征。

(1)配光曲线

用曲线或表格表示光源或灯具在空间各方向的发光强度值,往往用一个或几个平面上的曲线表示其空间分布,这些曲线称为配光曲线。其表达有多种形式：如极坐标表示的配光曲线、直角坐标表示的配光曲线、等光强曲线等。

(2)光效率

在相同的使用条件下，灯具发出的总光通量与灯具内所有光源发出的总光通量之比。

(3)遮光角

灯具的遮光角是指灯具出光沿口遮蔽发光体使之完全看不见的方位与水平线的夹角。一般灯具是灯丝（发光体）最低、最边缘点与灯具沿口连线，同出光沿口水平线的夹角，如图2-28。

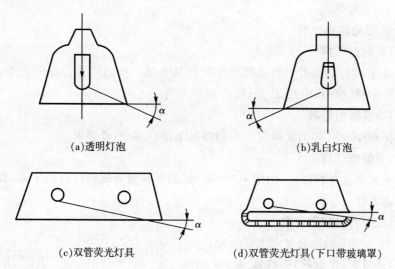

(a)透明灯泡　　　　　　　　　　　　(b)乳白灯泡

(c)双管荧光灯具　　　　　　(d)双管荧光灯具(下口带玻璃罩)

图2-28　荧光灯具的遮光角

(4)光束角

在给定平面上，以极坐标表示的发光强度曲线的两矢径间所夹的角度。该矢径的发光强度值通常等于10%（美国标准）或50%（荷兰标准）的最大发光强度值（峰值光强）。例如对于投光灯具因投射的距离不同需采用宽、中、窄不同光束角的灯具。

(五)灯具的分类

由于照明工程有各种不同的要求，所以灯具行业生产了各种各样的灯具。其分类方法有多种，包括：按灯具安装方式和用途分类；按出射光通在空间的分布分类；按灯具外壳防护等级来分类；按触电保护分类；按维护性能分类；按装饰材料分类等等。

1. 按安装方式

可分为吸顶式、嵌入式、壁式、悬挂式、壁装式等，如图2-29电气照明灯具的安装方式。

2. 按用途分类

分成民用建筑灯具、工矿灯具、公共场所灯具、船用灯具、水面水下灯具、航空灯具、陆上交通灯具、防爆灯具、医疗灯具、摄影灯具、舞台灯具、农用灯具、军

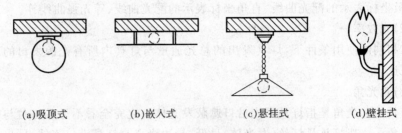

(a)吸顶式   (b)嵌入式   (c)悬挂式   (d)壁挂式

图 2-29 电气照明灯具的安装方式

用灯具等 13 大类。

3. 按配光曲线分类

(1)直射型灯具

即能使 90％以上的光通量都分配到灯具下部。按照光源分布的宽窄,又可区分为特窄照、窄照、中照、广照、特广照型 5 类。

(2)半直射型灯具

能使 60％～90％的光通量分配到灯具下部,如碗形玻璃罩灯。

(3)漫射型灯具

由漫射透光材料做成,能使 40％～60％的光通量分配到灯具的下部,如球形乳白玻璃罩灯。

(4)反射(间接)型灯具

有 90％以上的光通量向上部分配。

(5)半反射(半间接)型灯具

有 60％～90％的光通量向上部分配。

(6)反射型和半反射型灯具

利用顶棚作为二次发光体,使室内光线均匀、柔和、无阴影。

(六)选用灯具的原则

在照明设计中,选用灯具应注意如下几项基本原则:(1)合适的光特性,如光强分布、灯具表面亮度、遮光角等;(2)符合使用场所的环境条件;(3)符合防触电保护要求;(4)经济性,如灯具光输出比、电气安装容量、初投资及维护运行费用。

在选择时,以上几点要进行综合考虑。下面我们重点讲述两点:

1. 功能性

在各种办公室及公共建筑中,所有的墙和顶棚均要求有一定的亮度,要求房间各面有较高的反射比,并需有一部分光直接射到顶棚和墙上,此时可采用漫射型配光灯具,从而获得舒适的视觉条件及良好的艺术效果。灯具上半球光通辐射一般不应小于 15％,并应避免采用配光很窄的直射灯具。

工业厂房应采用光效率较高的敞开式或下半球有棱镜透射罩的直接型灯具,在高大的厂房内(6m 以上)宜采用配光较窄的灯具,但对有垂直照度要求的场所则不宜采用,而应考虑有一部分光能照射到墙面上和设备的垂直面上。

厂房不高或要求减少阴影时,可采用中等或较宽配光的灯具,使工作面能受到来自各个方向的光线的照射。如果对消除阴影要求十分严格,采用发光顶棚将会得到很好的效果。

用带有格栅的嵌入式灯具所布置的发光带,一般多用于长而大的办公室或大厅,由于格栅灯具的配光通常不宽,因此,光带的布置不宜过稀。

为了限制眩光,应采用表面亮度符合亮度限制要求、遮光角符合规定的灯具。采用蝙蝠翼配光的灯具,使视线方向的反射光通减少到最低限度,可显著地减弱光幕反射。

当要求有垂直照度时,可选用不对称配光(如仅向某一方向投射)的灯具(教室内黑板照明等),也可采用指向型灯具(聚光灯、射灯等)。

在有爆炸危险的场所,应根据爆炸危险的介质分类等级选择相应的防爆灯具。

在特别热的房间内,应限制使用带密闭玻璃罩的灯具,如果必须使用时,应采用耐高温的气体放电灯,如用白炽灯,应降低灯的额定功率使用。

在特别潮湿的房间内,应将导线引入端密封。为提高照明技术的稳定性,采用内有反射镀层的灯泡比使用有外壳的灯具有利。

多灰尘的房间内,应根据灰尘的数量和灯具选用灯具,如限制尘埃进入的防尘型灯具,或不允许灰尘通过的尘密性灯具。

在有腐蚀性气体的场所,宜采用耐腐蚀材料(如塑料、玻璃等)制成的密封灯具。

在使用有压力的水冲洗灯具的场所,必须采用防溅水型灯具。

医疗机构(如手术室、绷带室等)房间应选用积灰少、易于清扫的灯具、格栅灯具、带保护玻璃的灯具等。

2. 经济性

在满足照明质量、环境条件和防触电保护要求的情况下,尽量选用效率高、利用系数高、寿命长、光通衰减小、安装维护方便的灯具。

三、照明供配电系统

(一)照明供配电系统

照明供配电系统是指由电源(包括变压器或室外供电网络等)引向照明灯具配电的系统。是一般用电系统中的特例,属低压配电系统。

照明供配电系统的电能由室外网络,经接户线、进户线引入建筑内部,首先接入总配电盘,然后经过配电干线接入分配电盘,最后经过室内布线将电能分配给各用电设备和照明灯具。

在低压配电系统中,三相电源与三相负载的连接形式有:TN系统、TT系统和IT系统。

[想一想]

　TN系统、TT系统、IT系统的连接形式有什么特点?

1. TN系统

在此系统中,电源有一点与地直接连接,负荷侧电气装置的外露可导部分则通过PE线与该点连接。TN系统分为 TN−S系统、TN−C系统、TN−C−S系统。图 2-30 所示的是 TN 系统的三种形式。

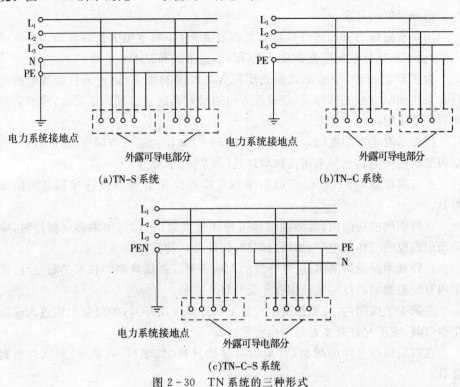

(a)TN-S 系统　　　　　　　　　　(b)TN-C 系统

(c)TN-C-S 系统

图 2-30　TN 系统的三种形式

(1)PE 线

即保护导体,是为防止发生危险而与裸露导电部件、外露导电部件、主接地端子、接地电极(接地装置)、电源的接地点或人为中性点等部位进行电气连接的一种导体。

[做一做]

请列表比较一下照明配电三个系统各自的特点。

(2)PEN 线

即中性保护导体,是一种同时具备中性导体和保护导体功能的接地导体。

2. TT 系统

在此系统中,电源有一点与地直接连接,负荷侧电气装置外露可导电部分连接的接地极和电源的接地地极无电气联系。图 2-31 是 TT 系统示意图。

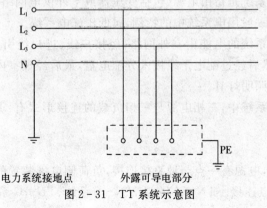

图 2-31　TT 系统示意图

3. IT 系统

在此系统中,电源与地绝缘或经阻抗接地,电气装置外露可导电部分则接地。图2-32为IT系统示意图。

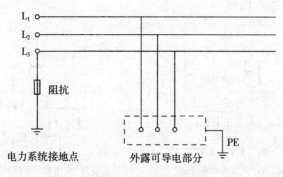

图2-32 IT系统示意图

(二)照明配电线路的接线方式

建筑照明配电系统的接线方式一般分为放射式、环形式和树干式三种:

(1)放射式

放射式配线方式如图2-33所示。它是变压器低压输出母线上引出几条干线,由干线将电能输送给各个用电设备或各配电箱。因各条干线分别由各自的控制开关控制,所以,任何一条干线上发生故障或需检修时,都不会影响其他干线的正常运转,即它的供电可靠性较高,操作和检修方便。但由于引出干线较多,控制设备较多,所以它的投资较大。

这种线路适用于施工质量要求较高、工期要求较短的建筑工程施工现场,同时也适用于负荷相对较集中,对供电有特殊要求的场所。

(2)环形式

环形式配电接线方式如图2-34所示,它是变压器低压侧母线引出两条树干式干线,即两种主干线供电,各支路由主干线上引出,且在某些支线上由这两条干线同时供电(或互为备用形式),从而形成环形状供电网络。

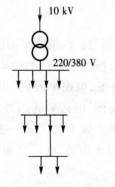

图2-33 放射式接线方式

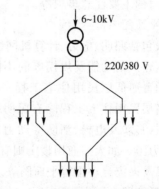

图2-34 环形式接线方式

[问一问]
低压照明配电系统的接线方式有哪几种? 各有什么特点?

(3)树干式

树干式接线方式如图 2-35 所示。它是由变压器低压母线上引出一条或两三条干线,沿着干线敷设方向引出若干条分支干线,由这些分支干线将电能配送到各用电设备或各配电箱。

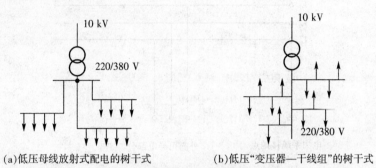

(a)低压母线放射式配电的树干式　　(b)低压"变压器—干线组"的树干式

图 2-35　树干式接线方式

树干式接线方式由于配电线路少、控制开关也少,所以它的投资费用较低。但当干线发生故障或检修时,就需切断总电源,造成大面积的停电,所以它的供电可靠性较差。

树干式装线方式适用于用电量在 200kV·A 以下,负荷布置较均匀且无特殊要求的用电设备的小型建筑施工现场。

四、电气照明施工图

1. 电气施工图的内容

建筑电气施工图的主要内容有首页图、平面图、系统图和安装大样图,还有与之相关的设计计算书等。

(1)首页图

一般应包括图纸目录、工程总说明。图纸目录应先列出新绘制的图纸,然后列出选用的标准图或通用图,最后列出重点使用图。工程总说明写明电源由来、电压等级、线路敷设方法、设备安装高度及安装方式、电气保护措施、补充图形符号、施工时的主要注意事项等。

(2)平面图

一般包括照明、电力、计算机网络、电话、电视、广播、防雷、消防平面图。

根据建筑的功能及规模等的不同,建筑电气施工图的平面图的种类也不尽相同。如普通低层民用住宅工程一般只有照明平面图、电视平面图、电话平面图。如高层民用住宅工程除有照明平面图、电视平面图、电话平面图外,还有动力平面图(其涉及电梯、消防等动力设备的供配电)等。如工业厂房一般只有照明图、动力图。如大型商用楼宇则有照明平面图、动力平面图、电话平面图、电视平面图以及火灾自动报警平面图等。

(3)系统图

一般包括照明、电力、电话、电视、广播、防雷各分项的系统图。相应的,根据建筑的功能及规模等的不同,建筑电气施工图的系统图的种类也不尽相同。如普通低层民用住宅的工程的系统图一般只有照明系统图、电视系统图、电话系统图。如高层民用住宅工程除有照明系统图、电视系统图、电话系统图外,还有动力系统图等,如工业厂房一般只有照明系统图、动力系统图。如大型商用楼宇则有照明系统图、动力系统图、电话系统图、电视系统图以及火灾自动报警系统图等。

(4)安装大样图

一般不出安装大样图,多采用国家标准图集、地区性通用图集、各设计院自编的图集,作为施工安装的依据。个别非标准的工程项目,有关图集中没有的,才会有安装大样图。大样图的比例为 1：5 或 1：10 者较多。安装大样图较多时,单独绘制,较少时则合并到其他图纸中一并绘制。详图的编号在一个工程项目中要采用统一的标注方法。

(5)计算书

施工图的设计计算书不外发,作为设计单位的技术资料存档。

2. 电气照明施工图的标注方法

建筑电气照明施工图必须按照国家标准绘制。其图幅、图标、字体、平面图比例与建筑施工图尽量保持一致,各种线条均应符合制图标准中的要求,各种图线的相应宽度,应以使线宽与图形配合得当、重点突出、主次分明、清晰美观为原则。如为了使供配电平面图中的电气配线突出,而将建筑墙线用细线(比电气主干线宽度稍细一些的实线)绘制,而将电气主干线用粗线绘制。根据图形的大小(比例)和复杂程度确定配线规格。比例大的用线粗些,比例小的用线细些。按图形复杂程度,将图线分清主、次,区分粗、中、细;主要图形粗些,次要图形细些。一个项目或一张图纸内各种同类图纸的宽度,以及在同一组视图中表达同一结构的同一线型宽度,均应保持一致。建筑电气施工图中的材料表、示意图以及其他的不属于图形的图线,其宽度的选择应以图形和整张图纸配线协调美观为准。建筑电气施工图所用到的图例符号很多,参见工程实例中的图例符号。

(1)照明系统图的标注

照明系统图也叫配电系统图,一般工程都有照明系统图。照明系统图中以虚线框的范围表示一个配电箱或配电盘。各配电箱、配电盘、配电柜标明其编号和盘上所用开关、熔断器等电器的规格。配电干线和支线应标明导线种类、根数、截面、穿管管材和管径,有些应标明敷设方法、安装容量、接线相序等。大型工程中每个配电箱、柜、盘应单独绘制配电系统图;小型的工程设计,可以将系统图和平面图绘制在一张图纸上;有时个别工程不出系统图,而将导线种类、根数、截面、穿管管径及敷设方法都标注在平面图上。配电系统图中的线路均以单线绘制,构成一个系统图的进户处应标注供电电源(电源相数、电源频率、电源电压)以及总安装容量、功率因数、需要系数、计算电流等。系统图为示意图,可不按比例大小绘制。

(2)供电电源的标注

$$m \sim f(\text{V})$$

式中：m—电源相数；

f—电源频率；

V—电源电压。

如 3NPE～50Hz 380/220V 表示三相四线制（3 代表三根相线、N 代表零线、PE 代表保护地线）电源供电，电源频率 50Hz，电源电压 380/220V，电源在引入建筑物时做重复接地处理，有时会将电源频率省略掉。

(3)进户线、干线、支线的标注

① 进户线

是由进户点到室内总配电箱的一段线路。进户点的位置就是建筑物供电电源的引入点，一般在系统图中不易反映出来，但在平面图中很容易反映出来，故系统图和平面图应结合起来，才能正确识别进户线。一般同一建筑物照明供电电源只有一个进户点；当建筑物较长时，可有多个进户点，一般进户选在建筑物的背面或侧面。进户线的引入方式有架空引入和电缆引入。架空引入时，进户点不低于 2.7m，多层的建筑物的进户线一般沿二层或三层夹板引至总配电箱；电缆埋地引入时，在进入建筑物时应穿钢管暗敷设。

② 干线

是从总配电箱到分配电箱的一段线路，干线的布置方式有放射树干式和混合式。

③ 支线

是从分配电箱到灯具、插座及其他用电设备的一段线路。在系统图中，配电导线（进户线、配电干线和支线）均标明导线种类、根数、截面、穿管管材和管径。

配电导线的表示如图 2-36 所示。

$$\boxed{a} - \boxed{b}(\boxed{c} * \boxed{d})\boxed{e} - \boxed{f}$$

或 $$\boxed{a} - \boxed{b}(\boxed{c} * \boxed{d} + \boxed{c} * \boxed{d})\boxed{e} - \boxed{f}$$

图 2-36　配电导线的表示方法

图中：a——回路编号（回路较少时，可省略）；

b——导线型号；

c——导线根数（在括号内，＊号前面）；

d——导线截面（在括号内，＊号后面）；

e——导线敷设方式（包括管材、管径等），表 2-11 是线路敷设方式文字符号表；

f——敷设部位，表 2-12 是线路敷设部位的符号表。

例如某回路的干线采用：BX500V—(2＊4＋1＊2.5)PVC16—FC,表明该回路采用 BX 型铜芯橡皮绝缘导线,2 根 4mm² 的导线和一根 2.5mm² 导线,穿管径为 16mm 的 PVC 管,敷设部位为沿地板,敷设方式为暗敷。

表 2-11　线路敷设方式文字符号

符号	中文名称	英文名称	符号	中文名称	英文名称
C	暗敷设	Concealed	M	钢索敷设	Suooorted by messager wire
E	明敷设	Exposed	MR	金属线槽	Metallic raceway
AL	铝皮线卡	Aluminum clip	T	电线管	Electrical metallic tubing
CT	电缆桥架	Cable tray	P	塑料管	Plastic conduit
F	金属软管	Flexible metallic conduit	PL	塑料线卡	Plastic clip
G	水煤气管	Gas tube(pipe)	PR	塑料线槽	Plastic raceway
K	瓷绝缘子	Porcelain insulator(Knob)	S	钢管	Steel conduit

表 2-12　线路敷设部位符号

符号	中文名称	英文名称	符号	中文名称	英文名称
B	梁	Beam	F	地面(板)	Floor
C	柱	Column	R	构架	Rack
W	墙	Wall	SC	吊顶	Suspended ceiling
CE	顶棚	Ceiling			

(5)配电箱标注

配电箱是接受电能和分配电能的装置。用电量较小的建筑物,可只安装一个配电箱。对于多层建筑物可以在某层设置总配电箱,并由此引出干线到其他层的分配电箱。普通民用住宅通常在某单元设置总配电箱,而在每个单元的较低层设置分配电箱。配电箱内安装的电气元件有:开关、熔断器、电度表等。当配电箱较多时,要进行编号,如 MX—1、MX—2 等。配电箱可选择定型产品,也可以自制。若选用定型产品,则将产品的型号标在配电箱的旁边;若是自制配电箱,要将箱内电气元件的布置图绘制出来。控制、保护和计量装置的型号、规格应标注在图上电气元件的旁边。

(6)计算负荷的标注

照明供电线路的计算功率、计算电流、计算时取用的需要系数等均应标注在系统图上。因为计算电流是选择开关的主要依据,也是自动开关整定电流的依据,所以每一级开关都必须标明计算电流。若单相开关标明的计算电流为10.4A,则自动开关的型号可选 DZ47—63,整定电流为16A。

在电气照明平面图的基础上,可进一步完成电气照明设计的另一张主要图纸,即照明供电系统图。

(7)电气照明平面图的标注

在电气照明平面图中,应标明配电箱、灯具、开关、插座、线路等的位置;标明线路的走向、导线根数、引入线方向及进户线的距地高度;标明线路、灯具、配电设备的容量等。多层建筑只需绘制标准层和功能不同的楼层的电气照明平面图;个别平面图的右下侧列出设备材料表,也可以做些简短的工程说明。

3. 识读电气照明施工图的步骤

阅读建筑电气施工图,在了解电气施工图的基本知识的基础上,还应该按照一定顺序进行,才能比较快速地读懂图纸,从而实现识图的目的。

一套建筑电气施工图所包括的内容较多,图纸往往有很多张,一般应按以下顺序依次阅读和相互对照阅读:

(1)识读标题栏图纸目录

了解工程名称、项目名称、设计日期等。

(2)识读设计说明

了解工程总体概况及设计依据,了解图纸中未能表达清楚的有关事项。如供电电源、电压等级、线路敷设方式及敷设部位,设备安装高度及安装方式、防雷接地措施,补充使用的非标准图形符号,施工时应注意的事项。有些分项局部问题是在各分项工程的图纸上说明的,看分项工程图纸时,也要看设计说明。

(3)识读材料表

了解该工程所使用的设备、材料的型号、规格及数量,以便编制购置主要设备、材料等;了解图例符号,以便识读平面图。

(4)识读系统图

各分项工程的图纸中一般均包含有系统图。如变配电工程的供电系统图,电力工程的电力系统图,电气照明工程的照明系统图、电话系统图以及电视电缆系统图。识读系统图的目的是了解系统的基本组成,主要电气设备、元件等连接关系及它们的规格、型号、参数等,从而掌握该系统的基本情况。

(5)识读电路图和接线图

连接各系统中用电设备的电气自动控制原理,用来指导设备的安装和控制系统的调试工作。识读图纸时,应依据功能关系从上到下或从左到右一个回路一个回路地识读。在进行控制系统的配线和调校工作中,还可配合阅读接线图和端子图进行。

(6)识读平面布置图

平面布置图是建筑电气施工图的重要图纸之一。识读平面布置图时,连接设备安装位置、安装方式、安装容量,了解线路敷设部位、敷设方式及所用导线型号、规格、数量、管径等。

识读建筑电气施工图的顺序,没有统一的规定,可根据需要,自行掌握,并应有所侧重。有时一张图纸反复识读多遍。为了更好地利用图纸指导施工,使之安装质量符号要求,识读图纸时,还应配合识读有关施工及验收规范、质量评定标准以及全国通用电气装置标准图集,详细了解安装技术及具体安装方法。

【实践训练】

课目:识读建筑照明施工图

(一)目的

通过识读建筑照明施工图,了解建筑照明施工图的识读方法和步骤,最终能够看懂施工图。

(二)要求

找出本校某栋教学楼的建筑照明施工图,结合书中所讲的方法和现场实际情况,识读各部分内容。要做到和书上所讲的理论知识进行比较和理解,认真识读,注意提出问题。

(三)步骤

(1)识读电气照明施工图。认真分析电气照明施工图,能够熟悉读懂电气照明施工图。

(2)参观电气照明现场。结合电气照明施工图,到教学楼现场进行参观。

(四)课目讨论

在识读电气照明施工图的过程中应注意哪些问题?

五、电气照明的安装要求与线路敷设

1. 电气照明的安装要求

(1)照明配电箱的安装要求

柜、屏、台、箱、盘的金属框架及基础型钢必须接地(PE)或接零(PEN)可靠;装有电器的可开启门、门和框架的接地端子间应用裸编织铜线连接,且有标识。

低压成套配电柜、控制柜(屏、台)和动力、照明配电箱(盘)应有可靠的电击保护。柜(屏、台、箱、盘)内保护导体应有裸露的连接外部保护导体的端子,当设计无要求时,柜(屏、台、箱、盘)内保护导体最小截面面积 S_p 不应小于表 2-13 的规定。

表 2 - 13 保护导体的截面积

相线的截面积 S(mm²)	相应保护导体的最小的截面积 S_p(mm²)	相线的截面积 S(mm²)	相应保护导体的最小的截面积 S_p(mm²)
$S \leqslant 16$	S	$400 < S \leqslant 800$	200
$16 < S \leqslant 35$	16	$S > 800$	$S/4$
$35 < S \leqslant 400$	$S/2$		

[注] S 指柜(屏、台、箱、盘)电源进线相线截面积,且两者(S、S_p)材质相同。

照明配电箱(盘)内配线整齐,无绞接现象。导线连接紧密,不伤芯线,不断股。垫圈下螺丝两侧压的导线截面积相同,同一端子上导线连接不多于 2 根,防松垫圈等零件齐全。

照明配电箱(盘)内开关动作灵活可靠,带有漏电保护的回路,漏电保护装置动作电流不大于 30mA,动作时间不大于 0.1s。

照明配电箱(盘)内分别设置零线(N)和保护地线(PE)回流排,零线和保护地线经汇流排配出。

照明配电箱(盘)位置正确,部件齐全,箱体开孔与导管管径适配,暗装配电箱箱盖紧贴墙面,箱(盘)涂层完整。

照明配电箱(盘)回路编号齐全,标识正确,箱体不采用可燃材料制作。

照明配电箱(盘)安装牢固,垂直度允许偏差为 1.5‰,底边距地面为 1.5m,照明配电板底板距地面不小于 1.8m。

(2)普通灯具的安装要求

灯具的固定应符合下列规定:灯具重量大于 3kg 时,固定在螺栓或预埋吊钩上。

软线吊灯,灯具重量在 0.5kg 及以下时,采用软电线自身吊装;大于 0.5kg 的灯具采用吊链,且软线编插在吊链内,使电线不受力。灯具固定牢固可靠,不使用木楔。每个灯具固定用螺钉或螺栓不少于 2 个;当绝缘台直径在 75mm 及以下时,采用 1 个螺钉或螺栓固定。

花灯吊钩圆钢直径不应小于灯具挂销直径,且不应小于 6mm。大型花灯的固定及悬吊装置,应按灯具重量的 2 倍做过载试验。当钢管做灯杆时,钢管内径不应小于 10mm,钢管厚度不小于 1.5mm。固定灯具带电部件的绝缘材料以及提供防触电保护的绝缘材料,应耐燃烧和防明火。当设计无要求时,灯具的安装高度和使用电压等级应符合下列规定:

一般敞开式灯具,灯具对地面距离不小于下列数值(采用安全电压时除外):①室外:2.5m(室外土壤上安装);②厂房:2.5m;③室内:2.5m;④软吊线带升降器的灯具在吊线展开后:0.8m。

危险性较大及特殊危险场所,当灯具距地面高度小于 2.4m 时,使用额定电压为 36V 及以下照明灯具,或有专用保护措施。当灯具距地面高度小于 2.4m

时,灯具的可接近裸露导线必须接地(PE)或接零(PEN)可靠,并应有专用接地螺栓,且有标识。

引入每个灯具的导线线芯最小截面应符合表 2 – 14 的规定。

表 2 – 14 导线线芯最小截面

灯具安装的场所及用途		线芯最小截面		
		铜芯软线	铜线	铝线
灯头线	民用建筑室内	0.5	0.5	2.5
	工业建筑室内	0.5	1.0	2.5
	室外	1.0	1.0	2.5

灯具的外形、灯头及其接线应符合下列规定:

灯具及其配件齐全,无机械损伤、变形、涂层剥落和灯罩破裂等缺陷。

软线吊灯的软线两端做保护扣,两端部的芯线拧紧、搪锡;当装升降器时,套塑料软管,采用安全灯头。

除敞开式灯具外,其他各类灯具灯泡容量在 100W 及以上者采用瓷质灯具。

连接灯具的软线盘扣、搪锡压线,当采用螺口灯头时,相线接于螺口灯头嗓音的端子上。

灯头的绝缘外壳不破损和漏电,带有开关的灯头,开关手柄无裸露的金属部分。

变电所内,高低压配电设备及裸母线的正上方不应安装灯具。

装有白炽灯的吸顶灯具,灯泡不应紧贴灯罩;当灯泡与绝缘台间距小于 5mm 时,灯泡与绝缘台间应采取隔热措施。

安装在重要场所的大型灯具的玻璃罩,应采取防止玻璃罩碎裂向下溅落的措施。

投光灯的底座及支架应固定牢固,枢轴应沿需要的光轴方向拧紧固定。

安装在室外的壁灯应有泄水孔,绝缘台与墙面之间应有防水措施。

(3)开关、插座安装要求

当交流、直流或不同电压等级的插座安装在同一场所时,应有明显的区别,且必须选择不同结构、不同规格和不能互换的插座;配套的插头应按交流、直流或不同电压等级区别使用。

插座接线应符合下列规定:单相两孔插座,面对插座的右孔或上孔与相线连接,左孔或下孔与零线连接;单相三孔插座,面对插座的右孔与相线连接,左孔与零线连接;

单孔、三相四孔及三相五孔插座的接地(PE)或接零(PEN)线接在上孔。插座的接地端子不与零线端子连接。同一场所的三相插座,接地额定相序一致。

接地(PE)或接零(PEN)线在插座间不串联连接。

当接插有触电危险家用电器的电源时,采用能断开电源的带开关插座,开关断开相线。

在潮湿场所采用密封型并带保护地线触头的保护型插座,安装高度不低于1.5m;对于照明开关,同一建筑物、构筑物的开关采用同一系列的产品,开关通断位置一致、操作灵活、接触可靠;相线经开关控制;民用住宅无软线引至床头开关。

暗装的插座面板紧贴墙面,四周无缝隙,安装牢固,表面光滑整洁、无碎裂、划伤,装饰帽齐全。

地面插座与地面气瓶或紧贴地面,盖板固定牢固,密封良好。

照明开关安装位置便于操作,开关边缘距门框边缘的距离0.15~0.2m,开关距地面高度1.3m;拉线开关距地2~3m,层高小于3m时,接线开关距顶板不小于100mm,接线出口垂直向下。

相同型号并列安装及同一室内开关安装高度一致,且控制有序不错位。并列安装的接线开关的相邻间距不小于20mm。

暗装的开关面板应紧贴墙面,四周无缝隙,安装牢固,表面光滑整洁、无碎裂、划伤,装饰帽齐全。

[做一做]

比较照明线路的明敷设和暗敷设的优缺点。

2. 照明线路的敷设

室内照明线路的敷设,通常采用明敷设(E)和暗敷设(C)两种方式。

(1)明敷设

明敷设配电线路有瓷(塑料)夹配线、瓷瓶配线、槽板配线、卡钉配线、管配线。

① 瓷夹(塑料)配线

将导线放在瓷夹中,瓷夹用木螺丝固定在木橛子上或用粘剂固定在天棚或墙上。这种敷设方式,施工方便,安装费用低,易于维护,但不美观,易受机械损伤。敷设时,导线应平直,无松弛现象。当导线截面为6~10mm^{2}时,瓷夹的间距不应超过800mm。瓷夹(塑料)配线宜用于正常环境的屋内场所和挑檐下的屋外场所。

② 瓷瓶配线

是将导线绑扎在瓷瓶上。瓷瓶的固定方式与瓷夹的固定方式大致相同。当导线截面为1~4mm^{2}时,瓷瓶的最大允许间距为2000mm;当导线截面为6~10mm^{2}时,瓷瓶的间距不应超过2500mm。瓷瓶配线适用于潮湿、多尘场所,如食堂、水泵房以及木屋架房屋等场所。

③ 槽板配线

是将导线放在底板的槽中,底板沿线路走向用铁钉或螺钉固定在建筑物的墙上,上面加上盖板。敷设时,其走向应尽量沿墙角或边缘。槽板配线时,导线不外露,使用安全、比较整齐美观。比管配线价格低,适用于一般的办公与住宅建筑物中。

④ 卡钉配线

铝皮卡子或塑料卡钉配线是用卡子将导线固定在墙上或天棚上。通常,用来固定塑料护套线。这种敷设方式安装简便,但受外力时易弯曲、脱落。

⑤ 穿管明配线

是将钢管或塑料管固定在建筑物的表面或支架上,导线穿在管中,这种敷设方式常用于车间或实验室。

(2)暗敷设

暗敷设配电线路有焊接钢管、电线管、硬塑料管、半硬塑料管配线等。穿管暗敷是将钢管或塑料管在土建工程时预先埋设在墙、楼板的地板内,敷设时导线穿入管中。穿管暗配线表面看不到导线,不影响屋内墙面的整洁美观。可以防止导线受有害气体的腐蚀和机械损伤,使用年限长,安装费用较大。目前,新建房屋大多数采用这种方式配线。

穿管配线时,管内导线的总截面(包括外护层),不应超过管子截面的40%。绝缘导线允许穿管根数及相应的最小管径应满足相关规定。例如,4根截面面积为 2.5mm² 的橡皮绝缘导线,穿钢管敷设时最小管径不小于25mm。

钢管有电线管和水、煤气管两种。一般可使用电线管,但是在有爆炸危险的场所内,或标准较高的建筑物中,应采用水、煤气钢管。

管内的导线不得有接头,若需接头(如分支)时,应设接线盒,在接线盒内有接头。为便于穿线,当管路过长或转弯过多时,也应适当地加装接线盒或加大管径。两个拉线端之间的距离应符合下列规定:对无弯管路时,不超过30m;两个拉线之间有一个转弯时,不超过20m;两个拉线之间有两个转弯时,不超过15m;两个拉线之间有三个转弯时,不超过8m。

注意事项:穿金属管或金属线槽的交流线路,应使所有的相线和N线在同一外壳内。不同回路的线路不应穿于同一根管路内,但符合下列情况时可穿在同一根管路内:标称电压为50V以下的回路。

同类照明的几个回路,但管内绝缘导线总数不应多于8根;在同一管道里有几个回路时,所有绝缘导线都应采用与最高标称电压绝缘相同的绝缘;在照明线路敷设中,应本着经济、节约、美观、实用等多方面的因素,密切与土建、水暖等工程配合,保质、保量地完成电气施工任务。

【实践训练】

课目:掌握电气施工的操作

(一)目的

通过实训,了解某电气施工项目的供电方式;供电电源;进户线引入方式、位置、线材等;配电箱的安装方式;支线的敷设方式、部位;灯具的形式、安装方式、安装位置、安装高度等。

(二)要求

以某教室的照明安装为例,实际动手进行相关施工。通过该项目的施工,熟悉电气施工规范和施工操作流程,积累操作经验,达到初级电工水平。

(三)步骤

1. 识读电气照明施工图,认真分析电气照明施工图,能够熟悉读懂电气照明施工图。

2. 电气施工,进行专项的电气施工操作。

(四)注意事项

在实训时,一定要注意安全!没有经过指导教师的允许,不能私自进行与实训无关的操作。

(五)课目讨论

电气施工过程中应注意哪些细节?结合电气施工图进行对照参观所了解到的内容,讨论该工程的科学性、实用性及相应的改进措施。

第六节　安全用电与建筑防雷

一、安全电压

1. 安全电压的定义

[想一想]

安全电压的大小是多少? 安全的电压的条件是什么?

发生触电时的危险程度与通过人体电流的大小、电流的频率、通电时间的长短、电流在人体的路径等多方面因素有关。通过人体的电流为 10mA 时,人会感到不能忍受,但还能自行脱离电流;电流为 30~50mA,会引起心脏跳动不规则,时间过长心脏则停止跳动。

通过人体电流的大小取决于加在人体上的电压和人体电阻,人体电阻因人而异,差别很大,一般在 800Ω 至几万欧姆。

考虑到使人致死的电流和人体在最不利情况下的电阻,我国规定安全电压不超过 36V。常用的有 36V、24V、12V 等。

在潮湿或有导电地面的场所,当灯具安装高度在 2m 以下,容易触及而又无防止触电措施时,其供电电压不超过 36V。

一般手提行灯的供电电压不应超过 36V,但如果作业地点狭窄、潮湿,且工作者接触有良好接地的大块金属时(如在锅炉里),则应使用不超过 12V 的手提灯。

2. 安全电压的条件

(1)因人而异

手有老茧、身心健康、情绪乐观的人电阻大较安全。皮肤细嫩、情绪悲观、疲劳过度的人电阻小较危险。

(2)与触电时间长短有关

触电时间越长、情绪紧张、发热出汗人体电阻减小危险大,若可迅速脱离电压则危险小。

(3)与皮肤接触的面积和压力大小有关

接触面积和压力越大越危险,反之较安全。

(4)与工作环境有关

低矮潮湿、仰卧操作,不易脱离现场的情况下触电危险大,安全电压取 12V,其他条件较好的场所可取 24V 和 36V。

二、保护接地与保护接零

[想一想]
保护性接地的种类有哪几种?它们之间有什么区别?

(一)接地的种类

1. 什么是"地"

电气上所谓的"地"指电位等于零的地方。一般认为,电气设备的任何部分与大地作良好的连接就称为接地。接地点与真正的零电位之间的电压就称为接地电压。而接地短路电流是指设备的绝缘损坏,外壳对地短路以后,经过短路点流入大地的电流。单相短路电流大于 500A 称为大接地短路系统,小于 500A 称为小接地短路系统。变压器或发电机三相绕组的连接点称为中性点,如果中性点接地,则称为零点,由中性点引出的导线称为中线或工作接地。

2. 接地的种类

设备的接地一般可分为保护性接地和功能性接地。保护性接地又可分为接地和接零两种形式。

如图 2-37 所示,接地的种类按其作用不同可分为以下几种:

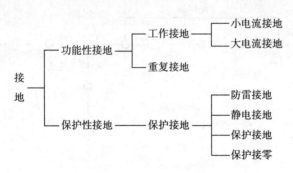

图 2-37　接地的种类

(二)工作接地

1. 工作接地的定义

由于电气系统运行需要,在电源中性点与接地装置作金属连接称为工作接地。

2. 工作接地的意义

有利于安全,当电气设备有一相对地漏电时,其他两相对地电压是相电压,如果没有工作接地,有一相故障接地则其他两相对地电压是线电压(如图 2 - 38 所示)。在高电压系统,有中性点接地可以使继电保护设备准确地工作,并能消除单相电弧接地过电压。中性点接地可以防止零点电压偏移,保持三相电压基本平衡。可以降低电气设备的绝缘水平。一旦高压窜入低压,当接地电阻小于 4Ω 时,中性点对地电压不大于 120V。以前高压输电可以用一相工作接地,能把大地当作一根导线是为了节省材料,现在不允许这么做。

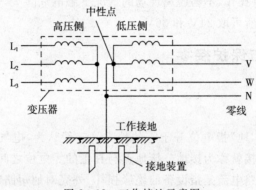

图 2 - 38　工作接地示意图

(三)重复接地

1. 重复接地的定义

在工作接地以外,在专用保护线 PE 上一处或多处再次与接地装置相连接称为重复接地(如图 2 - 39 所示)。在供电线路的终端或供电线路每次进入建筑物处都应该做重复接地。

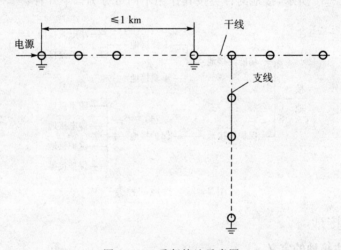

图 2 - 39　重复接地示意图

2. 重复接地的作用

一旦中性线断了,可以保护人身安全,大大降低触电的危险程度。它与工作接地电阻相并联,降低了接地电阻的总值,使工作零线对地电压偏移减小。增大故障电流,使自动脱扣器工作更可靠。当三相负载不平衡时,能使三相负载电压更稳定平衡。

3. 重复接地的应用要点

重复接地电阻一般规定不得大于 10Ω,当与防雷接地合一时,不得大于 4Ω。在 TNC 供电系统中如果干线上有 4 极漏电开关时,工作零线不能重复接地,因为漏电开关不允许后面的中线有重复接地,在 TNS 供电系统中的 PE 线存在重复接地,而在 TT 供电系统中有保护接地,也有重复接地。

在常用的 TNS 供电系统中,有总配电箱、供电线路终点及每一个建筑物的进户线都必须作重复接地。在装有漏电电流动作保护装置后的 PEN 线也不允许设重复接地,中性线(即 N 线)除电源中性点外,不应再重复接地。

4. 保护接地

保护接地的定义:把电气设备的金属外壳及与外壳相连的金属构架用接地装置与大地可靠地连接起来,以保证人身安全的保护方式,叫保护接地,简称接地。如图 2-40 所示。在 IT 供电系统中当供电距离比较长,线路对地的发布电容较大时,人体触及带电的设备外壳时,也有危险。

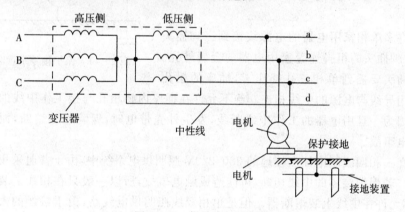

图 2-40　保护接地示意图

保护接地一般用在 1000V 以下的中性点不接地的电网与 1000V 以上的电网中。保护接零一般用在 1000V 以下的中性点接地的三相四线制的电网中,目前供照明用的 380/220V 中性点接地的三相四线制电网中广泛采用保护接零措施。在中性点不接地的系统中,假设电动机的 A 相绕组因绝缘损坏而碰到金属外壳,外壳带电,在没有保护接地的情况下,当人体接触外壳时,电流经过人体和另外两根火线的对地绝缘电阻 R_e、R_c(如果导线很长,还要考虑导线与大地间的电容)形成回路。如果另外两根火线对地绝缘不好,流入人体的电流会超过安全限度而发生危险。在有保护接地的情况下,当人体接触带电的外壳时,电流在 A 相碰壳处分为两路,一路经接地装置的电阻 R_d,一路经人体电阻 R_r,这两路汇合后再经另外两根火线的对地绝缘电阻 R_e 和 R_c 构成回路。由于 $R_e \leqslant R_c$,所以通过人体的电流很小,这就避免了触电危险。

根据电气安装规程规定,在 1000V 以下中性点接地系统中,用电设备不允许采用保护接地。这是因为当某一相绝缘破损与金属外壳接触时,电流 I_d 便会经过大地回到变压器的中性点,而这时流过保险丝的电流很可能小于保险丝的熔断电流,保险丝不断,金属外壳仍与电源相连。金属外壳对地的电压 U_d 等于 I_d 在 R_d 上的电压降,而 $I_d = U/(R_0 + R_d)$,$U_d = U R_d/(R_0 + R_d)$。在一般三相四线制系统中,U 相是 220V,R_0 约 4Ω,R_d 通常都超过 4Ω,即使 R_0 与 R_d 一样,也按 4Ω 计,金属外壳的对地电压也是 110V,超过安全电压。

5. 保护接零

保护接零的定义:把电气设备的金属外壳相连的金属构架与中性点接地的电力系统的零线连接起来,以保护人身安全的保护方式,叫保护接零(也叫保护接中线),简称接零。

1000V 以下中性点接地系统中,应该采取图 2-41 所示的保护接零,一旦某一根绝缘破损与金属外壳接触,就会形成单相短路,电流很大,于是保险丝熔断(或自动开关自动切断电路),电动机脱离电源,从而避免了触电危险。

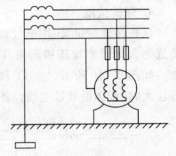

图 2-41 保护接零示意图

许多单相家用电器的电源线接到三脚插头上,三脚插头的粗脚连着家用电器的金属外壳。这种插头要插到单相三孔插座上,插座的粗孔应该用导线与电源的中线相连。绝不允许在插座内将粗孔与接工作中线的孔相连。因为一旦用电器的工作中线断线,发生外壳带电时,保险丝不熔断,而会引起触电事故。

在三相四线制中性点接地的 380/220V 照明供电系统中,由于普遍采用保护接零。若保护接零的中线切断,可能造成触电事故,所以一般只在相线上装熔断器,不允许在中线上装熔断器。但是单相双线照明供电线路,由于接触的大多数是不熟悉电气的人,有时由于修理或延长线路而将相线和中线接错,所以中线和相线上都接保险丝(熔断器)。

6. 保护接地和保护接零的区别

保护接地和保护接零都是维护人身安全的技术措施,其不同处是:

(1)保护原理不同

低压系统保护接地的基本原理是限制漏电设备对地电压,使其不超过某一安全范围;高压系统的保护接地,除限制对地电压外,在某种情况下,还有促成系统中保护装置动作的作用。保护接零的主要作用是借接零线路使设备形成单相短路,促使线路上保护装置迅速动作。

(2)适用范围不同

保护接地适用于一般的低压不接地电网及采取其他安全措施的低压接地电网;保护接地也能用于高压不接地电网,不接地电网不必采用保护接零。

(3)线路结构不同

保护接地系统除相线外,只有保护接地。保护接零系统除相线外,必须有零线;必要时,保护零线要与工作零线分开;重要的装置也应有地线。

为了防止电气设备因绝缘损坏而使人身遭受触电危险,将电气设备的金属外壳与供电变压器的中性点相连接称为接零保护。在中性点非直接接地的低压电力网中,电力装置应采用低压接零保护。在中性点非直接接地的低压电力网中,电力装置应采用低压接地保护。由同一台发电机、同一台变压器或同一段母线供电的低压电力网中,不宜同时采用接地保护与接零保护。

【实践训练】

课目:掌握设备的保护接地、接零的形式。

(一)目的

通过观察、操作、思考熟悉设备的保护接地、接零的形式,并了解它们之间有什么区别。

(二)要求

通过对设备的保护接地、接零的形式进行一些简单的操作,熟悉常见的设备接地、接零的形式及接地与接零的区别。

(三)步骤

(1)识读设备保护接地、接零示意图:能够看懂设备保护接地、接零示意图;掌握保护接地、接零的特点。

(2)实践操作:能够进行简单的设备保护接地、接零的操作,了解它们的工作原理。

(四)注意事项

在实训过程中,一定要注意安全。没有经过指导教师的允许,不能私自进行与实训无关的操作。

(五)课目讨论

讨论设备保护接地、接零的形式,它们起到什么作用。

三、建筑防雷

(一)雷电的形成及其危害

雷电是一种常见的自然现象,它产生强烈的闪光和雷鸣,雷电产生的根本原因是由雷云放电引起的。而雷云是由于大气中的饱和水蒸气在强烈的上升作用下,所形成一部分带正电荷、一部分带负电荷的云块。当雷云接近地面时,由于静电感应的作用,大地会感应出与雷云极性相反的电荷。随着异性电荷的不断积累,雷云与大地之间的电场强度不断增大。当电场强度超过空气可能承受的击穿强度时,极性相反的电荷通过一定的电离通道互相中和,产生强烈的光和热。放电通道发出的强光,就是我们通常称为的"闪电",而通道发出的热,使空气突然膨胀,发出霹雳的轰鸣,这就是所谓的"雷鸣"。

雷电的发生会造成极大的危害,因此应对建筑物和电气设备采取相应的防雷措施。雷电对建筑物和电气设备的危害,主要有如下途径:

1. 直击雷

雷云直接对建筑物放电,其强大的雷电流通过建筑物流入大地,从而产生破坏性很大的热效应和机械效应,往往会引起火灾,建筑物崩塌和危及人身、设备的安全。

2. 感应雷击

感应雷击是由雷电的强大电场和磁场变化造成的,所以感应雷击有静电感应雷击和电磁感应雷击两种。

静电感应雷击是由于建筑物处于雷云与大地所形成的电场之中,在建筑物顶部或屋面会感应积聚与雷云所带电荷极性相反的电荷。当雷云向其他的地方放电后,建筑物顶部或屋面上的电荷如不能立即导入大地,那么就会产生很高的对地电位,这会引起室内的金属结构与接地不良的金属器件之间放电产生火花而形成爆炸,此外静电感应引起的局部电位也会危及人身安全。

电磁感应雷击是由于雷电流有极大的幅值和陡度,在它的周围的空间形成强大的剧烈变化的磁场,这会使建筑物内的金属管道感应出很高的感应电势,如这些金属管道没有良好连接,就会在间隙之间产生放电火花而发生事故。

3. 沿架空线路侵入的雷电波

在架空线路遭受直击雷或感应雷击时,高电位的雷电波将沿线路侵入室内,对室内的电气设备放电,形成破坏。

(二)防雷原理和设备

1. 防直击雷

采用避雷针、避雷带或避雷网,一般优先考虑采用避雷针。当建筑上不允许装设高出屋顶的避雷针,同时屋顶面积不大时,可采用避雷带。若屋顶面积较大时,采用避雷网。

关于采用避雷针防直击雷的作用原理,曾有两种不同看法。有人认为,避雷针在雷云感应下产生尖端无声放电,能中和雷云中所带电荷,从而避免了直接雷击。但实测证明避雷针的无声放电电流一般仅有几毫安。几千根避雷针在几十分钟内无声放电的总电量,才相当于一次中等雷击释放的电量(约 $25 \sim 30$C)。因此,避雷针在雷云电场作用下,以无声放电产生的避雷作用是微不足道的。另外一些人认为,避雷针的作用是接受雷电,并把雷电流安全地引入地下。后一种看法已被大量科学实验和雷击事故的调查材料所证明。

避雷针的防雷作用不在于避雷,而在于接受雷电流。因此,已被人们广泛采用的避雷针这一惯用名词,应正确地称作接闪器。避雷针、避雷带和避雷网是接闪器的三种形式。

接闪器引来雷电流,通过引下线和接地体安全地引导入地下,使接闪器下面一定范围内的建筑物免遭直接雷击,该范围就是避雷针的保护范围。

对于防雷装置只有正确设计、合理安装和适时维护才能起到应有的作用。否则不仅不能保护建筑物,甚至会招来更多的雷击事故。

2. 防间接(感应)雷

雷云通过静电感应效应在建筑物上产生很高的感应电压,可通过将建筑物的金属屋顶、房屋中的大型金属物品,全部加以良好的接地处理来消除。雷电流通过电磁效应在周围空间产生强大电磁场,使金属间隙因感应电动势而产生火花放电,使金属回路因感应电流而产生的发热,可用将相互靠近的金属物体全部可靠地连成一体并加以接地的办法来消除。

雷云对输电线路感应产生的高电压,通常转化成高电位侵入的形式,对建筑物和电气设备造成危险。

3. 防高电位侵入

雷电波可能沿着各种金属导体、管路,特别是沿着天线或架空线引入室内,对人身和设备造成严重危害。对这些高电位的侵入,特别是对沿架空线引入雷电波的防护问题比较复杂,通常采用以下几个方法:

(1)配电线路全部采用地下电缆。

(2)进户线采用 50～100m 长的一段电缆。

(3)在架空线进户处,加装避雷器或放电保护间隙。

上述的三个方法中以第一种方法最安全可靠,但费用高,故只适用于特殊重要的民用建筑和易燃易爆的大型工业建筑。后两种方法不能完全避免雷电波的引入,但可将引入的高电位限制在安全范围内,故在实际中得到广泛采用。

[问一问]

雷电的种类有哪些? 建筑物的防雷保护措施有哪些?

(三)建筑物的防雷措施

根据雷电对建筑物的危害途径,建筑物的防雷措施也有如下三种:

1. 直击雷的防护措施

防直击雷的保护装置是由接闪器、引下线和接地装置组成。其作用是将雷电引向接闪器放电,并把雷电流通过引下线和接地装置导入大地,从而保护建筑物免受直击雷害,图 6-1 所示是防直击雷的保护装置示意图。

(1)接闪器

接闪器由下列两种形式之一或任意组合而成:

① 独立避雷针

避雷针是最早使用的一种接闪器,它采用圆钢或焊接钢管制成。

② 直接装在建筑物上的避雷针、避雷带或避雷网

避雷带和避雷网是采用圆钢或扁钢制成,避雷带沿雷击率较大屋角、屋檐、女儿墙和屋脊敷设,当采用避雷带保护时,还应根据建筑物的防雷等级,在屋面

上装设避雷网格。由于避雷带比避雷针更安全,也不会影响建筑物的立面观感,所以在布置接闪器时应优先采用避雷带和避雷网。

(2)引下线

接闪器通过引下线与接地装置连接,引下线采用圆钢或扁钢制成。引下线沿建筑物外墙敷设,并以最短路径与接地装置连接。对建筑艺术要求较高者,其引下线也可暗敷。当建筑物钢筋混凝土的钢筋具有贯通性连接焊接并符合规范要求时,竖向钢筋可作为引下线。实际上在近代的大型钢筋混凝土建筑物中,都是利用其纵向的结构钢筋作为引下线。

(3)接地装置

接地装置的作用是将雷电流散泄到大地中,接地装置一般由垂直接地体和连接它们的水平接地体组成,接地装置宜采用角钢、圆钢、钢管制成。建筑物基础内的钢筋网亦可作为接地装置,与引下线一样,在大型的钢筋混凝土建筑物中都是利用基础钢筋作为接地装置。它无论在性能上、经济上、可靠性方面都明显地比另设的接地装置更好。

2. 感应雷击的防护措施

根据感应雷击产生的原因,对感应连接的防护措施主要有:

(1)应将建筑物内垂直的金属管道及类似的金属物在底部与防雷装置连接。

(2)对于平行敷设的金属管道,当它们彼此的净空距离小于 100mm 时,必须进行导电性的跨接。

3. 对雷电波侵入的防护措施

当采用架空线向建筑物供电时,在进户处装设避雷器,而防止雷电波侵入的最佳办法是:将进入建筑物的各种线路及金属管道全部埋地引入,并在进户端将电缆的金属外皮,金属管道与接地装置连接。

4. 建筑物的防雷等级划分

根据建筑物的重要性、使用性质、发生雷电事故的可能性及后果,(JGJ/T16—1992)《建筑电气设计技术规程》中将建筑物的防雷分为三级。

(1)一级防雷的建筑物

具有特别重要用途的建筑物。如国家级的会堂、重要办公楼、大型展馆、大型铁路旅客站、国家航空港、通讯枢纽、国宾馆、大型旅游建筑等。

国家级重点文物保护的建筑物和构筑物。

高度超过 100m 的建筑物。

(2)二级防雷的建筑物

[试一试]

独立地进行简单的设备接地、接零的操作。

重要的或人员密集的大型建筑物。如部、省级办公楼,省级会堂、体育、交通、通讯、广播等建筑,大型商店、影剧院等。省级重点文物保护的建筑物和构筑物。19 层以上的住宅建筑和超过 50m 高的其他民用建筑物。

(3)三级防雷建筑物

主要是指确认需要防雷的建筑物,和历史上雷害事故严重的地区或雷害事故较多地区的较重要建筑物。

本章思考与实训

1. 简述建筑电气系统的组成。
2. 变配电室(所)有哪几部分组成及对其组成部分的要求是什么?
3. 变配电室(所)常见的形式有哪几种?
4. 室内配电线路明敷和暗敷各有什么优缺点?
5. 建筑电气施工图的主要内容有哪些?
6. 建筑低压配电系统的类型有哪几种?
7. 试述限制眩光的主要措施。
8. 试列举常见熔断器的类型。
9. 说明熔断器和热继电器保护功能的不同之处。
10. 根据雷电对建筑物的危害途径,对建筑物的防雷有哪些措施?

第三章 智能建筑

【内容要点】

1. 智能建筑的特点和构成；

2. 通信网络系统和办公自动化系统的组成和应用；

3. 建筑设备自动化系统的功能及子系统；

4. 火灾报警及消防联动自动化系统，安全防范系统及综合布线系统的组成及特点；

5. 住宅小区自智能化系统的组成及类型。

【知识链接】

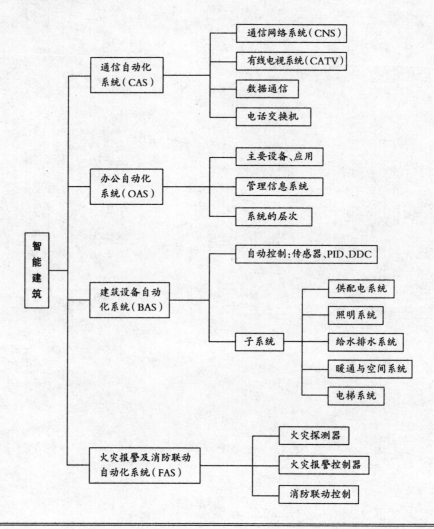

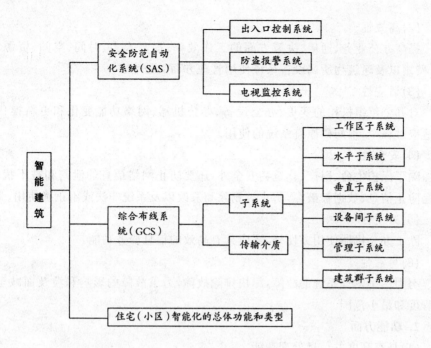

第一节 概 述

一、智能建筑的定义

智能建筑是智能建筑技术和新兴信息技术相结合的产物,智能楼宇利用系统集成的方法,将智能型计算机技术、通讯技术信息技术与建筑艺术有机的结合,通过对设备的自动监控,对信息资源的管理和对使用者的信息服务及其功能与建筑的优化组合,所获得的投资合理,适合信息社会需要,并且具有安全、高效、舒适、便利和灵活特点的建筑物。它已经成为建筑行业和信息技术共同关心的新领域。

国家标准《智能建筑设计标准》(GB/T50314－2006)对智能建筑定义为"以建筑物为平台,兼备信息设施系统、信息化应用系统、建筑设备管理系统、公共安全系统等,集结构、系统、服务、管理及其优化组合为一体,向人们提供安全、高效、便捷、节能、环保、健康的建筑环境"。

二、智能建筑的特点

智能建筑的特点主要体现在环境和功能两个方面。

1. 环境方面

(1)舒适性

使人们在智能建筑中生活和工作,无论心理上,还是生理上均感到舒适。为此,空调、照明、消声、绿化、自然光及其他环境条件应达到较佳和最佳条件。

[问一问]

在你身边有哪些建筑属于智能建筑？请举出几个例子。

(2)高效性

提高办公业务、通信、决策方面的工作效率；提高人力、时间、空间、资源、能量、费用以及建筑物所属设备系统使用管理方面的效率。

(3)适应性

对办公组织机构的变更、办公设备、办公机器、网络功能变化和更新换代时的适应过程中，不妨碍原有系统的使用。

(4)安全性

除了保护生命、财产、建筑物安全外，还要防止网络信息的泄露和被干扰，特别是防止信息、数据被破坏，防止被删除和篡改以及系统非法或不正确使用。

(5)方便性

除了办公机器使用方便外，还应具有高效的信息服务功能。

(6)可靠性

努力尽早发现系统的故障，尽快排除故障，力求故障的影响和波及面减至最低程度和最小范围。

2. 功能方面

(1)具有高度的信息处理功能。

(2)信息通信不仅局限于建筑物内，而且与外部的信息通信系统有构成网络的可能。

(3)所有的信息通信处理功能，应随技术进步和社会需要而发展，为未来的设备和配线预留空间，具有充分的适应性和可扩性。

(4)要将电力、空调、防灾、防盗、运输设备等构成综合系统，同时要实现统一的控制，包括将来新添的控制项目和目前还被禁止统一控制的项目。

(5)实现以建筑物最佳控制为中心的过程自动控制，同时还要管理系统实现设备管理自动化。

三、智能建筑的构成

智能建筑的核心是5A系统：即建筑设备自动化系统（BAS）、通讯自动化系统（CAS）、办公自动化系统（OAS）、火灾报警自动化系统（FAS）、安全防范自动化系统（SAS），智能建筑就是通过综合布线系统（GCS）将此5个系统进行有机的综合，使建筑物具有安全、便利、高效、节能的特点。

1. 建筑设备自动化系统（BAS）

它就是我们常说的楼宇自动化系统。该系统能对建筑物内部的供水、变配电系统进行监控、测量，以保证大楼水电的正常供应，并能通过对空调、外墙照明等系统的综合控制达到节约能源、减轻管理人员劳动强度的效果。该系统以中央处理计算机为中心，对建筑物内部的设备进行实时控制与管理，能够随时按需调整建筑物内部的温度、湿度、照明强度和空气清新度，达到节约能源与人工成本的效果，从而提供一个舒适、安全的生活和工作环境。

我们可以通过 BAS 系统对大楼内的设备进行实时控制，把问题消灭在萌芽状态而不至于造成大的问题。与没有(BAS)系统相比较,可节约能源百分之五至百分之十五,所以 BAS 系统的成本很快就能收回来。

[想一想]

1. "5A"指的是什么?

2. 智能建筑的构成以及5 个系统是如何结合的?

2. 通信自动化系统(CAS)

该系统是保证建筑物内语音、数据、图像传输的基础,同时与外部通信网(如电话公话数据网、计算机网、卫星及广电网等)相连,与世界各地互通信息。通信自动化系统能向使用者提供快捷、有效、安全和可靠的信息服务,包括语言文本、图形、图像及计算机数据等多媒体的通信服务。通信网络系统的内容比如:用语音信箱进行留言、语音应答对一些咨询的客户时时应答。互联网的接入、局域网的构建,可以实现常用的电子邮件、网上购物、网上医疗诊断、参观网上图书馆、视频对话节省长途话费等,在大门口可以安装电子显示系统、电视会议系统、同声翻译等现代通讯应具备的先进手段。

3. 办公自动化系统(OAS)

便是利用先进的信息处理设备,以计算机为中心,采用传真机、复印机、电子邮件(E-mail)、国际互联网、局域网等一系列现代化办公及通讯设施,最大限度的提高办公效率、改进办公质量、改善办公环境和条件、缩短办公周期、减轻劳动强度、同时防止减少人为的失误和差错。办公自动化技术将使办公活动向着数字化方向发展,最终实现无纸化办公。

4. 火灾报警及消防联动自动化系统(FAS)

火灾报警系统在现代智能建筑中起着极其重要的安全保障作用。火灾报警系统是智能建筑中的一个子系统但其又能完全脱离其他系统或网络的情况下独立运行和操作,完成自身所具有的防灾和灭火的功能,具有绝对的优先权。通过建筑物内不同位置的烟火控制装置提供的信息进行确认后报警,同时启动火灾联动系统,包括关闭空调、开启排烟装置、启动消防专用梯并且启动消防系统运作、紧急广播疏散人群,使得尽可能地减少生命、财产损失。

5. 安全防范自动化系统(SAS)

该系统主要是提供不受外界干扰、避免人员受到伤害、财务受到损失的环境,防止不法的事件发生,为大家创造一个安全、便利、舒适的办公和生活环境。

四、中外知名智能建筑实例

1. 都市大厦(世界上第一座智能建筑)

1984 年,美国联合技术公司的一家子公司——联合技术建筑系统公司在美国康涅狄格州哈特福德市对一座旧金融大厦进行改建,改建后的大楼被命名为都市大厦(City Building)。这座高 38 层,总建筑面积达 10 万平方米的大楼,以当时最先进的技术控制空调、照明、电梯、防火和防盗系统,实现了通信自动化(Communication Automation)和办公自动化(Office Automation)。因为美国联合技术公司在他们的广告宣传资料中首次使用了"Intelligent Building(智能建筑,简称 IB)"一词,世界上第一座智能建筑——都市大厦就此诞生。

都市大厦的建成是传统建筑与新兴信息技术相结合的首次尝试。它运用当时的计算机及网络技术、电子技术和传感器技术对整个大厦的建筑设备进行自动化控制与管理,从而提高大厦的技术与信息含量,增强其整体竞争力。因其在大厦出租率、投资回收率、经济效益等方面取得了巨大成功,引起了世界各国的重视和效仿,智能建筑因而在世界各地得到蓬勃发展。

2. 上海金茂大厦

20世纪90年代初在浦东兴建,世界第三、全国首位的420m,88层高的金茂大厦,向世人展示了我国现代建筑之最。作为智能建筑中最重要的弱电系统,金茂大厦内包括通信自动化、楼宇自动控制、火灾报警、安保监控、结构化综合布线、计算机集成网络、物业管理计算机网络、酒店管理计算机网络等不少于10个子系统。现代高科技的大量应用在金茂大厦内得到充分体现,它是各类信息,包括语音、数据、图像等信息传输和应用的最终价值体现的物理平台,它展示了一个时代建筑的辉煌灿烂(见图3-1)。

金茂大厦集中体现了当代建筑科技的最高水准。大厦选用最先进的玻璃幕墙,对幕墙框架作了鳞化处理,基

图3-1 上海金茂大厦

本消除了光污染;大厦的消防安全和生命保障系统实现创新思路,改他救模式为自救模式;大厦电梯特有的候梯不超过35秒、直达办公楼层、空中对接功能等是最优秀的垂直运输系统;大厦的智能化系统统管所有功能和区域,信息高速公路接通到每张办公桌和每间客房。大厦所有功能设备都具有先进性和超前性,成为世界建筑史上的一座丰碑。

第二节 通信自动化系统(CAS)

一、通信网络系统(CNS)

1. 概念

通信网络系统(Communication Network System 缩写为 CNS)是智能建筑内语音、数据、图像传输的基础,同时与外部通信网络(如公用电话网、综合业务数字网、计算机互联网、数据通信网及卫星通信网等)相连,确保信息畅通。

通信网络包括以数字程控交换机为核心的、以语音为主兼有数据与传真通信的电话网、联接各种高速数据处理设备的计算机局域网、计算机广域网、传真

网、公用数据网、卫星通信网、无线电话网和综合业务数字网等。借助这些通信网络可以实现国内外、建筑内外的信息互通、资料查询和资源共享。

2. 形式

总体上说，智能建筑的通信网络有两个功能，第一是支持各种形式的通信业务；第二是能够集成不同类型的办公自动化系统和楼宇管理自动化系统，形成统一的网络并进行统一的管理。智能建筑中的通信业务主要有下列一些形式：

(1)电话

包括内部直拨，通过 PBX(程控交换机)与楼外公共交换网连接后通话。发展成为以 PBX 为中心组网形成 2B＋D 话音和信令通道，使电话用户线具有综合功能。

(2)传真

包括利用电话线进行楼内传真以及与楼外的传真，还可以通过发展而成的楼内综合业务数字网(ISDN)的用户线进行楼内之间或楼内外的传真。

(3)电子邮件、语音邮件、电子信箱、语音信箱

这是通过计算机网络及其交换系统实现点对点(计算机)的文字或语音通信的一种方式。即通过对计算机屏幕的"书写"或直接通过计算机的音响系统实现双方的通信或对话。与之相应的电子信箱、语音信箱则是通过计算机的存储系统实现"留信"或"留言"。

(4)可视电话

可视电话是一种小型图像通信终端，利用电话线路同时传递图像与语音信息。这种系统使用简单，无需特殊线路，每秒可传送 10 帧彩色图像，价格相对低廉，同时，还可通过大楼 PBX 进入公用电话网同外部进行通信。

(5)可视电话数据系统

可视电话数据系统是利用公用电话线路的会话型图像通信。利用这种通信系统，键入所需信息代码，传送至数据库计算机，主机收到该代码后，即在数据库中查找所需的信息，并将信息回送屏幕显示出来。

(6)会议电视

会议电视系统可支持大楼中各单位，各部门之间通信的要求。通过通信手段把相隔两地或几个地点的会议室连接在一起，传递图像和伴音信号，使与会者产生身临其境的感觉。

(7)桌面会议系统

将计算机引入图像通信，使得通信各方不仅可以面对面进行交谈，还可以根据要求随时交换资料和文档，真正实现通信的交互性。桌面会议系统设有电子黑板，使会议各方可在同一块电子黑板上完成信息交互，并可对电子黑板随时打印，还可以重播会议片断和收录会议过程。

(8)多媒体通信

多媒体通信是通过计算机网络系统实现同时获取、处理、编辑、存储和展示两个以上不同类型信息媒体(包括文字、语音、图形、图像)的传送，其最重要的基

础必须要具备宽带的网络系统。

(9)公用数据库系统

与大楼业务有关的资料可通过大楼的数据库查询,也可通过 WAN 查询,数据类型可以是数据,文字,静、动态图像。

(10)资料查询与文档管理系统

楼内各种办公文件的编辑、制作、发送、存贮与检索,并规定不同用户对各类文档的查询权限。

(11)学习培训系统

与网络联机的多媒体终端及各种声、像设备,提供各类业务学习与培训。

(12)触摸屏咨询及大屏幕显示系统

安装在大厅,多个触摸屏咨询系统安放在大厅不同位置,以声、像、图表等多种方式向用户介绍大厦业务及其他信息。

(13)人事,财务,情报,设备,资产等事务管理

将工作人员的素质、特长、单位、财务收支情况、文件、合同、通知、新技术、新业务、设备资源及其使用情况统统存入数据库中,以便随时查询,实现事务管理科学化。

(14)访问 INTERNET 网络

INTERNET 正在发展成为把全球联系在一起的信息网络,所以对于用户来说,具有访问 INTERNET 的手段就显得十分重要。大楼的智能局域网的主干网具有访问 INTERNET 的信息通道,这就为大楼内的用户访问 INTERNET 提供了条件。

二、有线电视系统(CATV)

有线电视也叫电缆电视(Cable Television 缩写为 CATV),是相对于无线电视(开路电视)而言的一种新型广播电视传播方式,是从无线电视发展而来的。有线和无线电视有相同的目的和共同的电视频道,不同的是信号的传输和服务方式以及业务运行机制。有线电视仍保留了无线电视的广播制式和信号调制方式,并未改变电视系统的基本性能。

[问一问]

思考一下,有线电视和无线电视有哪些区别?

电视系统一般包括节目发送、传输和接受三部分。有线电视把录制好的节目通过线缆(电缆或光缆)传输,将电视信号输送给用户,再由电视机重放出来。有线电视不向空中辐射电磁波,所以又叫闭路电视。由于电视信号通过线缆传输,不受高楼山岭等的阻挡,所以收视质量好。无线电视为防止干扰,在一个地区必须采用隔频发射,而有线电视则可采用邻频传输,使频道资源得以充分利用,能提供更多的频道节目。有线电视通过线缆还能实现信号的双向传输,能够提供交互式的双向服务,也可以和容易实现收费管理,开展多种有偿服务。

三、数据通信

数据通信就是以传输数据为业务的一种通信方式。计算机的输入输出都是

数据信号,因此,数据通信是计算机和通信相结合的产物,是计算机与计算机、计算机与终端以及终端与终端之间的通信。数据通信必须按照某种协议,连接信息处理装置和数据传输装置,以进行数据的传输及处理,使不同地点的数据终端实现软、硬件和信息资源的共享。

1. 数字数据网(DDN)

数字数据网(DDN)是为用户提供专用的中高速数字数据传输信道,以便用户用它来组织自己的计算机通信网。当然也可以用它来传输压缩的数字话音或传真信号。数字数据电路包括用户线路在内,主要是由数字传输方式进行的,它有别于模拟线路,也就是频分制(FDM)方式的多路载波电话电路。传统的模拟话路一般只能提供 $2400\sim96b/s$ 的速率,最高能达 $14.4kb/s\sim28.8kb/s$ 的速率。而数字数据电路一个话路可为 $64kb/s$,如果将多个话路集合在一起可达 $n\times64kb/s$,因此数字数据网就是为用户提供点对点、点对多点的中、高速电路,其速率可由 2.4、4.8、9.6、19.2、64、$n\times64kb/s$ 以至 2Mb/s。数字数据网的基础是数字传输网,它必须采用以光缆、数字微波、数字卫星电路为基础,才能建立起数字传输网。而过去传统的明线、电缆、同轴电缆、模拟微波、短波等很难建立起数字传输网。

一个数字数据网主要由四部分组成:

(1)本地传输系统

指从终端用户至数字数据网的本地局之间的传输系统,即用户线路,一般采用普通的市话用户线,也可使用电话线上复用的数据设备(DOV)。

(2)交叉连接和复用系统

复用是将低于 $64kb/s$ 的多个用户的数据流按时分复用的原理复合成 $64kb/s$ 的集合数据信号,通常称之为零次群信号(DS0),然后再将多个 DS0 信号按数字通信系统的体系结构进一步复用成一次群即 2.048Mb/s 或更高次信号。交叉连接是将符号一定格式的用户数据信号与零次群复用器的输入或者将一个复用器的输出与另一复用器的输入交叉连接起来,实现半永久性的固定连接,如何交叉由网管中心的操作员实施。

(3)局间传输及同步时钟系统

局间传输多数采用已有的数字信道来实现。在一个 DDN 网内各节点必须保持时钟同步极为重要。通常采用数字通信网的全网同步时钟系统,例如采用铯原子钟,其精度可达 $n\times10^{-12}$,下接若干个铷钟,其精度应与母钟一致。也可采用多用多卫星覆盖的全球定位系统(GPS)来实施。

(4)网路管理系统

无论是全国骨干网,还是一个地区网应设网络管理中心,对网上的传输通道,用户参数的增删改、监测、维护与调度实行集中管理。

2. 综合业务数字网(ISDN)

综合业务数字网(Integrated Services Digital Network 缩写为 ISDN)是一种典型的电路交换网络系统。这个网络能够提供端到端的连接,提供接入服务和业务综合能力及标准接口,并允许客户能对他们所需要的服务进行更多的控制。综合业务数字网(ISDN)为所有类型的数字传输提供了标准接口、数字化语音、低速数据和高速数据。视频、传真和图像都可以通过一对普通的铜线、同轴电缆或光纤在综合业务数字网设备上发送。综合业务数字网用户仅通过一条用户线就可将多种业务终端接入同一网内,故也有称其为"一线通"。

3. 非对称数字用户线路(ADSL)

ADSL 是 Asymmetric Digital Subscriber Line 的缩写,中文译为"非对称数字用户线路"。ADSL 以普通电话线路作传输介质,即在普通双绞铜线上实现下行高达 8Mbit/s、上行高达 640kbit/s 的传输速度。只要在普通线路两端加装 ADSL 设备,就可使用 ADSL 提供的高带宽服务。通过一条电话线,便可以比普通 Modem 快一百倍速度浏览因特网。在各种数字用户线中,ADSL 技术具有上行、下行速率不对称的特点,适用于多种宽带业务。其特点是下行需要传送电视图像,要求有很高的传输速率;上行主要是传送控制信令和低速的信号等,可以用较窄的频带。ADSL 对于因特网接入也比较适用。由于它利用了现有的用户线资源,因而投资少、见效快,特别适用于中、小企业用户。

4. 光纤通信

光纤通信是以光波作为信息载体,以光纤作为传输媒介,利用光波在光导纤维中传输信息的一种通信方式。由于激光具有高方向性、高相干性、高单色性等显著优点,光纤通信中的光波主要是激光,所以又叫做激光—光纤通信。

[想一想]
比较一下 DDN、ISDN、ADSL 以及光纤通信的异同点?

光纤通信的原理是:在发送端首先要把传送的信息(如话音)变成电信号,然后调制到激光器发出的激光束上,使光的强度随电信号的幅度(频率)变化而变化,并通过光纤发送出去;在接收端,检测器收到光信号后把它变换成电信号,经解调后恢复原信息。

光纤通信作为一门新兴技术,其近年来发展速度之快、应用面之广是通信史上罕见的,也是世界新技术革命的重要标志和未来信息社会中各种信息的主要传送工具。

四、电话交换机

人们在进行电话通信时,需要将处于不同位置的电话连接起来,实现此功能的设备即是电话交换机。

1. 程控交换机

程控交换机通过存储程序控制(Stored Program Control 缩写为 SPC)将用户的信息和交换机的控制、维护管理功能预先变成程序存储到计算机的存储器内。当交换机工作时,控制部分自动监测用户的状态变化和所拨号码,并根据要求执行程序,从而完成各种交换功能。通常这种交换机属于全电子型,采用程序控制方式,因此称为存储程序控制交换机,或简称为程控交换机。

程控交换机按信息传送方式可分为:模拟交换机和数字交换机。

2. 程控交换机构成及特点

程控电话交换机的主要任务是实现用户间通话的接续,主要由两部分构成:

(1)话路设备

话路设备主要包括各种接口电路(如用户线接口和中继线接口电路等)和交换(或接续)网络。

(2)控制设备

控制设备在纵横制交换机中主要包括标志器与记发器,而在程控交换机中,控制设备则为电子计算机,包括中央处理器(CPU),存储器和输入/输出设备。

数字程控交换机的主要特点是:通话距离远、接续速度快、通话音质清晰、误码少;全线路无阻塞;接口丰富,业务功能多。

[试一试]
自己在电脑上进行独立操作,做一些网络邮件的收发、传真等工作。

【实践训练】

课目一:熟悉通信网络系统的各种形式

(一)目的

熟悉通信网络的各种形式,进行实地的操作和实物的观察,对通信网络的各种形式有一定的了解,并且更加深刻理解智能建筑给人们带来的便捷。

(二)要求

对通信网络的各种形式做一些简单的操作,熟悉通信网络系统的各种形式的特点、功能等。要做到和书上所讲的理论知识进行比较和理解,认真操作,注意提出问题。

(三)步骤

(1)电话、传真

使用电话和传真进行楼内和楼外通信,体会内部电话和传真通信的便捷。

(2)访问 INTERNET

通过访问 INTERNET 熟悉电子邮件、语音邮件、多媒体通信、资料查询等网络操作。

(3)可视电话和会议系统

使用可视电话和会议电视系统进行传输实时图像和声音,体会身临其境的感觉,以及通过学习培训系统进行各种业务学习。

(4)触摸屏咨询及大屏幕显示系统

通过简单触摸操作,了解各种多媒体信息,直接感受到智能化系统给人们带来的便捷。

(四)注意事项

在实训时,一定要注意安全,没有经过指导教师的允许,不能私自进行与实训无关的操作;要做到多看、多思考、多提问,巩固自己学习的知识。

(五)课目讨论

讨论通信网络系统的功能和特点,以及在通信网络系统中的核心技术有哪些,智能建筑系统中的通信自动化有哪些便捷。

课目二:了解程控交换机的构成及特点

(一)目的

了解程控交换机的组成、特点,会基本的操作使用,进行简单的交流。

(二)要求

在实际操作的时候,要用书本上讲的原理来加深对程控交换机的理解,了解程控交换机的使用特点和组成。

(三)步骤

(1)使用

简单使用程控交换机进行通话,感受通话音质的清晰。

(2)结构观察

对程控交换机做一个简单的拆解,观察内部的结构。

(四)注意事项

注意在拆解程控交换机的时候,要记清楚安装的位置和步骤,便于重新组装好设备。操作时,要细心、多思考。

(五)课目讨论

讨论一下,程控交换机的工作原理是什么,它的特点和应用范围是什么?

第三节　办公自动化系统(OAS)

一、办公自动化系统简介

1. 概念

传统的"办公自动化"指办公室内事务性工作的计算机和现代办公设备辅助工作,有人称之为"办公室自动化"。智能建筑中的办公自动化系统(Office Automation System 缩写为 OAS)是应用计算机技术、通信技术、多媒体技术和行为科学等先进技术,使用户的部分办公业务能在各种办公自动化设备的辅助下进行。这些办公自动化设备与办公人员构成服务于某种办公目标的人机信息系统。在办公自动化系统中,工作人员的办公活动和社会组织的办公过程与办公设备结合在一起形成一个统一的系统。建立办公自动化系统的目的并不单纯是为了提高办公效率或减少办公人员,首先是为了提高办公质量,在提高办公质量和办公效率的基础上,通过各种决策模型及时提供辅助决策的信息,以实现科学管理和科学决策。

简言之,办公自动化系统是人机信息系统,是办公自动化技术与管理科学、行为科学、组织理论等融合,贯穿到办公活动的各个方面,并对这些方面产生一系列影响之后形成的系统,其目的是尽可能充分利用信息资源,提高办公质量和办公效率。

2. IOAS

IOAS(Internet Office Automation System)是基于因特网的办公自动化系统。IOAS 以网络为平台,通常以 Web 页面为用户界面,也叫基于 Web 的办公自动化系统。系统采用 B/S(Browser/Server)结构设计,将各种应用服务集中于统一的应用服务器中,可以实现内部业务系统的统一协调,无论用户处在任何地方,只要可以访问 Internet,客户端安装了 Web 浏览器,本地无需安装任何客户端软件和数据库,用户就可以通过 Internet 这一平台对信息资源进行规范管理,实现信息的高效传递,完成日常业务。IOAS 使机关/单位各部门从彼此独立管理模式向一体化、信息共享的统一管理模式转变,从而全面提高办公效率。

随着互联网技术的不断发展,IOAS 已经得到越来越广泛的应用并成为现代办公自动化系统的重要形式。

二、办公自动化系统的发展阶段

[想一想]

如何理解"知识管理"这个思想?

1. 文件型办公自动化系统

文件型办公自动化系统是办公自动化系统发展的第一阶段。

初步的办公自动化系统实际上从单机版的办公应用软件开始,当时许多人把办公自动化称为"无纸化办公"。这个阶段主要关注办公者个体的工作行为,主要提供文档电子化等服务,所以有人将该阶段称之为"文件型办公自动化系统"。

这一阶段主要以数据处理为中心,其最大特点是应用基于文件系统和关系型数据库系统以结构化数据为存储和处理对象,强调对数据的计算和统计能力。其贡献在于把 IT 技术引入办公领域,提高了文件管理水平,一般称之为第一代办公自动化系统。

2. 流程型办公自动化系统

流程型办公自动化系统是办公自动化系统发展的第二阶段。

这一阶段的办公自动化系统从最初的关注个体、以办公文件/档案管理为核心的文件型办公自动化系统,转变为注重工作流的流程型办公自动化系统,它以工作流为中心,实现了公文流转、流程审批、文档管理、制度管理、会议管理、车辆管理、新闻发布等众多实用的功能。这种方式彻底改变了早期办公自动化的不足之处,以 E-mail、文档数据库管理、目录服务、群组协同工作等技术作支撑。包含了众多的实用功能和模块,它以网络为基础,实现了对人、对事、对文档、对会议的自动化管理。一般称之为第二代办公自动化系统。

3. 知识型办公自动化系统

知识型办公自动化系统是办公自动化系统发展的第三阶段。

在这一阶段,主要是以"知识管理"为思想、以"协同"为工作方式、以"门户"为技术手段,整合组织内的信息和资源发展出来的办公自动化系统,即我们通常所说的"知识型办公自动化系统",即以知识管理为核心的办公自动化系统,一般称之为第三代办公自动化系统。

第三代办公自动化系统的显著特点是信息、资源共享,实时通信以及与短信平台的完美结合。

三、办公自动化系统的主要设备和应用

[想一想]
办公自动化系统有哪些必要的设备?都可以作为哪些用途?

(一)主要设备

OAS的设备可分硬件和软件两类。

1. 硬件

其主要设备如下:

(1)计算机。

(2)网络及其附件。

(3)程控电话交换机(目前已经成为大型、综合OAS的关键设备之一)。

(4)传真和扫描仪设备。

(5)图像处理设备(包括扫描仪器设备、多媒体设备、高清晰度大屏幕终端等)。

(6)语音处理设备(包括电话、语音转换设备、语音邮件系统、电话会议系统等)。

(7)其他各类自动化的办公设备。

2. 软件

OAS的软件体系采取层次结构,分为系统软件、支撑软件和应用软件三类。

(二)应用

OAS的主要应用有数据处理、文档管理、通信、音视频处理、日程管理和辅助决策等六个方面。

1. 数据处理

日常办公信息的管理,业务统计数据的处理和部分数据的定量化分析处理等。

2. 文档管理

各种数据、报表、文件、档案数据的存储、查询和管理,各类公文的准备、起草、汇报、下达、审批、批转等等。

3. 通信

通过计算机技术、网络技术、卫星、微波等通信技术,将办公室的各类信息(包括语音、图像、文字、数据等)传送到办公室业务所涉及的各个地点。

4. 音视频处理

语音输入、电话/电视会议、音/像监控、音/像数据的存储和通信等。

5. 日程管理

自动编排办公业务、工作计划、准备工作文件、记录工作情况等。

6. 辅助决策

提供决策者所需要的数据或文档数据查询,提供现代化的高质量的通信系统,以扩大决策者获取各类音像、数据和文档数据的能力,使其各种上报、下达、审批、批转工作不受物理位置和决策者所处环境的限制。

四、管理信息系统(MIS)

1. MIS

MIS 是 Management Information System 的缩写,中文译为"管理信息系统",是一个由人、计算机及其他外围设备等组成的能进行信息的收集、传递、存储、加工、维护和使用的系统。它是一门新兴的科学,其主要任务是最大限度地利用现代计算机及网络通讯技术加强企业的信息管理,通过对企业拥有的人力、物力、财力、设备、技术等资源的调查了解,建立正确的数据,加工处理并编制成各种信息资料及时提供给管理人员,以便进行正确的决策,不断提高企业的管理水平和经济效益。

[想一想]
1. MIS 和 DSS 有什么关系?
2. 数据库、模型库、方法库以及知识库之间有何异同点?

2. DSS

决策支持系统(Decision Support System,简称 DSS)是一个交互式的计算机系统,它利用数据库、模型库和方法库以及很好的人机会话部件和图形部件,帮助决策者进行半结构化或非结构化决策的所有过程。它是管理信息系统(MIS)向更高一级发展而产生的先进信息管理系统。它为决策者提供分析问题、建立模型、模拟决策过程和方案的环境,调用各种信息资源和分析工具,帮助决策者提高决策水平和质量。

3. 数据库

数据库是依照某种数据模型组织起来并存放二级存储器中的数据集合。这种数据集合具有如下特点:尽可能不重复,以最优方式为某个特定组织的多种应用服务,其数据结构独立于使用它的应用程序,对数据的增、删、改和检索由统一软件进行管理和控制。从发展的历史看,数据库是数据管理的高级阶段,它是由文件管理系统发展起来的。

4. 模型库

所谓模型就是以某种形式对一个系统的本质属性的描述,以揭示系统的功能、行为及其变化规律。模型库是提供模型存储和表示模式的计算机系统。在这个系统中,还包含一个以上适当的存储模式进行模型提取、访问、更新和合成等操作的软件系统,这个软件系统称之为"模型管理系统"。

5. 方法库

方法库类似于数据库,是指一个软件系统,方法库由方法程序库和方法字典组成。方法程序库是存储方法模块的工具,由各种通用性和灵活性都比较强的,可用来构成各种数学模型的算法程序组成(如图 3-2)。

方法库字典是存放与方法本身有关的信息(方法的类别、功能、使用范围、调用形式、方法的参数形式等),用来完成方法程序登录,提供学习程序所必需的信

[做一做]
比较办公自动化系统的各个层次,理解各个层次间的区别与联系。

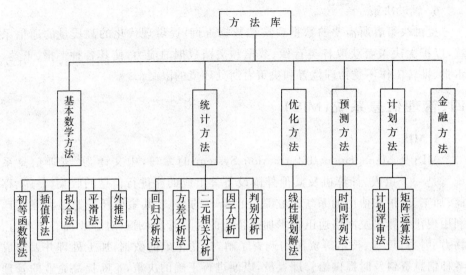

图 3-2　方法库中的方法模块

息,便于建立方法库与数据库之间的衔接等。

6. 知识库

知识库(Knowledge Base)是知识工程中结构化,易操作,易利用,全面有组织的知识集群,是针对某一(或某些)领域问题求解的需要,采用某种(或若干)知识表示方式在计算机存储器中存储、组织、管理和使用的互相联系的知识片集合。这些知识片包括与领域相关的理论知识、事实数据,由专家经验得到的启发式知识,如某领域内有关的定义、定理和运算法则以及常识性知识等。

五、办公自动化系统的层次和功能

1. 层次

按照目前信息处理技术能达到的功能,办公信息系统一般可分为三个层次,分别是事务处理级系统、信息管理级系统和决策支持级系统。

(1)事务处理级办公系统

主要处理文字处理、表格处理、收发文件、电子邮件、文档管理、财务管理等日常例行性的、最基本的办公事务,因此一般称为基本的办公自动化系统,它处于办公自动化系统的最低层。

(2)信息管理级办公系统

处于事务处理级办公系统之上,构成第二个层次。它以较大型的综合性的数据库系统作为其结构的主体,以实现事务管理和信息管理等功能。信息管理级办公系统要有事务处理级 OAS 的支持,它们的功能是向上兼容的,亦即信息管理级OAS 一般应包含事务处理级 OAS 的功能,两者之间通过通信技术保持联系。

(3)决策支持级办公系统

决策支持级办公系统在整个功能齐全的办公自动化系统中处于最高的层次,它建立在信息管理级办公系统的基础上,也就是它必须使用由全局性数据库系统提供的有关信息,针对各种决策问题,运用经构造或选用的决策数学模型,结合有关内部和外部的信息作为条件,由计算机执行决策程序作出决策。

在这三个层次办公功能的关系中,决策支持功能依赖于信息管理级办公系统提供的信息,而信息管理层也依赖于事务处理级对数据信息的采集、处理、筛选,最后提供作为全局性使用的数据信息。因此,这三项功能是自上向下,并向下兼容的。

2. 功能

按照办公自动化系统的功能层次,其系统的构成也有三种模式:

(1)事务型办公系统

事务型办公系统应由单机或多机组成,完成基本办公事务处理和机关行政事务处理两部分的工作。主要应具有如下功能:文字处理、日程安排、文件库管理、行文处理、邮件处理、文档资料处理、编辑排版、电子报表和其他数据处理。对具有通信功能的多机事务处理型办公系统,应能担负起电视会议、联机检索和图形、图像、声音等处理的任务。

(2)管理型办公系统

管理型办公系统包括各种办公事务处理活动的办公系统与支持管理控制活动的管理信息系统相结合的办公系统。管理型办公系统除应具备事务型办公系统的全部功能外,还应增加管理信息系统(Management Information System 缩写为 MIS)功能。它应具备各种较完善的信息数据库和具有通信功能的多机网络组成,能对大量的各类信息综合管理,实现数据信息、设备资源共享。

(3)决策型办公系统

决策型办公系统应是上述系统的再结合,应能综合事务型和管理型的全部功能,以事务处理、信息管理为基础,增强决策支持系统(Decision Support System 缩写为 DSS),应能担负起辅助决策的任务,并具有专家系统和人工智能组成的决策功能。

3. 区别

三种办公系统的主要区别为:

(1)处理问题不同

事务型主要解决非结构化的一类管理问题,管理型系统主要解决结构化的一类管理问题,决策型主要解决半结构化的管理问题。

(2)适用范围不同

事务型主要适用于事务处理类型的办公室业务问题;管理型主要适用于数据处理,定量化分析类的日常处理问题;决策型系统主要适用于高层管理决策或战略规划问题。

(3)处理方法不同

事务型系统是一个以提供自动化的办公设备和环境为主的技术系统;管理型、决策型强调各种管理决策模型和定量化分析方法的程序实现,是一个以软件为主的系统。

[试一试]

用办公软件进行一些简单的文档管理。

(4)开发系统的指导思想不同

事务型强调技术上的先进性、实用性;管理型、决策型强调运用科学的方法论,强调管理模式、处理过程、计算方法的一致性、客观性和科学性。

(5)信息处理方式不同

事务型系统强调信息的分布、分散处理;管理型、决策型强调信息的集中或系统管理。

(6)使用人员不同

事务型系统适用于文秘人员使用;管理型主要是生产经营和管理人员使用;决策型适用于决策者使用。

【实践训练】

课目:熟悉办公自动化系统

(一)目的

学会常用的一些办公自动化系统的操作,掌握各种硬件和软件设备。

(二)要求

在进行办公自动化系统使用操作时,要认真按照指导教师的要求去做,基本掌握如何使用办公自动化系统。

(三)步骤

(1)数据处理

用办公软件进行数据处理、文档管理等一系列简单的操作。

(2)通信传输

通过计算机技术,将办公室的语音、图像等信息传送到其他地点。

(3)日程管理

编排办公业务、工作计划、准备工作文件、记录工作情况等。

(四)注意事项

注意多看、多思考、多提问,仔细观察各种设备的特点和功能。

(五)课目讨论

讨论办公自动化系统的各种功能、特点,以及应用。

第四节　建筑设备自动化系统(BAS)

一、建筑设备自动化系统

1. 概念

建筑设备自动化系统(Building Automation System 缩写为 BAS),也可称为

楼宇自动化系统,是一个综合系统。它将建筑物或建筑群内的电力、照明、空调、给水排水、防灾、保安、车库管理等设备或系统,以集中监视、控制和管理为目的构成综合系统,从而创造出一个有适宜的温度、湿度、亮度和空气清新的工作或生活环境,满足用户节能、高效、舒适、安全、便利和实用的要求。

2. 功能

建筑设备自动化系统的基本功能如下:

[想一想]
　建筑设备自动化系统都有哪些功能?

(1)自动监视并控制各种机电设备的起、停,显示或打印当前运转状态。

(2)自动检测、显示、打印各种机电设备的运行参数及其变化趋势或历史数据。

(3)根据外界条件、环境因素、负载变化情况自动调节各种设备,使之始终运行于最佳状态。

(4)监测并及时处理各种意外、突发事件。

(5)实现对大楼内各种机电设备的统一管理、协调控制。

(6)对水、电、气等的计量收费、实现能源管理自动化。

(7)设备管理,包括设备档案、设备运行报表和设备维修管理等。

二、自动控制

1. 传感器

传感器是一种检测装置,能感受到被测量的信息,并能将检测感受到的信息,按一定规律变换成为电信号或其他所需形式的信息输出,以满足信息的传输、处理、存储、显示、记录和控制等要求,它是实现自动检测和自动控制的首要环节。

建筑设备自动化系统中常用的传感器为:温度传感器、湿度传感器、压力或压差传感器、流量传感器等。

2. PID

PID(Proportional Integral Derivative)即比例－积分－微分,是自动控制系统中一种闭环控制方法。

PID 控制器(比例－积分－微分控制器)是由比例单元、积分单元和微分单元组成的控制器,主要适用于基本线性和动态特性不随时间变化的系统。PID控制器是在工业控制应用中里常见的反馈回路部件。这个控制器把收集到的数据和一个参考值进行比较,然后把这个差别用于计算新的输入值,这个新的输入值的目的是可以让系统的数据达到或者保持在参考值范围之内。和其他简单的控制运算不同,PID 控制器可以根据历史数据和差别的出现率来调整输入值,这样可以使系统更加准确,更加稳定。

3. DDC

直接数字控制系统(Direct Digital Control,简称 DDC),计算机通过模拟量输入通道(AI)和开关量输入通道(DI)采集实时数据,然后按照一定的规律进行计算,最后发出控制信号,并通过模拟量输出通道(AO)和开关量输出通道(DO)

直接控制生产过程。因此 DDC 系统是一个闭环控制系统,是计算机在工业生产过程中最普遍的一种应用方式。DDC 系统中的计算机直接承担控制任务,因而要求实时性好、可靠性高和适应性强。

[做一做]

列举出建筑设备自动化系统的各子系统,并比较各自的功能特点。

DDC(Direct Digital Control)直接数字化控制,是一项构造简单,操作容易的控制设备,它可借由接口转接设备随负荷变化作系统控制,如空调冷水循环系统、空调箱变频自动风量调整及冷却水塔散热风扇的变频操控等,可以让空调系统更有效率的运转,这样,不仅为物业管理带来很大的经济效益,而且还可使系统在较佳的工况下运行,从而延长设备的使用寿命以及达到提供舒适的空调环境和节能之目的。

三、建筑设备自动化系统的子系统

组成建筑设备自动化系统的主要子系统有供配电系统、照明系统、给水排水系统、暖通与空调系统、电梯系统、保安系统、消防系统和物业管理系统等。

1. 供配电系统

供配电系统是智能建筑的能源系统,供配电监控系统也称为电力供应监控系统,是保证建筑物供电系统安全可靠运行、合理调配用电负荷、有效进行电力节能、使建筑内各系统正常工作的充要条件。供配电监控系统的主要功能是检测建筑供配电设备和备用发电机组的工作状态及供配电质量。

2. 照明系统

照明监控系统是 BAS 的子系统之一,它既对照明配电柜(箱)中的开关设备实行控制,也要保证与上位机的通信,并接受其管理控制。照明监控系统的任务主要有两个方面:一方面是为了保证建筑物内各区域的照度及视觉环境而对灯光进行控制,称为环境照度控制;另一方面是以节能为目的对照明设备进行的控制,简称照明节能控制。

照明监控系统主要监控智能建筑的以下设备:

(1)根据季节的变化,按时间程序对不同区域的照明设备分别进行启/停控制。

(2)正常照明出现故障时,事故照明立即自行投入运行。

(3)发生火灾时,按事件控制程序关闭有关的照明设备,并接通应急照明。

(4)安保系统报警时,接通相应区域的电气照明。

(5)完成节能照明、艺术照明等控制。

3. 给水排水系统

给水排水监控系统是智能建筑中的一个重要系统,它的主要功能是通过计算机控制及时调整系统中水泵的运行台数,以达到供水量和需水量、来水量和排水量之间的平衡,实现泵房的最佳运行,进行低能耗的最优化控制。

BAS 给排水监控对象主要是水池、水箱的水位和各类水泵的工作状态。例如:水泵的启/停状态、水泵的故障报警以及水箱高低水位的报警等,这些信号可以用文字及图形显示、记录和打印。

给水系统的主要设备有:地下储水池、楼层水箱、地面水箱、生活给水泵、气压装置和消防给水泵等。

4. 暖通与空调系统

智能建筑要能够给使用者提供良好的工作环境,就要求室内温度适宜、湿度恰当、空气洁净。暖通空调监控系统(Heating Ventilate Air Conditioning 缩写为 HVAC)就是为提供良好的工作环境,并对大厦大量暖通空调设备进行全面管理而实施监测和控制的系统。

空调系统应能根据被控区域的实际情况,对相关参数适时地进行自动调节。调节过程就是在保持调节参数为给定值的条件下恢复流入量和流出量平衡的过程。空调系统是由若干空气处理设备组成的,这些设备的工作能力是按负荷计算确定的,在使用时,随着负荷的变动,被调参数发生变化,与设定值产生偏差。自动控制的任务就是当被调参数偏离给定值时,依据偏差自动调节诸如加热器、冷却器、加湿器,淋水室及风量调节设备等的实际输出量,使其与负荷状态相匹配,以满足对被调参数(温度、相对湿度及空气静压等)的要求。而对于上述各设备的控制,最终是通过对风门或汽(水)阀以及开关等调节机构的控制来实现的。

暖通监控系统主要包括对热水锅炉房、换热站以及供热网等的监控。

5. 电梯系统

在智能建筑内,电梯和自动扶梯的作用是举足轻重的。建筑设备自动化系统中对电梯和自动扶梯的监控功能主要有:

(1)监视功能

电梯及自动扶梯的运行状态,电梯紧急情况状态报警。

(2)管理功能

管理电梯在高、低峰时间的运行,累积电梯的运行时间,进行维修。

(3)控制功能

当出现火警时,在备用电源自动切换投入运行 5min 内,将客梯分几次全部降落到底层,并自动切除除消防梯外的其他电梯电源。

作为 BAS 的一个分站,电梯升降控制器的主要功能为:

(1)控制并扫描电梯升降层的信号,并将其传送到中央控制站。

(2)检测各台电梯的运行状态。

(3)进行故障检测及报警:包括厅门、厢门的故障检测与报警;轿厢上下限超限故障报警以及钢绳轮超速故障报警等。

(4)对各台电梯进行开/停控制,实现电梯群控。任一层乘客呼梯时,离其最近的同向运行电梯率先应答,缩短乘客等待时间、实现运行节能;自动检测电梯运行状态、控制电梯组运行台数。

(5)火警发生时,在消防控制信号作用下,电梯升降控制器将所有的电梯降至底层,并将消防电梯转入消防运行状态,切断其余电梯供电电源。

课目：了解建筑设备自动化各子系统

（一）目的

能够基本掌握建筑设备自动化各子系统的特点、功能等。

（二）要求

在对各个子系统进行操作的时候，注意观察自动监控是如何发生作用的。

（三）步骤

（1）供配电、照明系统

观察供配电和照明系统的功能，如何进行自动监控。

（2）给、排水系统及暖通空调系统

通过实地操作观察，思考如何进行自动监控。

（3）电梯系统

通过使用电梯，对电梯的功能、特点等了解清楚。

（四）注意事项

注意操作的时候，要在教师的指导下进行，不能擅自去操作；同时，要注意联系书上的理论部分进行比较学习，加深理解。

（五）课目讨论

讨论一下，建筑设备自动化系统各子系统的作用，以及在整个智能建筑中所起的作用。

第五节　火灾报警及消防联动自动化系统(FAS)

一、火灾报警及消防联动自动化系统简介

火灾自动报警系统是由触发器件、火灾警报装置以及具有其他辅助功能的装置组成的火灾报警系统。它能够在火灾初期，将燃烧产生的烟雾、热量和光辐射等物理量，通过感温、感烟和感光等火灾探测器变成电信号，传输到火灾报警控制器，并同时显示出火灾发生的部位，记录火灾发生的时间。一般火灾自动报警系统和自动喷水灭火系统、室内消火栓系统、防排烟系统、通风系统、空调系统、防火门、防火卷帘、挡烟垂壁等相关设备联动，自动或手动发出指令，启动相应的防火灭火装置。

火灾报警及消防联动自动化系统(FAS)也称火灾自动报警与自动灭火系统，是通过安装在现场的各种火灾探测器进行监控的，一旦发生火灾警情产生报警并联动相应的灭火、疏散、广播等设备，达到预防火灾的目的。

二、火灾探测器

1. 概念

火灾探测器一般由敏感元件/传感器、处理单元和判断及指示电路组成，其中敏感元件/传感器可以对一个或几个火灾参量起监视作用，作出有效响应，然后经过电子或机械方式进行处理，并转化为电信号，由火灾探测器对处理后的信号直接作判断报警后再传输给火灾报警控制器的为开关量报警信号，此类探测器为开关量探测器；处理后的信号以模拟值形式传输给火灾报警控制器的为模拟量信号，此类探测器为模拟量探测器；而内置 CPU 的探测器自己本身即可作出火灾判定，其内置有火灾试验数据，并同时报警控制器完成信息交换，此类探测器为分布智能型探测器。

[想一想]

1. FAS 的过程是如何实现的？

2. 火灾探测器有哪几种类型？

2. 类型

(1)感烟火灾探测器

感烟火灾探测器用以探测火灾初期燃烧所产生的气溶胶或烟粒子浓度。感烟火灾探测器分为离子型、光电型、电容式或半导体型等类型。

(2)感温火灾探测器

感温火灾探测器响应异常温度、温升速率和温差等火灾信号。包括：

① 定温型

环境温度达到或超过预定值时响应。

② 温差型

环境温升速率超过预定值时响应。

③ 差定温型

兼有差温、定温两种功能。

(3)感光火灾探测器

感光火灾探测器主要对火焰辐射出的红外、紫外、可见光予以响应，故又称火焰探测器，常用的有红外火焰型和紫外火焰型两种。

(4)可燃气体火灾探测器

可燃气体火灾探测器主要用于易燃、易爆场所中探测可燃气体的浓度。可燃气体火灾探测器目前主要用于宾馆厨房或燃料气储备间、汽车库、压气机站、过滤车间、溶剂库、炼油厂、燃油电厂等存在可燃气体的场所。

(5)复合火灾探测器

复合火灾探测器可响应两种或两种以上火灾参数，主要有感温感烟型、感光感烟型、感光感温型等。

三、火灾报警控制器

1. 概念

火灾报警控制器担负着为火灾探测器提供稳定的工作电源；监视探测器及系统自身的工作状态；接受、转换、处理火灾探测器输出的报警信号；进行声光报警;指示报警的具体部位及时间;同时执行相应辅助控制等任务,是火灾报警系统中的核心组成部分。

2. 分类

火灾报警控制器按其用途不同,可分为区域火灾报警控制器、集中火灾报警控制器和通用火灾报警控制器三种基本类型。

(1)区域火灾报警控制器

区域火灾报警控制器的主要特点是控制器直接连接火灾探测器,处理各种报警信号,是组成自动报警系统最常用的设备之一。

(2)集中火灾报警控制器

集中火灾报警控制器的主要特点是一般不与火灾探测器相连,而与区域火灾报警控制器相连,处理区域级火灾报警控制器送来信号,常使用在较大型系统中。

(3)通用火灾报警控制器

通用火灾报警控制器的主要特点是它兼有区域、集中两级火灾报警控制器的双重特点。通过设置或修改某些参数(可以是硬件或者是软件方面)即可作区域级使用,连接探测器;又可作集中级使用,连接区域火灾报警控制器。

[想一想]

消防联动控制中有哪些相关要求?

近年来,随着火灾探测报警技术的发展和模拟量、总线制、智能化火灾探测报警系统的逐渐应用,在许多场合,火灾报警控制器已不再分为区域、集中和通用三种类型,而统称为火灾报警控制器。

四、消防联动控制

1. 概念

火灾自动报警系统中,接收火灾报警控制器发出的火灾报警信号,按预设逻辑完成各项消防功能的控制系统。通常由消防联动控制器、模块、气体灭火控制器、消防电气控制装置、消防设备应急电源、消防应急广播设备、消防电话、传输设备、消防控制室图形显示装置、消防电动装置、消火栓按钮等全部或部分设备组成。

2. 对消防联动设备的联动控制要求

火灾发生时,火灾报警控制器发出警报信息,消防联动控制器根据火灾信息管理部联动关系,输出联动信号,启动有关消防设备实施灭火。

(1)消防联动控制应包括控制消防水泵的启、停,且应显示启泵按钮的位置和消防水泵的工作与故障状态。消火栓设有消火栓按钮时,其电气装置的工作部位也应显示消防水泵的工作状态(即设置消防水泵的工作指示灯)。

(2)消防联动控制应包括控制喷水和水喷雾灭火系统的启、停,且应显示消防水泵的工作与故障状态和水流指示器、报警阀、安全信号阀的工作状态。此外,对水池、水箱的水位也应进行显示监测;为防止检修信号阀被关闭,应采用带电气信号的控制信号阀监控其状态。

(3)消防联动控制的其他控制及显示功能,应执行《消防联动控制系统》

（GB16806—2006）等现行国家有关标准及规范的具体规定。

［看一看］

在实验室里，看看老师是通过何种方式来触发火灾自动报警装置的。

消防联动必须在"自动"和"手动"状态下均能实现。在自动情况下，智能建筑中的火灾自动报警系统按照预先编制的联动逻辑关系，在火灾报警后，输出自动控制指令，启动相关设备动作。手动情况下，应能进行手动操作，完成对应控制。

【实践训练】

课目：熟悉火灾探测器和火灾报警控制器

（一）目的

了解各种火灾探测器的工作原理，以及火灾报警控制器的分类。

（二）要求

认真观察各种火灾探测器的工作原理，以及火灾报警控制器如何发出警报和一些辅助控制。

（三）步骤

(1)感烟、感光、感温等探测器的触发

使用烟雾、红外光、加热等方式来触发探测器工作，理解探测器的工作原理。

(2)火灾报警控制器的控制

通过触发探测器工作，观察火灾报警控制器的一系列控制反应。

（四）注意事项

注意要用心去观察，发现其中微妙的差别，学会和课本上的理论知识联系起来理解。

（五）项目讨论

讨论各种探测器工作原理的异同点，以及火灾报警控制器是如何做出相应反应的。

第六节　安全防范自动化系统(SAS)

一、安全防范自动化系统简介

在安全技术防范系统中，是以入侵报警子系统为核心，以电视监控子系统的图像复核及通信和指挥子系统的声音复核为补充，以监控中心值班人员和巡逻保安力量为基础，以其他子系统为辅助，各子系统之间既独立工作又相互配合，从而形成一个全方位、多层次、立体的，点、线、面、空间防范相组合的有机防控体系。

安全防范系统是以保障安全为目的而建立起来的技术防范系统。它包括以现代物理和电子技术及时发现侵入破坏行为,产生声光报警阻吓罪犯,实录事发现场图像和声音以提供破案凭证,以及提醒值班人员采取适当的物理防范措施。

安全防范系统按应用重点主要是下述三个方面:出入口控制系统、防盗报警系统、电视监控系统。

二、出入口控制系统

1. 概述

出入口控制系统又称门禁系统,其功能是控制人员的出入,还能控制人员在防范区域内的活动。在防范区域内,必须使用各类卡片、密码或通过生物识别技术经控制装置识别确认,才能通过。停车场管理系统实际上也属于出入口控制系统。

[想一想]

常见有哪些识别系统?分别用在哪些场所?

2. 识别系统

(1)生物特征识别系统

生物特征识别系统是采用生物测定(统计)学方法,通过拾取目标人员的某种身体或行为特征,提取信息。

常见的生物特征识别系统主要有指纹识别、掌型识别、眼底纹识别、面部识别、语音特征识别、签字识别等。

(2)人员编码识别系统

人员编码识别系统即通过编码识别(输入)装置获取目标人员的个人编码信息的一种识别系统。编码识别(由目标自己记忆或携带)系统如普通编码键盘、乱序编码键盘、条码卡识别、磁条卡识别、接触式 IC 卡识别和非接触式 IC 卡识别等,最常见的就是通行证、工号牌等。

(3)物品特征识别系统

物品特征识别系统通过辨识目标物品的物理、化学等特性,形成特征信息,从而对物品进行识别。如金属物品识别、磁性物质识别、爆炸物质识别、放射性物质识别、特殊化学物质识别等。

(4)物品编码识别系统

物品编码识别系统是通过编码识别装置,提取附着在目标物品上的编码载体所含的编码信息,它有1件物品1码及1类物品1码两种方式。常见的有应用于超市、图书馆、大型书店等的防盗标签识别系统等。

三、防盗报警系统

1. 概述

防盗报警系统是通过安装在防护现场的各种入侵探测器对所保护的区域进行人员活动的探测(入侵),一旦发现有入侵行为将产生报警信息,以达到防盗的目的。

入侵报警系统由探测部分(各类探测器)、信道、控制器和报警中心组成,包括前端设备、传输设备和控制/显示/处理/记录设备。

2. 入侵探测器

入侵探测器是安防报警系统的输入部分,用来探测入侵者的移动或其他动作的电子及机械部件所组成的装置,通常由传感器(Sensor)、信号处理器和输出接口组成。

(1)主动红外入侵探测器

主动红外入侵探测器一般由单独的发射机和接收机组成,发射机和接收机分置安装,发射机发射的红外辐射光谱在可见光光谱之外,经过光束聚焦,在收发器之间形成红外光束,入侵者经过时,必然全部或部分遮挡红外光束,接收机检测到红外光束产生变化就产生报警信号。

(2)被动红外入侵探测器

被动红外入侵探测器采用热释电红外探测元件,利用移动目标(如人、畜、车)自身辐射的红外线来探测移动目标。只要物体的温度高于绝对零度,就会不停地向四周辐射红外线,当入侵者在探测范围内移动,引起探测器接收到的红外辐射电平发生变化,探测器就能产生报警。

(3)微波入侵探测器

微波入侵探测器常常被称为雷达报警器,因此它实际上是一种多普勒雷达,是应用多普勒原理,辐射一定频率的电磁波,覆盖一定范围,并能探测到在该范围内移动的人体而产生报警信号的装置。

(4)机电入侵探测器

机电入侵探测器是最简单的入侵探测器,由围绕保护区域的闭合电路所组成,一旦入侵者进入该区域,即会破坏电路而触发报警。其优点是工作原理简单,电路元件很少,因此可靠性相对较高。只要安装与维护得当,再备份加装隐蔽开关,可以有较好的保安性能,它可作为较高级报警系统的后备系统。常用的机电入侵探测器有:金属箔探测器、门窗开关(磁控开关)、玻璃破碎探测器、振动探测器。

四、电视监控系统

1. 概述

电视监控系统是以图像监视为手段,对现场图像进行实时监视与录像。监视监控系统可以让保安人员直观地掌握现场情况,并能够通过录像回放进行分析。早期电视监控系统是应用电视系统的重要组成部分,也是安防系统的重要组成部分。当前电视监控系统已经与防盗报警系统有机地结合到一起,形成一个更为可靠的监控系统。

闭路电视监控(CCTV)系统主要由前端、后端和传输三大部分构成。

(1)前端设备

前端设备主要负责信号的采集,主要设备有摄像机、镜头、防护罩、球形一体化机、解码器、支架等。

(2)后端设备

后端设备的作用是对前端已采集到的信号进行处理。它主要包括视频信号的切换、显示和记录等主要功能。设备主要包括：控制键盘、电视墙、矩阵控制主机、控制台、录像机和数字式硬盘录像机等。

(3)传输介质

传输 CCTV 视频信号一般以基带频率的形式传输，最常用的传输介质是同轴电缆。

2. 传输方式

[想一想]
闭路监控有哪几种视频传输方式？都适用于什么场所？

闭路监控的视频信号近距离传输时，一般采用同轴电缆作介质，传输距离较远时，可采用光纤传输、射频传输、电话线传输等多种传输系统。

(1)光纤传输

当监控系统的图像信号需要进行长距离传输或需避免强电磁场干扰时，可采用传输光调制信号的光缆传输方式。当有防雷要求时，需要采用无金属光缆。

光纤是能使光以最小的衰减从一端传到另一端的透明玻璃或塑料纤维，光纤的最大特性是抗电子噪声干扰；信号衰减小；传输距离远。

(2)射频传输

在不宜布线的场所，可采用近距离的无线传输方式。无线视频传输由发射机和接收机组成，每组发射机和接收机具有相同的频率，可以传输彩色和黑白视频信号，并可有声音传输通道。无线传输的设备体积小巧，重量轻，一般采用直流供电。

(3)电话线传输

利用现有的电话线路也可以进行长距离视频传输。目前，有线电话线路已分布到各个地区，构成了便捷的传输网络。利用现有的电话传输网络，在发送端及监控端分别加上发射机和接收机，通过调制解调器与电话线路相连，即构成了电话线传输系统。但由于电话线路带宽较小，加之视频图像数据量很大，因而传输到终端的图像连续性差，分辨率越高，帧与帧之间的间隔越长。

【实践训练】

课目：熟悉门禁系统的各种识别系统

(一)目的

了解门禁系统的各种识别系统的工作原理，熟悉各种识别系统的特点。

(二)要求

观察各种识别系统的特点，多思考、多提问，必要的时候要记笔记。

(三)步骤

(1)通过密码识别系统

用设定的密码来通过密码识别系统。

（2）通过生物识别系统

用设定好的指纹、掌型、眼底纹、语音、签字等来通过生物识别系统。

（3）通过人员编码识别系统

用员工通行证、工号牌、IC卡等来通过识别系统。

（四）注意事项

注意观察各种识别系统的工作原理，都分别通过何种特征来进行识别。

（五）课目讨论

讨论一下，各种识别系统的特点，以及各适用什么样的场所。

第七节　综合布线系统(GCS)

一、综合布线系统简介

1. 概述

综合布线系统(Generic Cabling System 缩写为 GCS)是建筑物或建筑群内部之间的信息传输网络。它能使建筑物或建筑群内部的语音及数据通信设备、信息交换设备、建筑物物业管理及建筑物自动化管理设备等系统之间彼此相连，也能使建筑物内通信网络设备与外部的通信网络相连。

[问一问]
　综合布线系统有什么特点？

综合布线系统是智能化建筑中的神经系统，是智能化建筑的关键部分和基础设施之一，是衡量智能化建筑的智能化程度的重要标志，它能使智能化建筑充分发挥职能化效能，并且能适应今后智能化建筑和各种科学技术的发展需要。

2. 特点

综合布线系统是目前国内外推广使用的比较先进的综合布线方式，具有以下特点：

（1）综合性、兼容性好

传统的专业布线方式需要使用不同的电缆、电线、接续设备和其他器材，技术性能差别极大，难以互相通用，彼此不能兼容。综合布线系统具有综合所有系统和互相兼容的特点，采用光缆或高质量的布线部件和连接硬件，能满足不同生产厂家终端设备传输信号的需要。

（2）灵活性、适应性强

采用传统的专业布线系统时，如需改变终端设备的位置和数量，必须敷设新的缆线和安装新的设备，且在施工中有可能发生传送信号中断或质量下降，增加工程投资和施工时间，因此，传统的专业布线系统的灵活性和适应性较差。在综合布线系统中，任何信息点都能连接不同类型的终端设备，当设备数量和位置发生变化时，只需采用简单的插接工序，实用方便，其灵活性和适应性都强，且节省工程投资。

(3)便于今后扩建和维护管理

综合布线系统的网络结构一般采用星型结构,各条线路自成独立系统,在改建或扩建时互相不影响。综合布线系统的所有布线部件采用积木式的标准件和模块化设计。因此,部件容易更换,便于排除障碍,且采用集中管理方式,有利于分析、检查、测试和维修,节约维护费用和提高工作效率。

(4)技术经济合理

综合布线系统各个部分都采用高质量材料和标准化部件,并按照标准施工和严格检测,保证系统技术性能优良可靠,满足目前和今后通信需要,且在维护管理中减少维修工作,节省管理费用。采用综合布线系统虽然初次投资较多,但从总体上看是符合技术先进、经济合理的要求的。

[想一想]
GCS 由哪几个子系统组成? 各有何作用?

二、系统组成

GCS 由 6 个独立的子系统组成,分别是:工作区子系统(Work Area Subsystem)、水平子系统(Horizontal Subsystem)、干线子系统(Backbone)、设备间子系统(Equipment Room Subsystem)、管理子系统(Administration Subsystem)和建筑群子系统(Campus Subsystem)。

1. 工作区子系统

工作区子系统(Work Area Subsystem)是指从设备出线到信息插座的整个区域,即一个独立的需要设置终端的区域划分为一个工作区。

工作区子系统从信息插座延伸至终端设备,由终端设备连接到信息插座之间的设备组成,包括信息插座、插座盒(或面板)、连接软线、适配器等。

2. 水平子系统(配线子系统)

配线子系统(Horizontal Subsystem)由信息插座、配线电缆或光缆、配线设备和跳线等组成,国外称之为水平子系统。

目的是实现信息插座和管理子系统(跳线架)间的连接,将用户工作区引至管理子系统,并为用户提供一个符合国际标准,满足语音及高速数据传输要求的信息点出口。该子系统由一个工作区的信息插座开始,经水平布置到管理区的内侧配线架的线缆所组成。系统中常用的传输介质是 4 对 UTP(非屏蔽双绞线),它能支持大多数现代通信设备。如果需要某些宽带应用时,可以采用光缆。信息出口采用插孔为 ISDN8 芯(RJ45)的标准插口,每个信息插座都可灵活地运用,并根据实际应用要求随意更改用途。

3. 干线子系统(垂直子系统)

干线子系统(Backbone)由配线设备、干线电缆或光缆、跳线等组成,国外称之为垂直子系统。

目的是实现计算机设备、程控交换机(PBX)、控制中心与各管理子系统间的连接,是建筑物干线电缆的路由。该子系统通常是两个单元之间,特别是在位于中央点的公共系统设备处提供多个线路设施。系统由建筑物内所有的垂直干线多对数电缆及相关支撑硬件组成,以提供设备间总配线架与干线接线间楼层配线架之间的干线路由,常用介质是大对数双绞线电缆和光缆。

4. 设备间子系统

设备间(Equipment Room)是安装各种设备的房间,对综合布线而言,主要是安装配线设备。

本子系统主要是由设备间中的电缆、连接器和有关的支撑硬件组成,作用是将计算机、PBX、摄像头、监视器等弱电设备互连起来并连接到主配线架上。设备包括计算机系统、网络集线器(Hub)、网络交换机(Switch)、程控交换机(PBX)、音响输出设备、闭路电视控制装置和报警控制中心等。

5. 管理子系统

管理子系统(Administration Subsystem)由楼层配线架组成,包括双绞线跳线架、跳线(有快接式跳线和简易跳线之分),是干线子系统和水平子系统的桥梁,同时又可为同层组网提供条件。干线电缆与各楼层水平布线子系统相连接,布线系统的灵活性和优势主要体现在管理子系统上,当终端设备位置或局域网的结构变化时,只要在管理子系统中改变跳线方式即可解决,而不需要重新布线。

6. 建筑群子系统

建筑群子系统(Campus Subsystem)由配线设备、建筑物之间的干线电缆或光缆、跳线等组成。该子系统将一个建筑物的电缆延伸到建筑群的另外一些建筑物中的通信设备和装置上,是结构化布线系统的一部分,支持提供楼群之间通信所需的硬件。它由电缆、光缆和入楼处的过流过压电气保护设备等相关硬件组成,常用介质是光缆。

三、传输介质

1. 双绞线

双绞线(Twisted-Pair)是目前最普通的传输介质,它由两条相互绝缘的铜线绞合组成。

把两根绝缘的铜导线按一定绞距互相绞在一起,每一根导线在传输电流时产生的电磁波会被另一根线上发出的电磁波在一定程度上削弱,从而降低当电流通过导线时,因为电磁感应在邻近线对中产生的干扰信号。双绞线正是利用了这一原理来降低电磁波的干扰,也使线对之间的综合串扰得到有效控制,"双绞线"的名字也因此而来。

双绞线按其外层是否包缠有金属层,可分为非屏蔽双绞线(Unshielded Twisted-Pair 缩写为 UTP)和屏蔽双绞线(Shielded Twisted-Pair 缩写为 STP)两大类。屏蔽双绞线电缆的外层由铝铂包裹,以减小辐射,但并不能完全消除辐射,屏蔽双绞线价格相对较高,安装时要比非屏蔽双绞线电缆困难。

非屏蔽双绞线电缆具有以下优点:

(1)无屏蔽外套,直径小,节省所占用的空间;

(2)重量轻,易弯曲,易安装;

(3)将串扰减至最小或加以消除；

(4)具有阻燃性；

(5)具有独立性和灵活性，适用于结构化综合布线。

2. 光纤

光纤的完整名称叫做光导纤维，英文名是 Optic Fiber，也有叫 Optical Fiber 的。光纤的结构和同轴电缆相似，只有没有网状屏蔽层。光纤的中心是传播光的玻璃芯，用纯石英以特别的工艺拉成细丝，直径比头发丝还要细。光纤芯外面包围着一层折射率比纤芯低的玻璃封套，以使光纤保持在封套内。再外面的是一层薄的塑料外套，用来保护封套。光纤通常被扎成束，外面有外壳保护。纤芯通常是由石英玻璃制成的横截面积很小的双层同心圆柱体，它质地脆，易断裂，因此需要外加一保护层。

光纤的优点：

(1)光纤的通频带很宽，理论可达 30 亿兆赫兹；

(2)无中继段长有几十到 100 多千米，铜线只有几百米；

(3)不受电磁场和电磁辐射的影响；

(4)重量轻，体积小，例如，通 2 万 1 千话路的 900 对双绞线，其直径为 3 英寸，重量 8t/kM，而通讯量为其十倍的光缆，直径为 0.5 英寸，重量 450t/kM；

(5)光纤通讯不带电，使用安全可用于易燃，易爆场所；

(6)使用环境温度范围宽；

(7)化学腐蚀，使用寿命长。

光纤的缺点是质地较脆，机械强度低。

[试一试]

试着去判断综合布线系统中各子系统分别属于哪种子系统。

【实践训练】

课目：熟悉综合布线系统的组成子系统

(一)目的

了解综合布线系统的各子系统，并熟悉他们之间的关系。

(二)要求

在观察过程中，要多看、多思考、多提问。

(三)步骤

(1)观察水平子系统和垂直子系统的组成和功能。

(2)观察设备间子系统和管理子系统的组成和功能。

(3)观察工作区子系统和建筑群子系统的组成和功能。

(四)课目讨论

讨论各子系统的特点和之间的相互联系，以及使用的各种传输介质。

第八节　住宅(小区)智能化系统

一、概述

　　智能化住宅小区,就是利用 4C(即计算机、通信与网络、自控、IC 卡)技术,通过有效的传输网络,将多元住处服务与管理、物业管理与安防、住宅智能化系统集成,为住宅小区的服务与管理提供高技术的智能化手段,以期实现快捷高效的超值服务与管理,提供安全舒适的家居环境。

　　一般认为,智能化的住宅小区具有以下功能特征:

　　(1)住宅内部具备综合了安防、防灾措施与生活服务的智能控制器,住宅与小区和社会之间具有高度的信息交互能力。

　　(2)小区内部具备完善的安防措施,全面的公用设施监控管理和信息化的社区服务管理。

　　(3)为小区内住户提供多媒体的多种信息服务。

二、组成

　　住宅小区智能化系统(如图 3-3)主要包括:

[问一问]
　　住宅小区智能化系统是如何组成的?

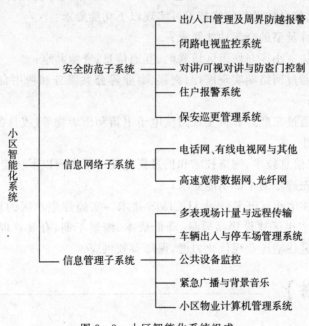

图 3-3　小区智能化系统组成

1. 安全防范系统

　　出入口管理及周界防越报警系统;对讲、可视防盗门控制系统;住户报警呼救系统;保安巡更管理系统。

2. 信息管理子系统

多表远程抄收与 IC 卡管理;主要设备,水、电的监控系统;车辆出入与停车管理;紧急广播与背景音乐。

3. 信息网络子系统

电信网络;有线电视网络。

三、类型

建设部住宅产业现代化办公室根据技术的全面性、先进性把住宅小区智能化分为普及型、先进型、领先型三类。

1. 普及型

应用现代信息技术可实现以下功能要求:

(1)住宅小区有计算机自动化管理中心;

(2)水、电、气、热等自动计量、收费;

(3)住宅小区封闭,实行安全防范系统自动化监控管理;

(4)住宅的火灾、有害气体泄漏等实行自动报警;

(5)住宅设置紧急呼叫系统;

(6)对住宅小区的关键设备、设施实行集中管理,对其运行状态实施远程监控。

2. 先进型

应用现代信息技术和网络技术可实现以下功能要求:

(1)实现普及型的全部功能要求;

(2)实行住宅小区与城市区域联网、互通信息、资源共享;

(3)住户通过网络端实现医疗、文娱、商业等公共服务和费用自动结算(或具备实施条件);

(4)住户通过家庭计算机实现阅读电子书籍和出版物等(或具备实施条件)。

3. 领先型

应用现代信息技术、网络技术和信息集成技术可实现以下功能要求:

(1)实现先进型的全部功能要求;

(2)实现住宅小区开发建设 HICIMS 技术。实施住宅小区的现代信息集成系统,达到住宅小区建设提高质量、降低成本、缩短工期、有效管理、改善环境的目标,增强推进住宅产业现代化力度,保障有效供应。

[试一试]

试着操作智能建筑内的各种设备,了解其中的一些原理。

【实践训练】

课目一:熟悉智能化小区的总体功能

(一)目的

总体上了解智能化小区的功能,以及各种类型。

(二)要求

多看、多想、多提问,尽量做到每个系统都能够进行简单的操作。

(三)步骤

(1)熟悉安全防范系统

对出入口管理及周界防越报警系统以及对讲、可视防盗门控制系统进行简单的操作。

(2)熟悉信息管理子系统

对多表远程抄收与 IC 卡管理以及水、电的监控系统、车辆出入与停车管理系统进行简单的操作。

(3)熟悉信息网络子系统

对电信网络以及有线电视网络进行简单的操作。

(4)了解办公自动化系统

观察办公自动化系统是如何应用在智能化小区里的,其中有何自身的特点。

(5)了解火灾报警及消防联动自动化系统

通过指导老师以及物业管理人员的实地讲解,了解消防系统是如何运行的。

(四)注意事项

注意和前几节所介绍的各个系统进行比较、总结,加深对智能建筑的理解。

(五)课目讨论

讨论智能化小区里的各种系统、设备的功能和特点,以及智能化小区的发展前景。

课目二:智能楼宇实验室内实际操作

(一)目的

实际操作加深对智能建筑各系统的认识。

(二)要求

在操作过程中,要多思考、对比书本上的理论知识,遇到问题及时向老师提问。

(三)步骤

(1)火灾报警及消防联动自动化系统

操作感烟火灾探测器、感温火灾探测器等探测器的报警效果,以及同时触发的消防联动系统。

(2)安全防范系统

操作门禁系统的工作过程,以及电子巡更系统工作原理。

(3)办公自动化系统

通过操作 PC 机、打印机、传真机等设备,加深对办公自动化系的理解。

(4)通讯网络系统

操作局域网的文件管理系统以及交换机的运行,理解通讯自动化系统的便捷。

(四)注意事项

注意在操作的时候要严格按照说明,不可胡乱操作,影响设备性能。

(五)课目讨论

讨论各个自动化系统的特点,领会书本理论和实际操作中的变化。

本章思考与实训

1. 智能建筑与传统建筑区别是什么?智能化小区的发展趋势?
2. 试述通信网络系统的概念及形式。
3. 办公自动化系统分为哪几个层次?
4. 试述建筑设备自动化系统的概念及功能。
5. 火灾报警及消防联动自动化系统是如何联动工作的?
6. 出入口控制系统有哪些识别系统,分别用在哪些场所?
7. 讲一讲综合布线系统在智能建筑中所起的重要作用。
8. 住宅小区智能化系统主要包括哪些子系统?

第四章 通风与空调

【内容要点】

1. 送、排风系统；
2. 防、排烟系统；
3. 除尘系统；
4. 空调风系统；
5. 净化空调系统；
6. 制冷设备系统；
7. 空调水系统。

【知识链接】

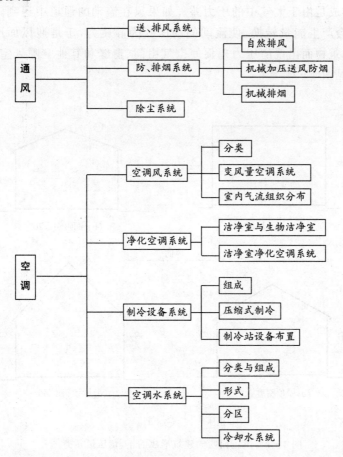

第一节 通风系统

通常把各种生产过程中的有害气体、蒸汽、粉尘、余热、余湿称为工业有害物,它会使室内工作条件恶化,危害生产者健康,影响产品质量,降低劳动生产率。另外,人们日常活动中不断地散热散湿,也会使室内环境变坏,还有其他原因也会对室内环境产生影响。

一、通风系统的分类

通风系统按其动力不同分为自然通风和机械通风;按其作用范围可分为全面通风和局部通风。

(一)自然通风和机械通风

1. 自然通风

自然通风分为有组织通风和无组织通风两类。无组织自然通风是通过门窗缝隙及维护结构不严密处而进行的通风换气方式。有组织自然通风是指依靠风压、热压的作用,通过墙和屋顶上专设的孔口、风道而进行的通风换气方式。

风的形成是由于大气中的压力差。如果风在流动的通道中遇到障碍物,如建筑物,就会产生能量转换,使流动的动压变为静压力,于是迎风面产生正压。由于经过建筑物而出现的压力差促使空气由门、窗缝和其他空隙入室内并从另一侧流出,见图4-1。

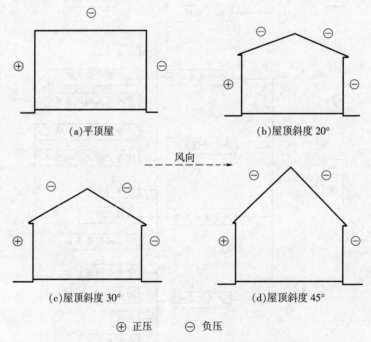

(a)平顶屋   (b)屋顶斜度 20°

风向

(c)屋顶斜度 30°   (d)屋顶斜度 45°

⊕ 正压   ⊖ 负压

图 4-1 风正面吹向建筑形成的正、负压区示意图

热压是由于室内外空气温度不同而形成的重力差。当室内空气温度高于室外或室内热源发热量较大时，室外空气就会由房间的下部开口进入室内，而由上部开口排出，如图 4-2 所示。热压作用下的自然通风，将在后面详细叙述。

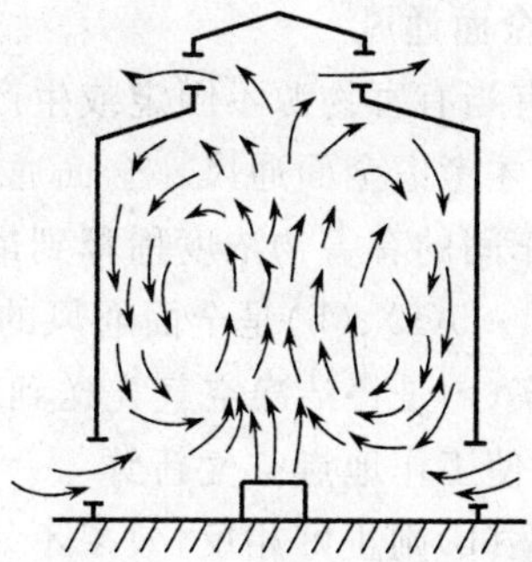

[看一看]

在我们的周围，哪些场合采用了自然通风？哪些又是机械通风？

2. 机械通风

所谓机械通风即依靠通风机造成的压力迫使空气流通，进行室内外空气交换的方式。

图 4-2　热压作用下的自然通风示意图

(二)局部通风和全面通风

1. 局部通风

(1)局部送风系统

图 4-3 为局部送风系统，主要用于高温车间，如果对整个高温车间降温会造成巨大的能量消耗，所以没必要对整个车间进行降量，只需向少数局部工作地点送风。

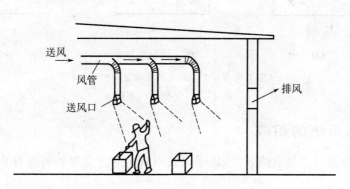

图 4-3　局部送风系统

(2)局部排风系统

在有害物产生的地点直接把它们捕集起来，经过处理排至室外，这种通风方式称为局部排风（如图 4-4）。

因为局部通风方式需要的风量小、效果好。所以，无论是排风还是送风都应优先考虑采用局部通风方式。

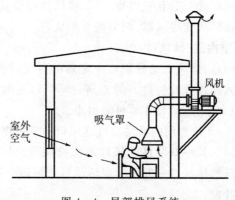

图 4-4　局部排风系统

2. 全面通风

只有当有害物源不固定或生产条件限制不能采用局部通风或局部通风效果不好时,才考虑全面通风。全面通风是对整个车间进行通风换气,即用新鲜空气把整个车间的有害物浓度稀释到最高容许浓度以下,同时排走。

图4-5(a)、(b)是全面通风的两个方案。下面对两个方案进行分析:

方案(a)是将洁净空气先送到工作位置,再将有害物源带走排至室外。这样做,可以使工作地点空气新鲜。

方案(b)则正好相反,效果不好。

由此可见,要使全面通风效果好,不仅需要足够的通风量,而且需要合理的气流组织。

对空气调节工程来说,由于生产工艺和人的舒适性要求,往往要较严格地控制整个室内的空气环境,所以,常在采用全面通风方式的同时在有害物发生处加设局部排风系统(如图4-5(c)所示),把有害物捕集起来、排至室外。

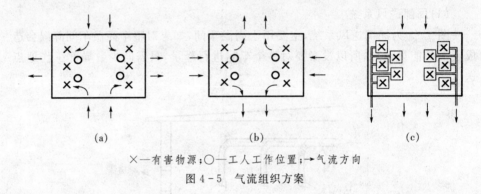

(a)　　　　　　　　　(b)　　　　　　　　　(c)

×—有害物源;○—工人工作位置;→气流方向

图4-5　气流组织方案

二、通风系统的组成

无论是通风还是空调系统,以通风或空调房间为分界均可以分为送风和排风系统。

送风系统一般由室外进风塔、进风口、空气处理设备(如过滤器、空气加热器、表冷器或淋水室、加热器、通风机等)、送风口、调节阀等构件组成。

排风系统一般有室内排风口、排风处理设备(如除尘器、吸收吸附设备、通风机等)、排风塔或排风罩、调节阀等组成。

1. 室内送、排风口

室内送、排风口是分别将一定量的空气,按一定速度送到室内,或由室内把空气吸入排风管的构件。因而送、排风口,一般应具备下列要求:风口风量应能调节;阻力小;风口尺寸尽可能得小。

图4-6是常用的活动百叶送风口。它可以安装在风管上也可安装在墙上作为送风口。其中双层百叶风口不仅可调节出风速度,还可以调节出风方向。非工业建筑的排风口一般用单层活动百叶风口。用于进风塔或室外进风口时可用固定百叶窗。

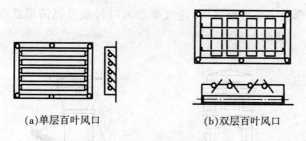

(a)单层百叶风口   (b)双层百叶风口

图4-6 百叶式送风口

图4-7是用于风管上的送风口:图(a)为侧送风口,无调节阀;图(b)为有插板阀的送风口,可调节风量。

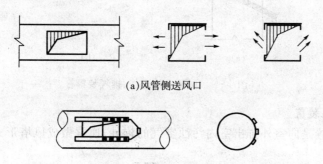

(a)风管侧送风口

(b)插板式送、吸风口

图4-7 两种最简单的送风口

送风口应设置在能使新鲜空气直接送到工人的工作地点或洁净区域;排风口一般设在室内有害物浓度量大地点。

[问一问]

　风口的选用有哪些具体的原则?

2. 进风装置与排风装置

(1)进风装置

进风装置应尽可能设置在空气较洁净的地方。采气口应布置在排气口上风侧。进风系统的采气口与最近的排除污浊空气的排气口相距的水平距离小于20m时,采气口应比排气口至少低6m;采气口与排气口水平距离大于等于20m时,可设在同一水平高度上。

室外空气的进气口距地面不少于2m,进气口须装有百叶窗。送风装置可开设在外墙上或沿外墙做成贴附风道,如图4-8所示。

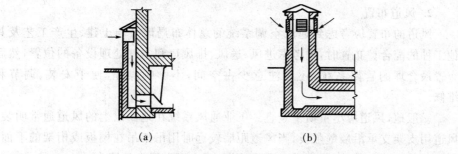

(a)   (b)

图4-8 室外进风装置

在屋顶上部吸入室外空气时,进气装置可以做成竖风筒形式引至屋顶上,高出屋顶1m以上,如图4-9。

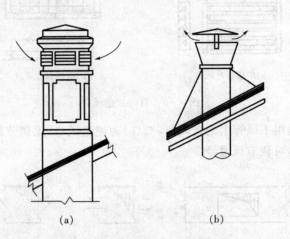

图4-9 屋顶上的进气、排气装置

(2)排风装置

排风装置是向室外排出室内污浊空气的构件,通常做成风塔形式,与进气装置相似。

机械排风系统的排风管道排出口应高出屋脊,直接从设备抽气的排风装置排出无毒气体时为0.5m。民用建筑的自然通风系统中的排风塔或风帽,通常在屋顶上,一般应高于屋脊0.5m。

三、风道

1. 材料

目前我国常用的风道材料有薄钢板、硬聚氯乙烯塑料板、胶合板、纤维板、矿渣石膏板、砖及混凝土等。近年来,逐渐开始使用玻璃钢及铝箔矿棉制品。

一般的通风空调系统多用薄钢板;输送腐蚀性气体的系统用涂刷防腐漆的钢板或硬聚氯乙烯塑料板。需要与建筑结构配合的场合也多用以砖和混凝土等材料制作的风道。体育馆、影剧院等公共建筑和纺织厂的空调工程中,常利用建筑空间组合成通风管道。胶合板、木屑板、纤维板等经过防腐处理后也可做风道材料,具有一定的保温性能。

2. 风道布置

风道的布置应考虑到通风空调系统的总体布局以及与土建、生产工艺及其他工种的配合。布置时,先考虑进风、送风、排风口和空气处理设备的位置,然后布置最合理的管路系统,还应注意少占空间,不影响操作,便于安装、调节和维修。

一般地,风道应尽量横平竖直。工业通风系统在地面以上的风道通常明装,风道用支架支承沿墙壁敷设,当风道距墙较远时用吊架吊在楼板或桁架的下面。民用建筑的竖直风道,通常设置在内墙里,不允许布置在外墙内。

通风系统的送、回风总管在穿越机房或重要的、火灾危险性较大的房间隔墙、楼板处，以及垂直风道与每层水平风管交接处的水平支管上均应设防火阀。风管一般不宜穿过防火墙、沉降缝及伸缩缝等，如必须穿过时应在穿过防火墙处设防火阀；穿过沉降缝、伸缩缝处两侧各设一个防火阀。地下风道应避免与建筑物的基础冲突。

四、自然通风

大气中压力与高度有关，离地面愈高，压力愈小。有一建筑物如图 4-10 所示。在外围护结构的不同高度上有窗孔 a 和 b，两者高差为 h。假设窗孔外的静压分别为 P_a、P_b，窗孔内的静压分别为 P'_a 和 P'_b；室内外空气的温度和密度分别为 t_n、ρ_n 和 t_w、ρ_w。由于 $t_n > t_w$，所以 $\rho_n < \rho_w$，故上部排风，下部进风。

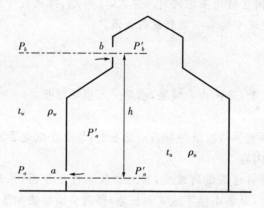

图 4-10 热压作用下的自然通风

作用于窗孔 b 的内外压差 ΔP_b 为：

$$\Delta P_b = P'_b - P_b = (P'_a - g_h \rho_n) - (P_a - g_h \rho_w)$$

$$= (P'_a - P_a) + g_h(\rho_w - \rho_n)$$

$$= \Delta P_a + g_h(\rho_w - \rho_n) P_a \qquad (4-1)$$

式中：ΔP_a，ΔP_b——分别为窗孔 a，b 的内外压差。窗孔 a 进风，$\Delta P_a < 0$；窗孔 b 排风，$\Delta P_b > 0$；

g——重力加速度（m/s^2）。

（4-1）式可改写为

$$\Delta P_a + (-\Delta P_a) = \Delta P_b + |\Delta P_a| = g_h(\rho_w - \rho_n)$$

上式说明，进风窗孔和排风窗孔两侧压差的绝对值之和，即为车间空气流动的重力压头，称为热压。其值为 $g_h(\rho_w - \rho_n)$。

显然形成热压的条件是：①室内、外必须有温差；②窗孔间必须有高差。

[做一做]
　制作矩形与圆形风管的支吊架，并进行支吊架的安装。

课目:识读通风系统的图纸

(一)目的

通过对通风系统施工图的识读,掌握送、排风系统的组成以及工作流程,重点是如何根据建筑物的功能和形状等因素,来选择适宜的通风方式。

(二)要求

独立识读通风系统施工图,具有丰富的空间想象力,看懂图纸中图例、符号的含意,确定在不同区域所采用的通风方式,了解送、排风机的位置和送、排风口的形式以及空气处理室的各个功能段的作用。

(三)步骤

(1)分组

根据班级总人数,可按六人编组,指定一人担任组长。

(2)分发图纸

根据指导老师提供的图纸按每人一份分发,检查图纸是否清晰、完整。

(3)布置实训内容

实训指导教师讲述图纸的组成,并对通风系统平面图,系统图上的内容,识读方法做重点讲解,对各小组下达实训任务,强调实训目的和要求。

(4)识读图纸

本次实训重点是通风系统的送、排风系统的组成和工作原理。在了解整套图纸的组成,按编排顺序识读图纸后,要重点查找出不同层次、不同通风方式的特征。

(5)编写实训报告

通过对图纸的阅读理解,用文字描述通风系统的工程概况,重点阐述该通风系统的组成和工作原理。

(四)注意事项

(1)准备工作

要注意搜集准备相关资料,图纸的设计均以国家相应的规定、规范、标准图集为依据,识读图纸前,要根据设计所提出的相关规范标准去准备相应的资料。

(2)识读方法

① 先熟悉图纸的名称、比例、图号、张数、设计单位等问题;

② 弄清图纸中的方向和该建筑在总平面上的位置;

③ 看图时先看设计说明,明确设计要求;

④ 把平面图、系统图、剖面图对照起来看,看清通风系统各部分之间的关系,根据平面图、系统图所指出的节点图、标准图号,搞清各个局部的构造和尺寸;

⑤ 看图顺序,送风系统有进风口,回风口,空气处理室,送风管道到送风口,排风系统有排风口,排风管道,除尘设备,风机到出风口。

(3)审图

一套图纸中,施工平面图和系统图或设备施工图之间有可能在布置时出现有抵触的地方,因此,在识读时应将自己认为有疑点的问题找出汇总,提交小组讨论,也可在实训报告中阐述自己的观点。

(4)讨论

积极参与小组讨论,各组员要将自己对图纸的阅读理解、疑问、建议等会上提出,让大家共同讨论,必要时,请指导老师参加讨论和指导。

(五)课目讨论

(1)一般民用通风系统图有哪些部分组成?施工平面图包括哪些内容?

(2)本组实训中,该通风系统中有哪些通风方式?

(3)送、排风系统中的送、排风口的设置有哪些具体的要求?

第二节 防、排烟系统

一、建筑火灾烟气的危害及其扩散路线

1. 火灾烟气的危害

火灾烟气会造成严重危害,其危害性主要有毒害性、减光性和恐怖性。火灾烟气的危害性可概括为对人们生理上的危害和心理上的危害两方面,烟气的毒害性和减光性是生理上的危害,而恐怖性则是心理上的危害。

火灾烟气的毒害性具体表现在四个方面:

(1)烟气中含氧量往往低于人们生理正常所需要的数值。当空气中含氧量降低到15%时,人的肌肉活动能力下降;降到10%~14%时,人就四肢无力,智力混乱,辨不清方向;降到6%~10%时,人就会晕倒,从而丧失逃生的能力,最终被火烧死。

(2)烟气中含有各种有毒气体,而且这些气体的含量已超过了人们生理正常所允许的最低浓度,造成人们中毒死亡。

(3)烟气中的悬浮微粒也是有害的。危害最大的是颗粒直径小于$10\mu m$的浮尘。它们用肉眼看不见,能长期飘浮在大气中,短则数小时,长则数年。

(4)火灾烟气具有较高的温度,这对人们也是一个很大的危害。

2. 火灾烟气扩散的路线

火灾产生的高温烟气,其密度比冷空气小,由于浮力作用向上升起,遇到水平楼板顶棚时,改为水平方向继续流动,这就形成了烟气的水平扩散。这时,如果高温烟气的温度降低的话,那么上层将是高温烟气,而下层是常温空气,形成明显分离的两个层面。实际上,烟气在流动扩散过程中,一方面总有

冷空气掺混,另一方面则是受到楼板、顶棚、建筑围护结构的冷却,温度逐渐下降。沿水平方向流动扩散的烟气碰到四周的围护结构时,一般被冷却并向下流动,逐渐冷却的烟气和冷空气流向燃烧区,形成了室内的自然对流,火越烧越旺。

[问一问]

火灾烟气控制的方法有哪些?

当高层建筑发生火灾时,烟气在其内的流动扩散一般有三条路线:

第一条(也是最主要的一条)是:着火房间→走廊→楼梯间→上部各楼层→室外。

第二条是:着火房间走廊→楼梯间→上部各楼层→室外。

第三条是:着火房间→相邻上层房间→室外。

二、自然排烟

1. 自然排烟的意义

自然排烟是在自然力的作用下,使室内外空气对流进行排烟的方式。自然力包括火灾时可燃物燃烧产生的热量使室内空气温度升高而产生的风压、建筑物迎风面产生的正压和背风面产生的背压等。自然排烟方式经济、简单、易操作,可不使用动力及专用设备。

2. 自然排烟的形式

(1)利用可开启外窗的自然排烟形式(如图 4-11 所示)。

(2)利用建筑物阳台或凹廊的自然排烟形式(如图 4-12 所示)。

(3)采用专用排烟竖井和排烟口的自然排烟形式(如图 4-13 所示)。

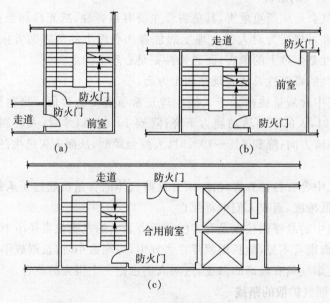

图 4-11　可开启外窗的自然排烟形式

上述第 1 种和第 2 种自然排烟的形式常用于高层建筑中。采用专用排烟竖井和排烟口的自然排烟形式不能在高层建筑的无窗房间、内走道和楼梯间前室、合用前室中采用。其原因是:第一,排烟竖井的截面占有较大的建筑面积,很不经济;第二,排烟竖井上所开的窗、排烟口要有一定防火隔烟作用,同时要能手动灵活打开或与火灾自动报警系统联动打开,功能要求复杂,排烟口技术要求很高,给平时维护保养带来困难;第三,排烟竖井当室内外温差不大时,排烟效果不理想。

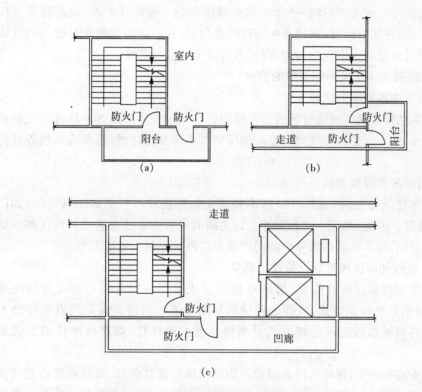

图 4-12　利用阳台或凹廊排烟形式

　　在一般的情况下,地下建筑也不采用专用排烟竖井和排烟口的自然排烟方式进行自然排烟。但如果地下面积较小,构造比较简单,重要性也不大,这时可采用专用竖井排烟(如图4-13所示)。

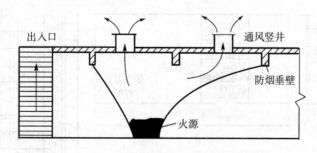

图 4-13　地下建筑利用排烟竖井自然排烟形式

三、机械加压送风防烟

　　机械加压送风防烟就是对建筑物的某些部位送入足够量的新鲜空气,使其维持于高于建筑物其他部位一定的压力,从而使其他部位因着火所产生的火灾烟气或因扩散所侵入的火灾烟气被堵截于加压部位之外。

1. 设置机械加压送风防烟系统的目的

是为了在建筑物发生火灾时,提供不受烟气干扰的疏散路线和避难场所。因此,加压部位在关闭门时,必须与着火楼层保持一定的压力差(该部位空气压力值为相对正压);同时,在打开加压部位的门时,在门洞断面处有足够大的气流速度,以有效地阻止烟气的入侵,保证人员安全疏散与避难。

2. 机械加压送风防烟系统的组成

(1)对加压空间的送风

通常是依靠通风机通过风道分配给加压空间中必要的地方。这种空气必须吸自室外,并不应受到烟气的污染。加压空气不需要作过滤、消毒或加热等任何处理。

(2)加压空间的漏风

任何建筑物空间的围护物,都不可避免地存在着不严密的漏风途径,如门缝、窗缝等。因此,加压空间和相邻空间之间的压力差必然会造成从高压侧到低压侧的漏风,加压空间和相邻空间的严密程度将决定漏风量的大小。

[问一问]

高层建筑中需要加压排烟的部位在哪里设置?

3. 机械加压送风防烟设施设置部位

当防烟楼梯间及其前室、消防电梯前室或合用前室各部位有可开启外窗时,若采用自然排烟方式,可造成楼梯间与前室或合用前室在采用自然排烟方式与采用机械加压送风防烟方式排列组合上的多样化,而这两种排烟方式不能共用。

需要说明的是,带裙房的高层建筑防烟楼梯间及其前室、消防电梯前室或合用前室,当裙房以上部分利用可开启外窗进行自然排烟,裙房部分不具备自然排烟条件时,其前室或合用前室应设置局部正压送风系统(如图 4-14～图 4-16所示)。

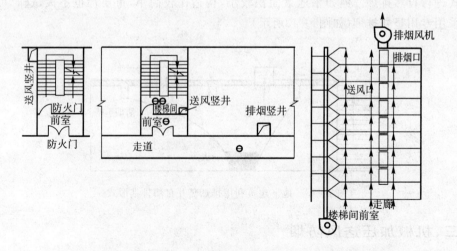

图 4-14　不具备自然排烟的防烟楼梯间及其前室

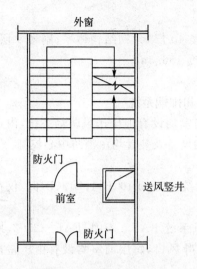

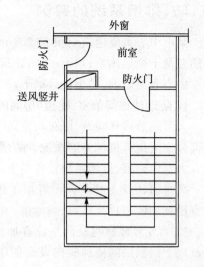

图 4-15　不具备自然排烟的防烟楼梯间 图 4-16　不具备自然排烟的防烟楼梯间
　　　　 及其开启外窗前室 　　　　 及其不靠外窗前室

四、机械排烟

机械排烟的基本原理就是利用排烟风机把发生火灾区域内所产生的高温烟气通过排烟口排至室外。

1. 机械排烟方式和系统组成

(1)机械排烟方式

机械排烟可分为局部排烟和集中排烟两种方式:局部排烟方式是在每个需要排烟的部位设置独立的排烟风机直接进行排烟;集中排烟方式是将建筑物划分为若干个区,在每个区内设置排烟风机,通过排烟风道排烟。

(2)机械排烟系统组成

机械排烟系统是由挡烟壁(活动式或固定式挡烟壁,或挡烟隔墙)、排烟口(或带有排烟阀的排烟口)、防火排烟阀门、排烟道、排烟风机和排烟出口组成。

2. 设置排烟部位的一般要求

(1)设在顶棚上的排烟口,距可燃构件或可燃物的距离不应小于 1m。排烟口平时应关闭,并应设有手动和自动开启装置。

(2)防烟分区内的排烟口距最远点的水平距离不应超过 30m,在排烟支管上应设有当烟气温度超过 280℃时能自行关闭的排烟防火阀。

(3)机械排烟系统中,当任一排烟口或排烟阀开启时,排烟风机应能自行启动。

(4)机械排烟系统与通风空气调节系统宜分开设置,若合用时,必须采取可靠的防火安全措施,并应符合排烟系统要求。

(5)设置机械排烟的地下室,应同时设置送风系统,且送风量宜小于排烟的 50%。

[问一问]
防火阀的设置有哪些原则? 如何进行安装?

五、防、排烟系统的实例

某市中心大厦建筑面积 70 208m²，主楼 40 层，为钢结构体系；副楼 9 层，为钢筋混凝土框架体系；地下一层；建筑总高度 156.3m。

中心大厦防烟、排烟设计如下：

1. 防烟楼梯间前室、走道、房间的防烟和排烟系统

大厦疏散楼梯间及其前室、消防电梯前室均设有加压送风防烟系统，内走道及部分空间设有机械排烟系统。防烟、排烟设备及装置均由消防中心控制。

大厦内防烟、排烟系统设置如下：

(1)1、4、6、7 号楼梯间设有加压送风系统 FAF，B10，B11、B12、B13。仅在地下室设有加压用百叶风口。

(2)2、3 号楼梯间及前室设有加压送风系统 FAF－2701、FAF－2702，地下室及地上偶数层的楼梯间内设有加压用百叶风口，每层前室均设有由压差控制器控制的电动加压风口。

(3)消防电梯前室设有加压送风系统 FAF－2703，每层前室内设有由压差调节器控制的电动加压风口。

(4)地下室至 37 层每层内走廊排烟系统，由 EAF－2701、EAF－2702、EAF－2703 同时工作，每层内走廊设有三个自动、手动排烟阀且在烟气温度达到 280℃时自动关闭。

(5)1～23 层酒店共享空间设有排烟系统 EAF－2705。

(6)15～34 层写字楼及 35 层舞厅合用一个排烟系统 EAF－3702，25 层至 35 层写字楼每层设有两个自动、手动排烟阀；35 层舞厅内亦设有自动、手动排烟口，且在烟气浓度达到 280℃时能自动关闭。

2. 避难层防烟系统

避难层分别如图 4－17、图 4－18 所示。

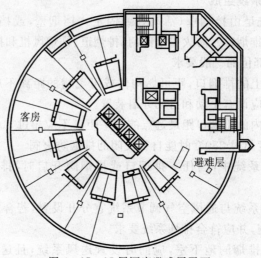

图 4－17　15 层酒店避难层平面

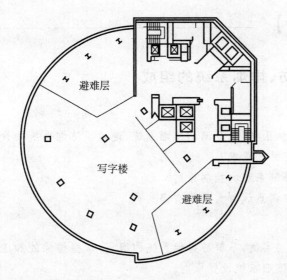

图 4-18　25 层写字楼避难层平面

　　(1) 15 层酒店避难层内设有一套机械送、排风系统 FAF-1501、EAF-1501。

　　(2) 25 层写字楼避难层内设有两套机械送风、排风系统 FAF-2501、EAF-2501 及 FAF-2502、EAF-2502。

3. 专用排烟系统

　　(1) 专用排烟系统 EAF-1301，为银行排烟时使用。

　　(2) 平时排气，发生火灾时转为排烟系统。

4. 防烟、排烟系统控制

　　(1) 所有防烟、排烟风机均设有就地控制装置，且所有排烟风机前均装有当烟气温度达到 280℃ 时自行关闭的防火阀，并与风机连锁。

　　(2) 所有设备（包括防烟、排烟风机、电动风阀、排烟阀、烟气温度达 280℃ 时自行关闭的防火阀等）的动作信号均反馈到控制室。

　　(3) 自动/手动排烟阀（口）均为常闭，且在烟气温度达到 280℃ 时自动关闭。

　　(4) 前室加压送风口，27 层加压风机的电动风阀，均为常闭。

　　(5) 所有排烟风机均为能在烟气温度达 280℃ 时，连续运行 30min 离心式风机或轴流风机。并接有事故应急电源。

5. 通风、空调系统防火措施

　　所有空调系统，通风系统的送风、回风总管，在穿越机房和重要的、火灾危险性较大房间的隔墙、楼板处，以及垂直风管与每层水平风管交接处的水平支管上均应设有防火阀。风管穿过防火墙处应设防火阀；穿过变形缝处，应在两侧设防火阀。防火阀易熔坏的动作温度宜为 70℃，防火阀设有单独支吊架等防止风管变形而影响关闭的措施。

【实践训练】

课目:了解防、排烟系统的组成

(一)目的

(1)楼梯的加压送风、走廊的排烟系统、避难层防烟系统的设置原则,专用排烟系统的设置有哪些要求?

(2)防烟、排烟系统的控制原则?

(3)通风、空调系统防火措施有哪些?

(二)要求

(1)通过一些实例,了解防排烟系统的组成,掌握楼梯的加压送风、走廊的排烟系统、避难层防烟系统设置原则。

(2)了解防排烟系统的工作流程和控制程序,并可以进行一些防排烟系统问题的排查。

(3)为防排烟系统的设计、施工和安装提供了实践经验。

第三节　除尘系统

一、工业建筑的除尘系统

1. 组成

工业建筑的除尘系统是一种捕获和净化生产工艺过程中生产的粉尘的局部机械排风系统,它包括以下几个过程:

(1)用排尘罩捕集工艺过程生产的含尘气体。

(2)捕集的含尘气体在风机的作用下,沿风道输送到除尘设备中。

(3)在除尘设备中将粉尘分离出来。

(4)净化后的气体排至空气中。

(5)收集与处理分离出来的粉尘。

2. 工业建筑除尘系统划分的原则

(1)除尘系统不宜过大,吸尘点不宜过多,通常为5~6个,最多不宜超过20个吸尘点。当吸尘点相距较远时,应分别设置除尘系统。

(2)温湿度不同的含尘气体,当混合后可能导致风管内结露时,应分设除尘系统。

(3)同时工作但粉尘种类不同的扬尘点,当工艺允许不同的粉尘混合回收或粉尘无回收价值时,可合设一个系统。

3. 除尘系统粉尘的收集与处理

为了保障除尘系统的正常运行和防止再次污染环境,应对除尘器收集下来的粉尘妥善处理。其处理原则是减少二次扬尘,保护环境和收回利用,化害为利,变废为宝,提高经济效益。根据生产工艺的条件、粉尘性质、回收利用的价值,以及处理粉尘量等因素,可采用就地回收、集中回收处理和集中废弃等方式。

二、除尘器

(一)重力除尘器

重力除尘器是利用重力使粉尘从空气中分离的,它的结构如图 4-19 所示,是一种简易的除尘方式,又称重力沉降室。

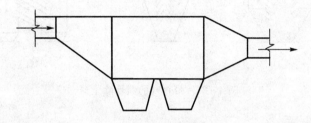

图 4-19　重力除尘器

其工作原理是:当含尘气流进入重力除尘器后,由于断面积突然扩大,使流速下降,在层流或接近层流的状态下运动,其中的尘粒在重力的作用下缓慢地向灰斗沉降。

重力除尘器虽然结构简单,投资省,耗材少,阻力小,但在实际除尘工程中,由于其效率低和占地面积大,很少使用。

(二)惯性除尘器

惯性除尘器是使含尘气流方向急剧变化或挡板、百叶等障碍物碰撞时,利用尘粒自身惯性力从含尘气流中分离的装置。其性能主要取决于特征速度、折转半径与折转角度。

除尘效率低于沉降室,可用于收集大于 $20\mu m$ 粒径的尘粒。其结构形式有气流折转式、重力转折式、百叶板式与组合式几种。图 4-20 所示为前两种形式的除尘器。

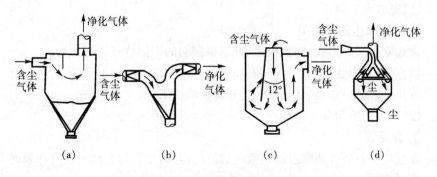

图 4-20　惯性除尘器

图 4-21 所示为带百叶的惯性除尘器，含尘气流进入除尘器后，按百叶的方向折转使粉尘分离，然后气流由排气管排除。提高冲向百叶板的气流速度，可以提高除尘效率。

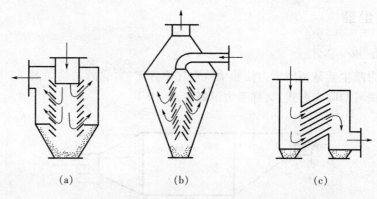

(a)   (b)   (c)

图 4-21 带百叶的惯性除尘器

(三)袋式除尘器

袋式除尘器是一种干式的高效除尘器，它利用多孔的袋状过滤元件的过滤作用进行除尘。由于它具有除尘效率高(对于 $1.0\mu m$ 的粉尘，效率高达 98%～99%)、适应性强、使用灵活、结构简单、工作稳定、便于回收粉尘、维护简单等优点。因此，袋式除尘器在冶金、化学、陶瓷、水泥、食品等不同的工业部门中得到广泛的应用，在各种高效除尘器中，是最有竞争力的一种除尘设备。

1. 袋式除尘器的工作原理

当含尘空气通过滤料时，由于纤维的筛滤、拦截、碰撞、扩散和静电的作用，将粉尘阻留在滤料上，形成初层。同滤料相比，多孔的初层具有更高的除尘效率。因此，袋式除尘器的过滤作用主要是依靠这个初层及以后逐渐堆积起来的粉尘层进行。

如图 4-22 所示，随着集尘层的变厚，滤袋两侧压差变大，使除尘器的阻力损失增大，处理的气体量减小。同时，由于空气通过滤料孔隙的速度加快，使除尘效率下降。因此，除尘器运行一段时间后，应进行清灰，清除掉集尘层，但不破坏初层，以免效率下降。

2. 袋式除尘器的分类

袋式除尘器的形式、种类很多，可以根据它的不同特点进行分类：

(1)按清灰方式分

可分为机械振动类、气流反吹类和脉冲喷吹类。

(2)按过滤方向分

① 外滤式

含尘气体由袋外侧穿过滤料流向滤袋的内部，尘粒附着在滤袋的外表面上。

② 内滤式

含尘气体由袋内侧穿过滤料流向滤袋的外侧，尘粒附着在滤袋的外表面上。

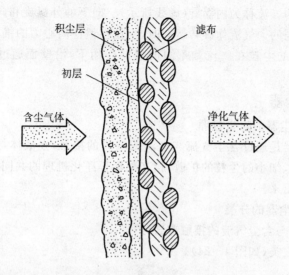

图 4-22　滤料的过滤过程

3. 袋式除尘器的使用

袋式除尘器是一种除尘效率高的干式除尘器,广泛地应用在各工业部门,使用袋式除尘器时应注意以下问题:

(1)处理高温、高湿气体时,为防止水蒸汽在滤袋凝结,应对含尘空气进行加热(用电或蒸汽),并对除尘器保温。

(2)不能用于有爆炸危险的带有火花的烟气。

(3)不适宜黏性强的及吸湿性强的粉尘,特别是烟气温度不能低于露点温度,否则会产生结露,导致滤袋堵塞。

[想一想]
除尘器安装的基本技术要求有哪些?

(四)旋风除尘器

旋风除尘器是利用气流旋转过程中作用在尘粒上的惯性离心力,使尘粒从气流中分离出来的设备。旋风除尘器结构简单,造价低,维修方便,耐高温,可高达 400℃;因此,旋风除尘器在工业通风除尘工程和工业锅炉的消烟除尘中得到了广泛的应用。

旋风除尘器的工作原理如下:

图 4-23 为旋风除尘器的一般形式,含尘气流由切线进口管以较高的速度(15～20m/s)沿切线方向进入除尘器,在圆筒体与排气管之间的圆环内作旋转运动。这股气流受到随后进入的气流的挤压,继续向下旋转,由圆筒体到圆锥体一直延伸到锥体底部。这股沿外壁由上向下作螺旋形旋转的气流称为外涡旋。当其再不能向下旋转时就折线向上,随排气管下面的旋转气流上升,然后又由排气管排出。

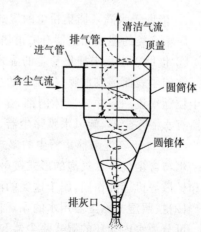

图 4-23　旋风除尘器示意图

这股向上旋转的气流称为内涡旋(虚线所示)。向下的外涡旋和向上的内涡旋的旋转方向是相同的。气流作旋转运动时,尘粒在惯性离心力的推动下,要向外壁移动,到达外壁的尘粒在气流和重力的共同作用下,沿壁面通过排灰口落入灰斗中。

(五)湿式除尘器

1. 湿式除尘器的除尘机理

湿式除尘器是通过含尘气流与液滴或液膜的接触,在液体与粗大的尘粒的相互碰撞、滞留,细小的尘粒的扩散、相互凝聚等净化机理的共同作用下,使尘粒从气流中分离出来。

2. 湿式除尘器的分类

(1)按照水与含尘气流的接触方式分

分为如下三类(如图4-24)。

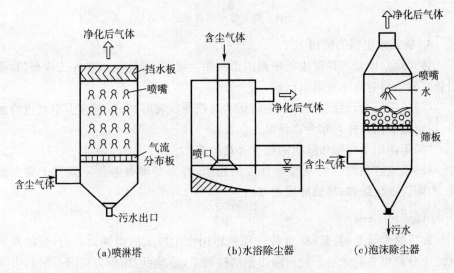

(a)喷淋塔   (b)水浴除尘器   (c)泡沫除尘器

图4-24 几种湿式除尘器示意图

① 借助于水滴来捕集粉尘的湿式除尘器

属于这类的湿式除尘器有喷淋塔等。

② 借助于水膜来捕集粉尘的湿式除尘器

在捕尘表面形成水膜,气流中的尘粒由于惯性离心力作用而撞击到水膜中;或尘粒随气流一起冲入液体内部,尘粒加湿后被液体捕集。属于这类的湿式除尘器有水浴除尘器、旋风水膜除尘器、冲击式除尘器等。

③ 借助于气泡来捕集粉尘的湿式除尘器

水与含尘气体以气泡的形式接触,粉尘在气泡中的沉降主要是由于惯性、重力和扩散等机理的作用,属于这类的湿式除尘养有泡沫除尘器等。

(2)按照湿式除尘器用水的循环情况分

可分为水内循环的湿式除尘器和水外循环的湿式除尘器两种。

3. 湿式除尘器的应用

(1)湿式除尘器适用于净化高温、易燃和易爆的气体。

(2)湿式除尘器可以同时除尘和净化有害气体。

(3)湿式除尘器的洗涤废水要进行处理,否则会造成"二次污染"。

(4)在寒冷地区使用湿式除尘器,要防止冬季结冰。

(六)静电除尘器

利用电力捕集气流中悬浮尘粒的设备称为静电除尘器,它是净化含尘气体最有效的装置之一。

静电除尘器内设置如图所示的高压电场,电晕极接高压直流电源的负极,收尘极接地为正极。通以高压直流电,维持一个静电场。在电场作用下,空气电离,气体电离后的正、负离子吸附在通过电场上的粉尘上,而使粉尘获得电荷。如图4-25所示,由此,我们可以归纳为下述四个过程:

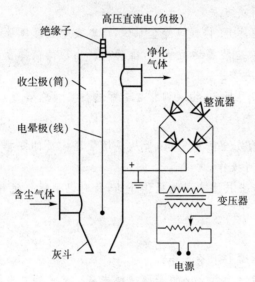

图4-25　静电除尘器基本原理示意图

(1)气体的电离;

(2)悬浮尘粒的荷电;

(3)荷电尘粒像电极运动;

(4)荷电尘粒沉积在电极上。

[想一想]

离心式通风机在砖墙上、砖柱上和钢筋混凝土如何安装?

【实践训练】

课目:离心通风机运行与操作

(一)目的

(1)掌握离心通风机启动与停机程序,熟悉其运行调节的基本方法。

(2)熟悉离心通风机常见故障,具备一定的故障解决能力。

(3)熟悉通风除尘系统的开、停机,试车调整的基本方法。

(4)掌握通风除尘装置以及操作的基本技能。

(二)要求

(1)了解离心式通风机的构造、工作原理和选型,掌握通风机离心式通风机性能参数。

(2)掌握离心式通风机的安装与使用。

(3)了解几种主要除尘器的结构、工作原理,掌握几种主要除尘器的选用。

(三)步骤

(1)进场前的准备工作,由实训指导教师介绍实训内容、目的和要求。

(2)按照操作程序启动、关闭离心通风机,调节离心通风机压力与流量。

(3)观察离心通风机运行状态,分析其机械故障与性能故障。分析故障产生原因,寻求具体的解决方法。

(4)按照操作程序开、停通风除尘系统,调整吸尘点吸风量和管内风速。

(5)分析通风除尘装置运行状况,准确判断出现的故障及原因,依据具体故障寻求其具体的解决方法。

(6)编写参观实习报告,由实训指导老师进行实训总结。

(四)注意事项

(1)要有较高的安全防范意识,听从现场管理人员的安排,务必在技术人员进行安全交底后方可操作。

(2)认真听取专业技术人员的操作介绍,及时记录操作过程中的技术要求和方法。

(五)课目讨论

(1)实训前应做哪些准备工作?

(2)通风机安装时为什么必须采取减振措施? 常见的减振器有几种类型?

(3)除尘器安装的基本技术要求有哪些?

(4)结合实际操作,可以从哪些角度改善除尘系统的除尘效果?

第四节 空调风系统

一、空调风系统的分类

空调风系统是完全由空气来担负房间的冷热负荷的系统,一个全空气空调系统通过输送的冷空气向房间提供显热冷量和潜热冷量,空气的冷却、去湿处理完全集中于空调机房内的空气处理机组来完成,也可在房间内完成。

全空气空调系统根据不同的特征还可以进行如下分类:

1. 按所使用空气的性质分类

(1)全新风系统(又称直流系统)

全部采用室外新风的系统,新风经处理后送入室内,消除室内的冷、热负荷后,再排到室外。

(2)再循环式系统(又称封闭式系统)

全部采用再循环空气的系统,即室内空气经处理后,再送回室内消除室内的冷、热负荷。

(3)回风式系统(又称混合式系统)

采用一部分新风和室内空气(回风)混合的全空气系统,新风与回风混合并经处理后,送入室内消除室内的冷、热负荷。

2. 按空气流量是否变化分类

(1)定风量系统

送风量恒定的全空气系统。

(2)变风量系统

送风量根据室内要求而变化的全空气系统。

3. 按送风参数的数量来分类

(1)单参数系统

内空气处理机组只处理出一种送风参数(温、湿度)的空气,供一个房间或者多个区应用。这种系统也称单风道系统,但应理解为送出一种空气参数的系统,而不是只有一条送风管的系统。

(2)双参数系统

内由空气处理机组处理出两种不同参数(温、湿度)的空气,供多个区或房间应用。有以下两种形式:

① 多区系统

在机房内根据各区的要求按一定比例将两种不同参数的空气混合后,再由风管送到各个区域或房间,该系统中的处理机组采用多区机组。

② 双风管系统

分别送出两种不同参数的空气,在各个房间按一定比例混合后送入室内。

4. 按风道中空气流速来分类

(1)高速空气调节系统

高速空调系统风道中的流速可达 20～30m/s。由于风速大,风道断面可以减少许多,故可用于层高受限,布置管道困难的建筑物中。

(2)低速空气调节系统

低速空调系统中空气流速一般只有 8～12m/s,风道断面较大,需占较大的建筑空间。

二、变风量空调系统

1. 变风量单风道空调系统的特点

图 4-26 是典型的变风量单风道空调系统。其中空气处理机组与定风量空

调节器系统一样,送入每个区或房间的送风量由变风量末端机组(VAV 或称变风量末端装置)控制,每个变风量末端机组可带若干个送风口。当室内负荷变化时,则由变风量末端机组根据室内温度调节送风量,以维持室内温度。

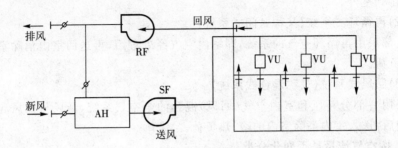

AH:空气处理机组;VU:变风量末端机组

图 4-26　变风量单风道空调系统

变风量系统的一个主要设备是变风量末端机组,有节流型和旁通型两类。节流型是利用节流机构(如风门)调节风量。旁通型是将部分送风旁通到回风顶棚或回风道中,从而减少室内送风量。这样有部分经热、湿处理过的空气随排风被排至室外,浪费了冷、热量。

变风量末端机组按风量调节方式分有两类:

(1)压力有关型

是由恒温控制器直接控制风门的角度,VAV 末端机组的送风量将随系统工程的静压的变化而波动。

(2)压力无关型

VAV 末端机组的风门角度根据风量给定值(有上、下限)来调节,这种 VAV 末端机组需在入口处设风量传感器(如图 4-27 所示)。风量传感器是由两根测压管(全压和静压)组成,可以测流速(即流量)。风量控制器根据实测风量值与风量给定值之差值来控制风门,而恒温控制器根据室内温度的变化设定风量控制器的风量结定值,这时 VAV 末端机组的送风量不会因系统的静压的变化而变化。

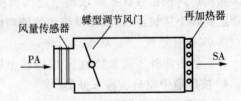

PA:由系统来的一次风;SA:室内送风

图 4-27　再热式变风量末端机组

在部分负荷时,系统内变风量末端机组调节的结果,使整个管道系统的阻力增加,系统的风量减少了,这时管道内的静压将增加,而导致系统漏风增加,还可能使风机处于不稳定状态工作;变风量末端机组还因阀门关得过小而调节失灵;另外过度节流也会导致噪声增加。因此,在 VAV 末端机组调节的同时,还应对系统风机进行调节,使总风量适应变风量末端机组调节所要求的风量,且使管道内的静压维持在一定水平内。

风机风量调节的方法有多种,包括变风机转速,变风机入口导叶角度,风机出口风门调节,风机旁通风量调节等。

2. 末端装置

(1)空气—水诱导器系统

空气—水诱导器系统是空气—水系统中的一种。房间负荷由一次风(通常是新风)与诱导器的盘管共同承担。空气—水诱导器有多种形式,图4-28给出了几种典型的诱导器结构形式。

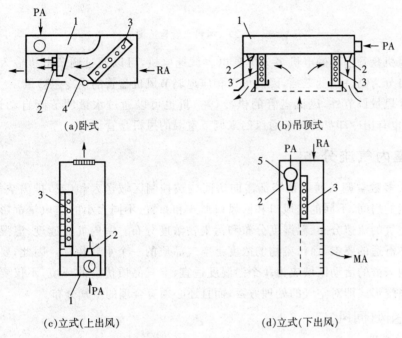

(a)卧式　　　　　　　　(b)吊顶式

(c)立式(上出风)　　　　　(d)立式(下出风)

PA:一次风;RA:室内风(二次风);MA:混合风

图4-28　空气—水诱导器

尽管它们的结构不同,但其工作原理基本上是一样的:经处理的一次风进入诱导器后,经喷嘴高速喷出,诱导器内产生负压,室内空气(二次风)通过盘管被吸入;冷却(或加热)后的二次风与一次风混合,最后送入室内。

[问一问]

何谓风机盘管加新风空调系统? 它有何特点?

卧式诱导器中的旁通风门用于调节通过盘管的风量,卧式诱导器装于顶棚上;

上出风的立式诱导器装在窗台下,一次风的风管和供回水管通常在下层顶棚内;

下送风立式诱导器靠内墙明装;

吊顶式诱导器装在顶棚内,下部与顶棚同高。盘管一般是1排管或2排管的铜管铝翅片结构,盘管冷热共用;也有的冷却盘管与加热盘管分开,适宜于在系统中同时有冷却和加热的情况。

(2)风机盘管

风机盘管机组简称风机盘管,它也是一种末端装置。普通风机盘管的构造如图 4-29 所示,主要有盘管(换热器)和风机组成。

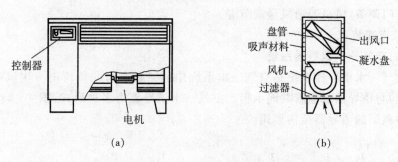

图 4-29 风机盘管构造图

风机盘管内部的电机多为单项电容调速电机,可以通过调节电机输入电压使风量分为高、中、低三挡,因而可以相应地调节风机盘管的供冷(热)量。

除风量调节外,风机盘管的供冷(热)量也可以通过水量调节阀自动调节。此外,也有用冷却盘管的旁通风门来调节室温的风机盘管。

三、室内气流分布

大多数空调与通风系统都需向房间或被控制区域送入和(或)排出空气,不同形状的房间、不同的送风口和回风口形式和布置、不同大小的送风量都影响着室内空气的流速分布、温湿度分布和污染物浓度分布。室内气流速度、温湿度都是人体舒适的要素,而污染物的浓度是空气品质的一个重要指标。因此,要想使房间内人群的活动区域成为一个温湿度适宜、空气品质优良的环境,不仅要有合理的系统形式即对空气的处理方案,而且还必须有合理的空气分布。

(一)送风(回风)口

1. 分类

送风口以安装的位置分,有侧送风口、顶送风口(向下送)、地面风口(向上送)。

按送出气流的流动状况分,有扩散型风口、轴向型风口和孔板送风:扩散型风口具有较大的诱导室内空气的作用,送风温度衰减快,但射程较短;轴向型风口诱导室内气流的作用小,空气温度、速度的衰减慢,射程远;孔板送风口是平板上满布小孔的送风口,速度分布均匀,衰减快。

2. 活动百叶风口

图 4-30 为两种常用的活动百叶风口,通常装于侧墙上用作侧送风口。

(1)双层百叶风口

它有两层可调节角度的活动百叶,短叶片用于调节送风气流的扩散角.也可用于改变气流的方向;而调节长叶片可以使送风气流贴附顶棚或下倾一定角度(当送热风时)。

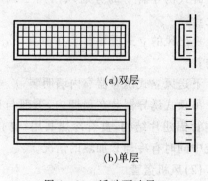

(a)双层

(b)单层

图 4-30 活动百叶风口

(2)单层百叶风口

它只有一层可调节角度的活动百叶。

双层百叶风口中外层叶片或单层百叶风口的叶片可以平行长边也可以平行短边,这由设计者选择。这两种风口也常用作回风口。

3. 喷口

图4-31为用于远程送风的喷口,它属于轴向型风口。送风气流诱导室内风量少,可以送较远的距离,射程(末端速度0.5m/s处)一般可达到10～30m,甚至更远。通常在大空间(如体育馆、候机大厅)中用作侧送风口;送热风时可用作顶送风口。如风口既送冷风又送热风,应选用可调角喷口。

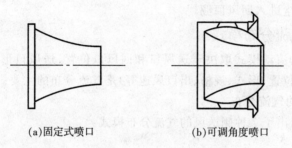

(a)固定式喷口 (b)可调角度喷口

图4-31 送风喷口

4. 散流器

图4-32为三种比较典型的散流器,直接装于顶棚上,是顶送风口。

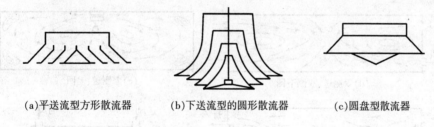

(a)平送流型方形散流器 (b)下送流型的圆形散流器 (c)圆盘型散流器

图4-32 常见的散流器(顶送风口)

(1)平送流型方形散流器

图(a)为平送流型的方形散流器,有多层同心的平行导向叶片,使空气流出后贴附于顶棚流动。这种类型散流器也可以做成矩形。方形或矩形散流界可以是四面出风、三面出风、两面出风和一面出风。

(2)下送流型圆形散流器

下送流型的圆形散流器与方形散流器相类似。平送流型散流器适宜用于送冷风,图(b)是下送流型的圆形散流器。叶片间的竖向间距是可调的,增大叶片间的竖向间距,可以使气流边界与中心线的夹角减小。

(3)圆盘型散流器

图(c)为圆盘型散流器,射流以45°夹角喷出,流型介于平送与下送之间,适宜于送冷、热风。

[谈一谈]

以同学们生活的空间（如餐厅、图书馆等）为例，讨论一下应该如何选择合适的气流组织分布。

5. 回风风口

图 4-33 中示出了两种专用于回风的风口。

(1)格栅式风口

风口内用薄板隔成小方格，流通面积大，外形美观。

(2)可开式百叶回风口

百叶风口可绕铰链转动，便于在风口内装卸过滤器。适宜作顶棚回风的风口，以减少灰尘进入回风顶棚。

(a)格栅式回风口

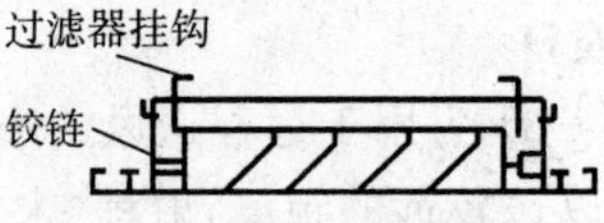

过滤器挂钩

铰链

(b)可开式百叶回风口

图 4-33　回风口

(二)常见的气流分布模式

气流分布的流动模式取决于送风口和回风口位置、送风口形式等因素。其中送风口(它的位置、形式、规格、出口风速等)是气流分布的主要影响因素。

1. 侧送风的气流分布

图 4-34 给出了 7 种侧送风的气流分布模式：

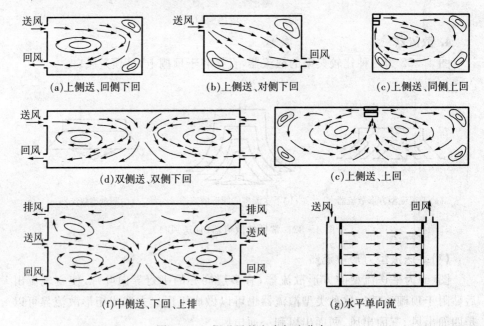

(a)上侧送、回侧下回　　(b)上侧送、对侧下回　　(c)上侧送、同侧上回

(d)双侧送、双侧下回　　(e)上侧送、上回

(f)中侧送、下回、上排　　(g)水平单向流

图 4-34　侧送风的室内气流分布

图(a)上侧送风、同侧下部回风：送风气流贴附于顶棚，工作区处于回流区中。送风与室内空气混合充分，工作区的风速较低，温、湿度比较均匀；适用于恒温恒湿的空调房间。

图(b)为上侧送风、对侧的下部回风：工作区在回流和涡流区中，回风的污染物浓度低于工作区的浓度。

图(c)为上侧送风，同侧上部回风。

图(d)、(e)的模式分别相当于两个(a)、(c)气流分布的并列模式。它们适用于房间宽度大,单侧送风射流达不到对侧墙时的场合。

对于高大厂房,可采用中部侧送风、下部回风、上部排风的气流分布,如图(f)所示。当送冷风时,射流向下弯曲。这种送风方式在工作区的气流分布模式基本上与(d)相类似。房间上部区域温湿度不需要控制,但可进行部分排风,尤其是热车间中,上部排风可以有效排除室内的余热。

水平单向流侧送风如图4-34(g)所示。

2. 顶送风的气流分布

[试一试]

风管保温方法有各种,请任取一种方法现场操作。

顶送风气流分布模式也有多种,如图4-35所示。图(a)为散流器平送,顶棚回风的气流分布模式。散流器底面与顶棚在同一平面上,送出的气流为贴附于顶棚的射流。射流的下侧卷吸室内空气,射流在近墙下降,顶棚上的回风口应远离散流器。其余的(b)、(c)、(d)三种模式如图所示,不再赘述。

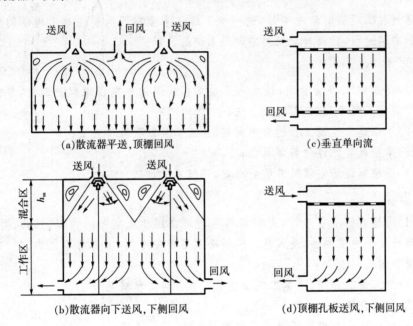

(a)散流器平送,顶棚回风

(c)垂直单向流

(b)散流器向下送风,下侧回风

(d)顶棚孔板送风,下侧回风

图4-35 顶送风的室内气流分布

3. 下部送风的气流分布

下部送风的气流分布模式也有多种,最为常见的为地板送风模式,如图4-36所示。地面需架空,下部空间用作布置送风管,或直接用作送风静压箱,把空气分配到地板送风口。地板送风口可以是旋流风口(有较好的扩散性能),或是格栅式、孔板式的其他风口。送出的气流可以是水平贴附射流或垂直射流。射流卷吸下部的部分空气,在工作区形

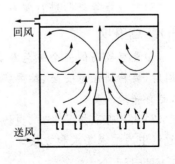

图4-36 地板送风气流分布

成许多小的混合气流。工作区内的人体和热物体(如计算机)周围的空气变热而形成热射流,卷吸周围的空气向上升,污染的热气流通过上部的回风口中排出房间。如果人体和热物体的热射流卷吸所需的空气量小于下部的送风量,则这区域内的气流保持向上流动;当到达一定高度后,卷吸所需的空气量增多而大于下部送风量时,则将卷吸顶棚返回的气流,因此上部就有回流的混合区,如图中虚线以上区域。当混合区在1.8m以上时,将可保持工作区有较高的空气品质。

【实践训练】

课目:参观施工工地的空调风系统

(一)目的

通过施工现场的参观实习,进一步了解和掌握空调风管在施工现场的制作方法和安装过程,提高和加深对空调风系统的认识。

(二)要求

(1)了解施工现场管理,技术人员是如何按照操作规程组织施工的,掌握风管制作的施工程序,施工工艺及方法;

(2)了解通风空调工程的常用材料、加工工具以及操作方法;

(3)掌握风管保温的具体做法;

(4)能根据现场空调风系统的布置,了解其工作流程。

(三)步骤

(1)进场前的准备工作,由实训指导教师介绍参观实习的内容、目的、要求,强调现场安全的重要性,进入施工现场必须要带安全帽,准备好笔记本、笔,有条件可携带相机。

(2)施工情况介绍,请施工现场技术人员介绍工程概况。

(3)组织进场参观。

(4)组织学生与现场技术人员座谈交流。

(5)编写参观实习报告。

(6)实训指导老师进行实习总结。

(四)注意事项

(1)要有较高的安全防范意识。施工现场各工种交叉作业,在保证施工质量的同时,要特别注意安全,参观实习时,听从现场管理人员的安排,不允许嬉戏打闹,要有序地参观。

(2)认真听取指导老师、现场专业技术人员的介绍,及时记录风管在制作、安装过程中的技术要求和方法。

(五)课目讨论

(1)参观实习前应做哪些准备工作?

(2)风管的制作工艺流程和安装工艺分别是什么？

(3)风管穿越屋面、沉降缝、伸缩缝和防火墙等的做法是怎样的？

第五节　净化空调系统

一、洁净室和生物洁净室的基本概念

洁净室指空气中浮游粒子受控制的房间。在这些房间中，把大于或等于某一个或某几个粒径的粒子浓度控制在规定浓度以下。洁净室就是根据所控制粒子的浓度来定洁净等级或称洁净度的。洁净室除了有洁净等级外，还必须对空气的温、湿度和压力进行控制，并同时保证供给一定的新风量。除了室内空气压力（或是正压值）与洁净度有一定联系外，洁净室内的温、湿度和新风量只与室内的工艺、人员要求有关，而与洁净等级并无必然联系。

生物洁净室是指空气中微生物作为主要控制对象的洁净室。对于浮游在空气中的微生物如细菌和病毒等，在空气中难以单独生存，而是以群体存在，大多附着在空气中的尘埃上，形成浮游的生物粒子。

二、实现洁净度要求的通风措施

洁净室要达到洁净等级，必须有综合措施，其中包括工艺布置、建筑平面、建筑构造、建筑装修、人员和物料净化、空气洁净措施、维护管理等。其中空气洁净措施是实现洁净等级的根本保证。就空气洁净而言，主要有以下几项具体措施：

(1)对洁净室的送风必须是有很高洁净度的空气。

(2)根据洁净室的等级，合理选择洁净室的气流分布流型。在工作区应避免涡流区；尽量使送入房间的洁净度高的空气直接到达工作区；气流的流动有利于洁净室内的微粒从回风口择走。

(3)有足够的风量，既为了稀释空气的含尘浓度，又保证有稳定的气流流型。

(4)不同等级的洁净室、洁净室与非洁净区或洁净室与室外之间均应保持一定的正压值。

三、洁净室和生物洁净室的空调系统

1. 洁净室的气流分布

(1)非单向流洁净室

非单向流洁净室，室内的气流并不都按单一方向流动，图4-37为几种典型的非单向流洁净室。这几个非单向流洁净室的共同特点是终端过滤器尽量接近洁净室，它可以就是送风口或直接连送风口，也可以接到房间的送风静压箱上；另一特点是回风口均设在洁净房间的下部，目的是避免出现"扬灰"现象。图(a)是顶棚均布高效过滤器风口，是目前非单向流型洁净室用得比较多的流型。为了使送风气流下部的范围扩大，高效过滤器下装有扩散板。当房间层较高时，采用图(d)形式,即在高效过滤器出口接下送型散流器。图(b)是在房间顶棚的中央设一条孔板,这样会在室内形成一条比较均匀的送风带,工作台可以设在孔板下方;当房间层高很低而无法采用上送风时,可采用侧送风流型,工作区在回风区,如图(c),因此这种流型对洁净室来说不理想,适宜用在洁净等级不高的洁净室中。

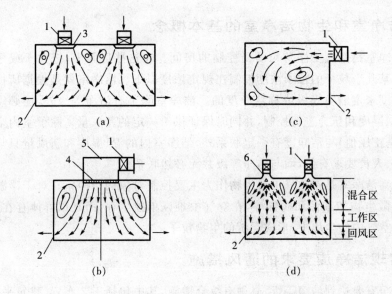

1—高效过滤器;2—回风口;3—扩散风口;4—送风孔板;5—静压箱;6—散流器

图4-37 非单向流洁净室

(2)单向流洁净室

单向流洁净室气流的特征是流线平行,以单一方向流动,并且在横断面上风速一致。图4-38(a)为一垂直单向流洁净室,全顶棚满布高效过滤器,地板为漏空的格栅地板,因此气流在流动过程中的流向、流速几乎不变,也比较均匀,无涡流。图4-38(b)是垂直单向流的一种变型,它用两侧的回风口替代全地板回风,结构上简化了,但在洁净室中部某一高度出现涡流区。图4-38(c)是水平单向流洁净室,在气流的下游尤其是接近回风端处,洁净度下降。

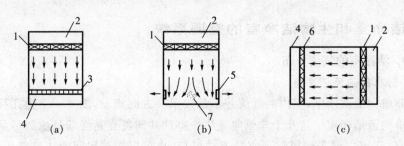

1—高效过滤器;2—送风静压箱;3—格栅地板;4—回风静压箱;
5—回风口;6—回风过滤器;7—涡流三角区

图4-38 单向流洁净室

(3)矢流洁净室

在房间的侧上角送风,采用扇形高效过滤器,也可以用普遍高效过滤器配扇形送风口。

2. 洁净室净化空调系统

一个洁净室除了对洁净度控制外,还必须对温、湿度等进行控制。它的冷却、去湿、赡热、加湿的方法与常规空调系统基本一样。但净化空调系统的风量是根据洁净等级确定,其风量比用冷、热负荷确定的大得多,净化等级愈高,风量愈大。因此,热湿处理只需对新风和一部分回风进行处理即可。根据这个特点,空气净化主系统与热湿处理是两个并联的系统;也可以是一个集中的系统。

(1)洁净罩与空调机的组合系统

洁净罩由风机、中效过滤器和高效过滤器组成,可造成局部垂直单向流,达到 M3.5 级(洁净等级浓度限值),但它自身不带热湿处理设备;而空调机组负担房间的热湿负荷和新风负荷。

(2)集中式净化空调系统

该系统(如图 4-39 所示)的空气热湿处理设备有表冷器、加热器、加湿器,与一般空调系统相类似。回风有一部分经空气处理设备处理,而一部分直接进行再循环。中效过滤器放在风机的出口段,这样在风机负压段可能漏入空气所带的微粒可以被中效过滤器清除。当回风含尘浓度高,或含有大粒灰尘或纤维时,要在回风口设初效或中效过滤器。当一个系统负担多个房间时,各个房间的温度用装在每个房间支风管上的电加热器进行调节,不允许调节风量。

[想一想]

什么叫净化空调? 它与恒温恒湿空调有什么区别?

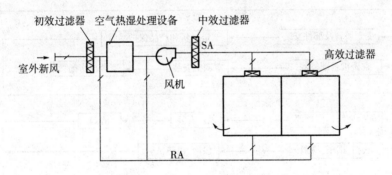

SA:送风;RA:回风

图 4-39　集中式净化空调系统

四、净化空调工程的施工

下面以某一制药行业的净化空调的工程做为实例,讲述其施工顺序、施工组织及其安装工程。

1. 施工顺序的制定

根据制药行业净化工程特点而制定的施工程序原则是"八个先后","六个同时"。"八个先后"是:先清理卫生后净化安装;先上部吊装后中间安装;先隔断后吊顶;先大设备进场后隔断封闭;先净化安装后工艺安装;内装修先上后下、先内后外;洁净室装修完成后进行地面处理;先调整后检测。"六个同时"是:设备组织与工程同时进行;辅配件生产与材料组织同时进行;空调管路安装与工艺管路安装同时进行;净化系统工程与交货空调设备同时进行;净化系统工程各专业同时试运转、同时调整检测;土建收尾工程与净化安装部分同时进行。具体施工中,必须确保上道工序的成品、半成品不受损坏,不同专业间的施工交叉作业必须精诚合作,统一高度指挥。

2. 施工组织工艺流程

如图 4-40 所示。

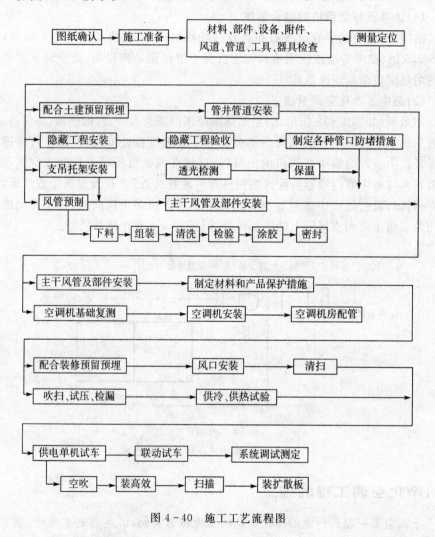

图 4-40　施工工艺流程图

3. 净化空调安装工程

(1)净化空调系统的风管和部件要求表面耐腐蚀、不生锈、不产尘、不积尘,选择优质镀锌板能满足该要求。镀锌板表面不得有明显的氧化层和针孔、麻点、起皮、起泡、镀层脱落现象。

(2)净化风管接缝易漏风、积尘,也不便于清扫。加工中尽可能减少拼缝,不允许横向拼接缝。风管加固框只能在风管外部,绝不能在内部。

(3)净化空调系统风压高,要求密封性好,漏风少。可选择双咬口方式或常用的单咬口、立咬口、转角咬口、联合咬口等,风管咬接口均应涂密封胶或贴密封胶带。此外,风管法兰翻边处最易出现开裂、孔洞,也要涂密封胶,防止漏风。一般被人忽视的法兰铆钉处也易漏风,也要涂密封胶,并且只能用镀锌铆钉或有色金属铆钉,不能使用空心铆钉。

(4)在风管制作安装过程中出现镀锌层破损处和咬口破损处,心须用对镀锌钢板附着力强的底漆、镀黄醇酸类优质涂料涂刷,并在刷漆前清除尘土和油污。安装在空调设备与管道、管道与高效送风口之间的柔软性短管是为了隔振和安装方便,全部使用不产尘、不积尘、不透气并且防火的氯丁玻纤布制作。

(5)净化风管密封性要求高,法兰螺钉孔和铆钉孔的间距应控制在 100mm 以内,并且四角要设螺钉。法兰制作要求直角拼接,不允许采用 45 度角接。焊缝要牢固平直,平面平整,所选用的角钢一定是合格等边角钢,便于钻孔。风管清扫孔及风量、风压测定孔和过滤器前后的测尘、测压孔的数量和位置严格按照规范要求和检测要求布置。

(6)净化风管的制作场地要清洁干净,不能在露天作业。已制作好的风管、静压箱和配件,经过清洗干燥后要及时将两头用塑料膜封好,防止被灰尘污染,并且存放在室内干净处,堆放整齐。配件清洁卫生前要作质量复检,检验国标《通风空调工程质量评定表》进行并作记录。

(7)风管安装使用厚 5mm 的闭孔橡胶法兰垫,不能使用任何黏结剂,安装前要检查法兰是否平整,否则会漏风。安装过程中,由于作业环境灰尘多,原封好的薄膜只能在相连接的同时去掉,待连接的另一端只能到安装下一节时才可去掉,以免灰尘落在已清洗好的风管内。擦拭风管的卫生用具只能用丝光毛巾、尼龙布等,不能使用易掉毛和带纤维的织物,清洗风管及配件不得使用酸、碱性洗涤剂,只能使用三氯乙烯清洗剂或中性工业洗涤剂。

风管的清洗和密封是净化工程施工的两大重点。清洗质量的优劣直接影响洁净效果,影响高效过滤器的使用寿命。清洗对象为镀锌薄钢板表面的浮尘和油脂,其清洗步骤为:咬口前除去钢板表面的浮尘埃,咬口组合成型用三氯乙烯清洗剂或中性工业洗涤剂进行脱脂处理,然后用清水擦洗,白绸布检验,透明塑料薄膜封口处理。

(8)净化风管的保温要在风管进行漏风检验无误后才能进行。保温材料采用聚乙烯板,不得在风管上钻孔。吊架横担要垫以大于等于保温层厚度的绝热木垫块,并做好防腐。保温后不得影响调节阀、防火阀的调节手柄使用以及高效送风口等。风管安装完结后,应逐个检查有无涂层破损处,并对破损处进行修补并清洗干净。

(9)洁净室内高效过滤器的安装是最关键的一道工艺。要等洁净室地面、吊顶、隔断、门窗装饰工程完成,净化空调系统和水、电、气等管线安装完毕,室内全面清理卫生干净后才能进行。安装前,吊顶、隔断、门窗、灯具、明装线管表面及地面都必须要进行清扫、擦拭,用白绸布擦拭检查无污物为合格;空调机房设施及房间擦拭干净;走管线的吊顶要清除杂物和尘土;净化空调系统的风管、阀门、风口及空调器内用白绸布擦拭检查无污为合格;吊顶上的技术夹层要全面清理干净。清除卫生工作是保证一次验收合格的重要手段,我们将用二道卫生措施确保新建厂房干净、不受污染。

(10)高效过滤器的运输、存放也直接影响它的质量,必须保持它箭头所示方向朝上,只有在做好卫生并已调试通风的干净厂房内才可将过滤器的外包装拆开,再次检查并对安装部位做好卫生工作,清洗好密封件、紧固件等部件后再打开包装开始安装。安装时必须对过滤器进行检验,确保符合现行国家标准。

(11)净化空调机组的安装必须注意以下几点:

① 组合式空调机组各部件的清理卫生,外观及品牌检验必须符合要求并做好记录;

② 调平基础平台,垫以橡胶板减振,各功能端连箱要严密;

③ 注意正压段设内开门,负压段设外开门,检查门要密封。

(12)净化空调系统扩散孔板待每个高效过滤器扫描捡漏合格后才可安装,未尽要求参见安装操作规范。

(13)穿越洁净室的所有管道应加以套管,并填表充不燃、不产尘的密封材料封闭,以保证洁净室的密闭性。注意:一是不能在洁净区内使用易产尘的保温材料,二是不能用空心铆钉固定保温装饰屋。

【实践训练】

课目:了解净化空调工程的施工组织的计划

(一)目的

参观一个净化空调工程。做如下工作:

(1)净化空调工程安装的施工组织流程。

(2)净化风管的制作、连接和保温处理等注意事项。

(3)洁净室高效过滤器的安装及运输中的注意事项。

(二)要求

(1)通过实例的学习,了解净化空调工程的施工组织计划。

(2)了解净化空调工程安装的注意事项,尤其是风管和高效过滤器。

(3)本次实训,提供了解决净化空调工程运行不好的方法,即可以从相应的安装注意事项入手进行排查原因。

第六节 制冷设备系统

一、空调冷源

"制冷"就是使自然界的某物体或空间达到低于周围环境的温度并使之维持这个温度。

实现制冷可通过两种途径,一是利用天然冷源,一种是采用人工制冷。天然冷源中有实际应用价值的是深井水和地道风。在我国大部分地区,用深井水喷淋空气都具有一定的降温效果,可用来作舒适性空调用。但是,我国水资源不够丰富,并且由于对地下水的过分开采,导致地下水位明显降低,甚至造成地面沉陷。地道风(包括地下隧道、人防地道以及天然隧洞)也可在夏季用来冷却空气并送入空调房间来达到降温通风的目的。当天然冷源不能满足空调需要时,便需采用人工冷源。人工制冷即采用各种形式的制冷机直接处理空气或制出低温水来处理空气,人工制冷不受任何条件限制,可满足所需要的任何空气环境,工作可靠,调节方便,普遍地被采用。但人工制冷也有造价高、耗电多、运行费用高的缺点。

空调工程中使用的人工制冷方式有压缩式、吸收式和蒸气喷射式三种,其中以压缩式制冷应用最为广泛。

二、压缩式制冷

(一)压缩式制冷的原理

压缩式制冷是由制冷压缩机、冷凝器、膨胀阀和蒸发器等四个主要部件组成,并用管道连接,构成一个封闭的循环系统,如图 4 - 41 所示。制冷剂在制冷系统中经过蒸发、压缩、冷凝和节流等四个热力过程。制冷剂是在制冷装置中进行制冷循环的工作物质,目前在压缩式制冷中常用的有氨和氟利昂。

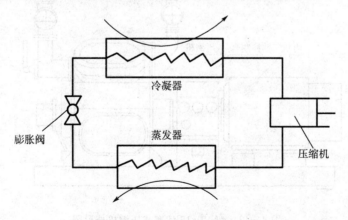

图 4 - 41 压缩式制冷循环原理图

在蒸发器中,低压低温的制冷剂液体吸取其中冷冻水的热量,蒸发成为低压低温的制冷剂蒸气,制冷剂所吸收的热量为该制冷装置的制冷量。

低压低温制冷剂蒸汽被压缩机吸入;并被压缩成高压高温的蒸汽后排入冷凝器。

在冷凝器中,高压高温的制冷剂蒸汽被冷却水冷却,冷凝成高压的液体,进入蒸发器再蒸发制冷。

[问一问]
家用分体式空调是如何实现制冷的?

根据所采用的制冷剂不同,压缩式制冷系统可分为氨制冷系统和氟利昂制冷系统两类。

氨具有良好的热力学性质,价格便宜,但对人体有强烈的刺激作用,并且易燃易爆,对铜及其合金有腐蚀作用。氟利昂的优点是无毒、无气味、无燃烧爆炸危险,对金属不腐蚀;缺点是价格较高,渗透性强并且泄露时不易被发现,且对地球上的臭氧层有破环作用。

民用建筑宜采用氟利昂制冷系统;大型空调制冷宜采用氨系统,而中小型空调制冷一般多采用氟利昂系统。

(二)压缩式制冷系统的组成

压缩式制冷系统除具备上述四个主要部件外,为保证系统正常运行,还配有油分离器、贮液器、过滤器等辅助设备。下面分别予以详细介绍。

1. 制冷压缩机

压缩式制冷机有活塞式、离心式和螺杆式三种。

活塞式制冷压缩机是问世最早的一种机型,其应用最为广泛。图4-42为一压缩机外形图。与离心式和螺杆式压缩机比较,它的主要的优点是:

(1)压力范围广,不随排气量而变,能适应较宽广的冷量要求;特别适用于中小型冷冻站;

(2)热效率较高,单位电耗相对较少;

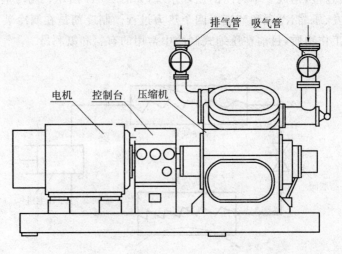

图4-42 4AV—17活塞式压缩机外形图

(3)加工较容易,造价较低廉。

但是由于压缩机中活塞和连杆等的惯性力较大,限制了活塞运动速度和气缸容积的增加,故排气量不能太大,目前制造的活塞式制冷压缩机多为中型和小型。

2. 蒸发器

蒸发器有两种类型,一种是直接用来冷却空气的,称直接蒸发式表面冷却器,这种类型的蒸发器只能用于无毒害的氟利昂系统,直接装在空调机房的空气处理室中。另一种是冷却盐水或普通水用的蒸发器,在这种类型的蒸发器中,氨制冷系统常采用一种水箱式蒸发器,其外壳是一个矩形截面的水箱,内部装有直立管组或螺旋管组。另外还有一种卧式壳管型蒸发器,可用于氨和氟利昂制冷系统。

3. 冷凝器

空调制冷系统中常用的冷凝器有立式壳管式和卧式壳管式两种。这两种冷凝器都是以水作为冷却介质,冷却水通过圆形外壳内的许多钢管或铜管内,制冷剂蒸汽在管外空隙处冷凝。

立式冷凝器用于氨制冷系统,它占地小,可以装在室外,可以在系统运行中清洗水管,对冷却水水质的要求可以放宽一些。缺点是热交换有限,因而耗水量较大,适用于水质较差,水温较高而水量充足的地区。卧式冷凝器在氨和氟利昂制冷系统中均可使用。

4. 膨胀阀

膨胀阀在制冷系统中的作用是:

(1)保证冷凝器与蒸发器之间的压力差。这样可以使蒸发器中的液态制冷剂在要求的低压下蒸发吸热;同时,使冷凝器中的气态制冷剂在给定的高压下放热、冷凝。

(2)供给蒸发器一定数量的液态制冷剂。供液量过少,将使制冷系统的制冷量降低;供液量过多,部分液态制冷剂来不及在蒸发器内汽化,就随同气态制冷剂一起进入压缩机,引起湿压缩,甚至冲缸事故。

(3)常用的膨胀阀有浮球式膨胀阀、热力膨胀阀、手动膨胀阀等。

5. 其他辅助设备

除上述主要设备外,压缩式制冷系统的辅助设备还有:油分离器、贮液器、空气分离器、集油缸等。

目前,以水做冷媒的空调系统,常采用冷水机组做冷源。所谓冷水机组,就是将制冷水的制冷系统的制冷机、附属设备、控制仪器、制冷剂管路等组装成一个整体,安装在同一底座上,可以整机出厂、运输和安装。机组使用时,只要在现场连接电源及冷水的进出水管和冷却水的进出水管即可。冷水机组具有结构紧凑、安装调试和操作方便等优点,得到了广泛的应用。

[想一想]

什么叫中央空调系统?它的子系统有哪些?

根据所用制冷机的不同,有活塞式冷水机组、螺杆式冷水机组、离心式冷水机组等。图 4—43 为 FLZ 系列冷水机组的外形图。

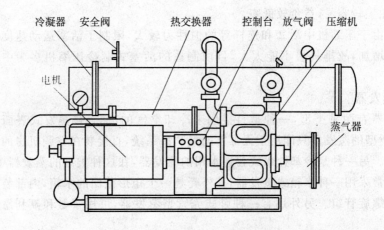

冷凝器　安全阀　　　热交换器　　控制台　放气阀　压缩机

电机

蒸气器

图 4-43　FLZ 系列冷水机组外形图

三、制冷设备的布置及制冷机房的要求

设置制冷设备的房间称为制冷机房或制冷站。小型制冷机房一般附设在主体建筑物内,规模较大的制冷机房,特别是氨制冷机房,则应单独修建。

1. 制冷设备布置

机房内的设备布置应保证操作、检修方便,同时应尽可能使设备布置紧凑,以节省建筑面积。压缩机及辅助设备的布置应符合制冷工艺流程的要求,使连接管路短,便于安装。设备的布置还应考虑维修所需的空间。如装有卧式壳管式蒸发器和冷凝器时,在一端应该留出超出其排管长度的距离,以便于清洗和更换。

2. 制冷机房的要求

单独修建的制冷机房,宜布置在厂区夏季主导风向的下风侧,如在动力站区域内,一般布置在锅炉房、煤气站等的上风侧,以保持制冷机房的清洁。

氨制冷机房不应靠近人员密集的房间或场所,以免发生事故。

制冷站应尽可能设在冷负荷的中心处,力求缩短冷水和冷却水管路。

规模较小的制冷机房可不分隔间,规模较大的,按不同情况可分为机器间、设备间、水泵间、变电间以及维修间、值班室和生活间等。

制冷机房的高度,应根据设备情况确定,对于氟利昂压缩式制冷,不应低于3.6m;对于氨压缩式制冷,不应低于 4.8m。

【实践训练】

课目:钢管、铝管的连接操作训练

[试一试]
家用分体式空调移机时,进行铜管的胀管操作。

（一）目的

通过钢管及铝管翻边、胀口和法兰连接操作训练,熟悉手锤、平板锉、圆锉、钢锯等工具的构造,了解胀管器、微型割管器等机具的操作方法。

(二)要求

了解操作人员是如何正确使用工具和机具,掌握手锤、平板锉、圆锉、钢锯的使用方法,掌握氧—乙炔焰割矩的使用方法。

(三)步骤

1. 实训准备

(1)工具

包括:①手锤 0.25kg、木榔头每人各 1 把。②锉钢材、锉铝材的平板锉 250mm 及圆锉每人各 1 把。③胀管器每人 1 套,翻边模具每人 1 套。④微型割管器每人 1 套。⑤钢锯每人 1 把,钢锯条每人 4 根。

(2)机具

包括:①氧—乙炔焰割炬每 10 人 1 套。②翻边工作台每人 1 位。

(3)材料

包括:①钢管 $\phi10$、$\phi15$ 每人各 0.3m。②铝管 DN15 每人 0.5m。

2. 操作过程

(1)对钢管翻边和胀口部位加热退火。

(2)根据铜管直径和铝管直径确定翻边宽度和胀口深度。

(3)翻边时,用内外模具,在专用工作台上翻边,翻边后用锤子、木榔头整翻边端面,最后用锤子配合黄铜棒平整翻边端面,修整好之后,用子板锉修整翻边圆周。

(4)胀口时,自上面下,逐步胀深、胀大,注意控制深度和保护胀大后部分与未胀部分的接合部位,防止出现急剧转折和刻痕。

(5)用平板锉修整胀管端部和圆周。

3. 操作要点

(1)钢管退火时要掌握好加热温度和加热长度。

(2)翻边时夹持铜管、铝管的部位很重要,管子伸出端面的长度决定了翻边的宽度。过长增加翻边困难,且易开裂。过短会造成废品。

(3)胀管时铜管、铝管的夹持不可过紧,防止夹扁,要注意两个逐步——逐步胀深、逐步胀大,不可操之过急而失败。

(4)锉刀是专用的,锉过钢的锉刀不能用于锉钢和铝,钢、铝分开用锉刀。

(四)注意事项

(1)铜的导热极快,加热铜管时要用夹具夹持铜管,防止烫伤。

(2)退火后的铜管非常软,锤击和夹紧时要特别注意用力要适度,防止造成废品。

(3)胀管和翻边时专用模具的夹持技巧性强,一人操作有困难,应两人配合。

(4)注童防止管口割伤手指。

(5)使用氧—乙炔焰割炬注意操作规程,防止事故发生。

(6)质量检查及评分标准由实习指导教师制定,以下供参考:

① 翻边宽度允许偏差 2mm，超差 1～3mm 扣 5～8 分，超差 3mm 以上扣 10～15分。

② 翻出卷边不平整、光洁。有凹凸、缩颈、斑痕、刮伤、裂纹等缺陷扣 5～20分。

(五)课目讨论

1. 铜管胀管的操作要领有哪些？
2. 氧—乙炔焰割矩的使用方法是什么？
3. 在实训过程中，对哪些操作可有具体的改进方法？

第七节　空调水系统

一、空调水系统的分类与组成

中央空调系统一般主要由制冷压缩机系统、冷媒(冷冻和冷热)循环水系统、冷却循环水系统、盘管风机系统、冷却塔风机系统等组成。

在一座建筑物内可能采用多种空调形式，除了冷剂空调系统外，建筑物的冷负荷和热负荷大多由集中冷、热源设备制备的冷冻水和热水(有时为蒸汽)来承担。空调水系统按其功能分为有冷冻水系统(输送冷量)、热水系统(输送热量)和冷却水系统(排除冷水机组的冷凝热量)。除了冷剂空调系统外，空调水系统是空调建筑中必有的设置。除了在全年中有很多时间需要同时供冷和供热的空调建筑外，在大部分空调建筑中通常冷冻水系统和热水系统用同一管路系统，只需将冷水机组及其水泵和热源(锅炉或热水换热器)及其水泵并联即可。

1. 开式系统和闭式系统

按冷冻水是否与空气接触划分，可分为开式系统和闭式系统。开式系统的水与大气相通，而闭式系统的水除膨胀水箱外不与大气相通。图 4 - 44 是开式冷冻水系统的原理图。开式系统的共同特点是系统中有水容量较大的水箱，因此温度比较稳定，蓄冷能力大。但由于较大的水面与空气相接触，所以系统易腐蚀；当设备高度差很大时，循环水泵还需要消耗较多的提升冷冻水高度所需的能量。

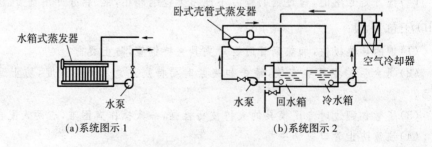

　(a)系统图示 1　　　　　　　　(b)系统图示 2

图 4 - 44　开式冷冻水系统

图 4-45 是闭式冷冻水系统的原理图。系统中所用的蒸发器只能是壳管式蒸发器,这种系统的特点与开式系统相反。系统内的冷冻水基本不与空气相接触,对管路、设备的腐蚀性较小;水容量比开式系统小;系统中水泵只要克服系统的流动阻力。大部分空调建筑中的冷冻水系统都采用闭式系统。当冷源采用蓄冷水池蓄冷时,则采用开式系统,热水系统一般均为闭式系统。

[想一想]
试比较开式系统和闭式系统。

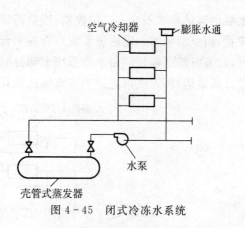

图 4-45　闭式冷冻水系统

2. 定流量和变流量水系统

按系统的循环水流量来划分,可分为定流量系统和变流量系统。定流量系统中的循环水流量保持定值。当负荷变化时,可通过改变风量或者调节表冷器或风机盘管的旁通水流量进行调节。对于多台冷水机组,且一机一泵的定流量系统,当负荷减少相当于一台冷水机组的冷量时,可以停开一台机组和一台水泵,实行分阶段的定流量运行,这样可以节省运输冷量的能耗。变流量系统中供、回水温度保持不变,负荷变化时,可通过改变供水量调节。变流量系统只是指冷源供给用户的水流量随负荷的变化而变化,通过冷水机组的流量是恒定的。

3. 单级泵水系统和双级泵水系统

按水系统中的循环水泵设置情况划分,可分为单级泵水系统和双级泵水系统:

(1)单级泵水系统

只用一组循环水泵(参见图 4-46 和图 4-47),其系统简单、初投资省,但为了保证冷水机组的流量恒定,因此不能充分利用输送管网中的水流量减少(变流量系统)所带来的输送能耗降低的好处。

(2)双级泵水系统

双级泵水系统中把冷冻水系统分为冷冻水制备和冷冻水输送两部分。为了保证通过冷水机组的水量恒定,一般采用一泵对一机的配置方式。与冷水机组对应的泵称为初级泵(也称一次泵),连接所有负荷点的泵称为次级泵(也称二次泵)。

二、空调水系统的形式

1. 单级泵定流量水系统

图 4-46 为单级泵定流量水系统图式。此系统在空调机或风机盘管空调器供水管(或回水管)上设置有温度控制的三通电动阀。有两种调节方法:连续调节和二位控制。连续调节:当负荷降低时,一部分水流量与负荷成比例地流经空调机,以保证供冷量与负荷相适应;另一部分水从三通阀旁通,以保证通过循环

水泵的流量基本不变。二位控制：当负荷降低到某一设定值时，水流量不经末端装置，而全部旁通。定流量系统只有在多台冷水机组时，可实现分阶段定流量运行，以节省输送能耗。由于此系统大部分时间处于低负荷运行状态，而水泵仍按设计流量运行，无法再进一步节省输送能耗，故在大型空调系统中很少使用。

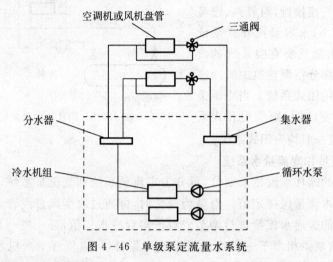

图 4-46　单级泵定流量水系统

2. 单级泵变流量水系统

图 4-47 为单级泵变流量水系统图式，在用户末端装置的供水管（或回水管）上设置电动二通阀。当负荷降低时，二通阀关小（或关闭），是末端装置中冷冻水的流量按比例减小（或为零），从而使被调参数保持在设计值范围内。

[想一想]
　空调水系统的分区，应从哪些因素考虑？

在二通阀的调节过程中，管路的特性曲线将发生变化。因而系统负荷侧（用户）水流量也将发生变化。为保证冷水机组的流量恒定，在系统的供、回水管之间安装旁通管。管上安装压差控制的旁通调节阀。当用户负荷减少、负荷侧流量减少时，供、回水总管之间压差增大，通过压差控制器使旁通阀开大，让部分水旁通，以保证流经冷水机组及相应的循环水泵，以节省系统的运行能耗。此系统目前是我国民用建筑空调中采用最广泛的空调水系统。

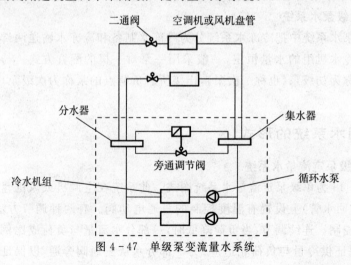

图 4-47　单级泵变流量水系统

三、空调水系统的分区

空调水系统的分区通常有两种方式,即按水系统的承压能力来分区和按空调用户的负荷特性来分区。

1. 按水系统的承压能力分区

目前,高层建筑内的冷冻水系统大都采用闭式系统。这种系统中对管道和设备的承压能力应引起关注。当系统水压超过设备承压能力时,则在高区另设独立的闭式系统。其作法有:

(1)冷、热源布置在塔楼中间技术设备层或避难层内,如图4-48所示。

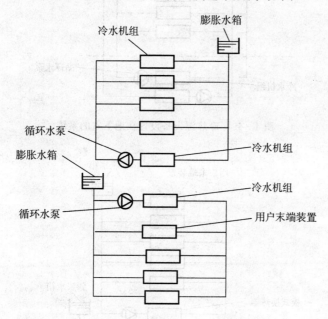

图4-48 冷热源设备设置在技术设备层的系统

(2)冷、热源设备均在地下室,但高区和低区分为两个系统,低区系统用普通型设备,高区系统(如图4-49)用加强型设备。

(3)高低区合用冷、热设备,如图4-50所示。低区采用冷水机组直接供冷。同时在设备层设置板式换热器,作为高、低区水压分界设备,分段承受静水压力。

2. 按空调用户的负荷特性来分区

(1)现代建筑的规模越来越大,其使用功能也越来越复杂,公共服务所占面积的比例很大。而公共服务用房空调系统大都具有间歇使用的特点,因此,在水系统分区时,应考虑建筑物各区的使用功能和使用时间上的差异,将水系统按上述特点进行分区。

(2)空调水系统还应考虑建筑物各部分的朝向和内、外区的差别进行分区。南北朝向的房间由于太阳辐射不一样,在过渡季节时可能会出现南向的房间需要供冷,而北向的房间又可能需要供热。因此,分区时,对建筑物的不同朝向和内、外区应给予充分的注意,根据上述特点进行合理的分区或分环。

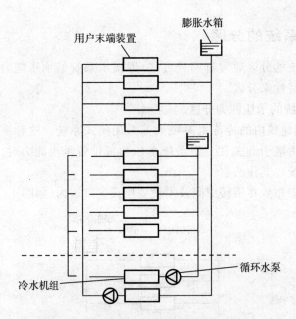

图 4 - 49　冷热源设备设置在地下室的系统

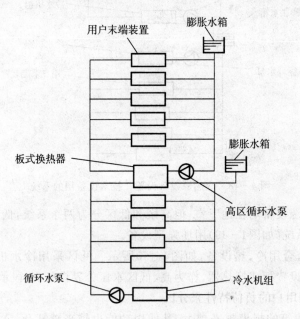

图 4 - 50　高、低区合用冷、热源设备的系统

四、空调冷却水系统

制冷机冷凝器用的冷却水的供水温度和水质有一定要求。为保证冷凝温度不超过压缩机允许的工作条件,冷却水的进水温度一般应不高于 32℃。冷却水的水质则应能防止冷凝器及管道腐蚀、积垢和堵塞。获取这些冷却水,往往输送距离远,系统复杂,造价和远行费用高,所以并不经济。而利用城市给水,则水价

高,水量消耗大,往往是不允许的,所以应用于空调制冷系统的冷却水基本上都是使用循环水。经冷凝器后水温升高,一般不超过 35℃,再经冷却装置冷却降温到水温 32℃以下,循环使用,只需少量补充即可。

目前采用最广泛的冷却装置就是机械通风式玻璃钢冷却塔,冷却水系统一般由冷却塔、冷却水池、水泵等设备组成。图 4-51 即为该系统的示意图。

冷却水池中的冷却水经水泵送入冷凝器,温度升高以后靠水泵造成的压力送上冷却塔,在冷却塔内降低温度后,靠重力自流回冷却水池,如此循环使用。

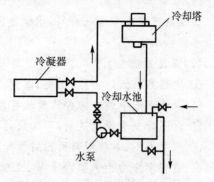

图 4-51　冷却水系统示意图

[试一试]
画出中央空调水系统的工作流程图,并叙述其工作原理。

有时,冷却水系统也可以不设冷却水池,直接由冷却塔下接出水管到冷却水泵,此时系统内部水量减少,须接上水管至冷却塔体,用作向系统灌水及补充水。

【实践训练】

课目:识读空调水系统施工图

(一)目的

通过对空调水系统施工图的识读,掌握空调水系统施工图的组成,并根据图纸的内容,明白空调水系统的工作流程和施工工艺等。

(二)要求

独立识读空调水系统施工图,具有丰富的空间想象力,看懂图纸中图例、符号的含意,确定设备和管道的种类、型号、规格、数量、位置以及安装方式等,具有能够迅速查找出与某个具体设备有关的文字说明和局部详图的能力。

(三)步骤

(1)分组

根据班级总人数,可按六人编组,指定一人担任组长。

(2)分发图纸

根据指导老师提供的图纸按每人一份分发,检查图纸是否清晰,完整。

(3)识读图纸

实训指导教师讲述图纸的组成,并对空调水系统的内容、识读方法做重点讲解,对各小组下达实训任务,强调实训目的和要求。

(4)编写实训报告

通过对图纸的阅读理解,用文字描述工程概况,重点阐述该空调水系统的组成、工作原理和识读方法。

(四)注意事项

(1)准备工作

要注意搜集准备相关资料,识读图纸前,要根据设计中提出的相关规范标准去准备相应的资料。

(2)识读方法

① 先熟悉图纸的名称、比例、图号、张数、设计单位等问题。

② 弄清图纸中的方向和该建筑在总平面上的位置。

③ 看图时先看设计说明,明确设计要求。

④ 把平面图、系统图剖面图对照起来看,看清水系统各部分之间的关系。

⑤ 看图顺序为由入口经干管、立管、支管到风机盘管、回水支管、立管、干管到总出口。

(3)审图

要有一定图纸会审能力,将自己认为有疑点的问题找出汇总,提交小组讨论,也可在实训报告中阐述自己的观点。

(五)讨论

(1)一般中央空调水系统施工图有哪些部分组成? 叙述其工作原理?

(2)制冷管道的保温做法有哪些?

(3)家用分体式空调器安装注意事项?

本章思考与实训

1. 简述通风系统的分类与组成。

2. 风口的选用有哪些具体的原则?

3. 如何合理地控制火灾烟气?

4. 除尘器包括哪几种? 各具何特点?

5. 室内气流是如何分布的? 如何调节?

6. 实现洁净度要求的通风措施有哪些?

7. 试述制冷设备系统的组成。

8. 空调水系统是如何组成的? 如何分区?

第五章　电　梯

【内容要点】

1. 常用电梯的分类；
2. 曳引式电梯构造及特点；
3. 液压电梯构造与特点；
4. 自动扶梯及自动人行道构造及特点。

【知识链接】

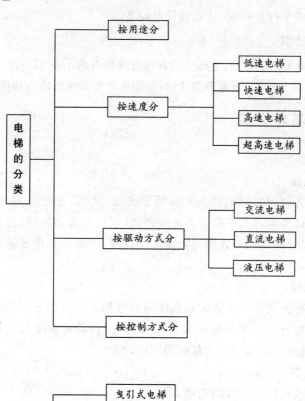

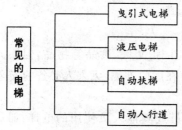

第一节　概　　述

随着我国巨大的建筑市场的快速发展和楼宇智能化的需求,电梯的用量越来越大。据预测,我国每年对各类电梯的需求达到 5 万台。目前我国共拥有各类电梯 60 余万台,按照世界上每千人拥有一部电梯的标准,我国还有 70 万台左右的电梯增长空间。电梯不仅是生产运输的主要设备,更是人们生活和工作中必备的交通工具。

一、电梯的定义及特征

(一)电梯的定义

电梯,是指由动力驱动,利用沿刚性导轨运行的箱体或者沿固定线路运行的梯级(踏步)设备。它具有一个轿箱运行在至少两列垂直或倾斜角小于 15°的刚性体进行升降或平行运送人、货物的机电设备。

(二)中国电梯事业发展史

电梯是由电力来驱动的;电梯是沿着垂直或倾斜角小于 15°刚性体运行的一种提升设备,可以是乘客的,也可是载货的;轿箱要方便乘客的出入和货物的承载。

[问一问]

电梯按照不同的用途可以分成哪几类?

二、电梯的基本分类

(一)按用途分类

1. 乘客电梯

为运送乘客而设计的电梯。主要用于宾馆、饭店、办公楼、大型商店等客流量大的场合。这类电梯为了提高运送效率,其运行速度比较快,自动化程度也比较高,轿厢的尺寸和结构形式多为宽度大于深度,以便乘客能畅通地进出。而且安全设施齐全,装潢美观。

2. 载货电梯

为运送货物而设计的并通常有人伴随的电梯。主要用于两层楼以上的车间和各类仓库等场合。这类电梯的装潢不太讲究,自动化程度和运行速度一般比较低,而载重量和轿厢尺寸的变化范围则比较大。

3. 住宅电梯

为供住宅楼使用而设计的电梯。

4. 杂物电梯

供图书馆、办公楼、饭店等运送图书、文件、食品等物品,但不允许人员进入电梯。此种电梯结构简单,操纵按钮在厅门外侧,无乘人必备的安全装置。

5. 船用电梯

固定安装在船舶上为乘客和船员或其他人员使用的电梯,船用电梯速度应小于或等于 1m/s,能在船舶摇晃中正常工作。

6. 汽车用电梯

用于垂直运输各种车辆。这种电梯的轿厢面积较大,构造牢固,梯速不大于 1m/s。有时无轿厢顶。其特点是大轿厢、大载重量,常用于立体停车场及汽车库等场所。

7. 观光电梯

观光电梯是一种供乘客观光用的、轿厢壁透明的电梯。一般安装在高大建筑物的外壁,供乘客浏览观光建筑物周围外景。

8. 病床电梯

病床电梯是为医院运送病床而设计的电梯,其特点是轿厢窄而深,常要求前后贯通开门。

9. 消防梯

火警情况下能适应消防员专用的电梯,非火警情况下可作为一般客梯或客货梯使用。消防梯轿厢的有效面积应不小于 $1.4m^2$,额定载重量不得低于 630kg,厅门口宽度不得少于 0.8m。并要求以额定速度从最低一个停站直驶运行到最高一个停站(中间不停层)的运行时间不得超过 60s。

10. 建筑施工电梯

建筑施工电梯指建筑施工与维修用的电梯。

11. 扶梯

这类电梯装于商业大厦、火车站、飞机场,供运送顾客或乘客上、下楼用。

12. 自动人行道(自动步梯)

用于档次规模要求很高的国际机场、火车站。

13. 特种电梯

除上述常用的几种电梯外,还有为特殊环境、特殊条件、特殊要求而设计的电梯,如防爆电梯、防腐电梯等。

(二)按速度分类

1. 低速电梯

额定速度等于或低于 1m/s 的电梯。

2. 快速电梯

额定速度大于 1m/s、小于或等于 2m/s 的电梯。

3. 高速电梯

额定速度大于 2m/s、小于或等于 6.3m/s 的电梯。

4. 超高速电梯

额定速度大于 6.3m/s 的电梯。这类电梯通常安装在楼层高度超过 100m 的建筑物内。由于这类建筑物称之为"超高层"建筑,所以此种电梯也称之为"超高速"电梯。

电梯的速度不断提高,美国洛克菲勒中心用的电梯和日本阳光大厦用的电梯,分别已经达到 10m/s 和 12.5m/s。通常称这类电梯为特高速电梯。2002 年启用的世界上速度最快的电梯梯速达 16.7m/s,这是安装在台北 101 大厦的电梯,由东芝公司承建。

(三)按驱动系统分类

1. 交流电梯

(1)交流单速电梯

曳引电动机为交流单速异步电动机,梯速 $v \leqslant 0.4\text{m/s}$,例如用于杂物梯等。

(2)交流双速电梯

曳引电动机为电梯专用的变极对数的交流异步电动机,梯速 $v \leqslant 1\text{m/s}$,提升高度 $h \leqslant 35\text{m}$。

(3)交流调速电梯

曳引电动机为电梯专用的单速或多速交流异步电动机,而电动机的驱动控制系统在电梯的启动—加速—稳速—制动减速(或仅是制动减速)的过程中采用调压调速或涡流制动器调速或变频变压调速的方式,梯速 $v \leqslant 2\text{m/s}$,提升高度 $h \leqslant 50\text{m}$。

(4)交流高速电梯

曳引电动机为电梯专用的低转速的交流异步电动机,其驱动控制系统为变频变压加矢量变换的 VVVF 系统。其梯速 $v > 2\text{m/s}$,一般提升高度 $h \leqslant 120\text{m}$。

2. 直流电梯

(1)直流快速电梯

曳引电动机经减速箱后驱动电梯,梯速 $v \leqslant 2.0\text{m/s}$。现在由直流发电机供电给直流电动机的一种直流快速梯已被淘汰。今后若有直流快速电梯的话,将是晶闸管供电的直流快速电梯,一般提升高度 $h \leqslant 50\text{m}$。

(2)直流高速电梯

曳引电动机为电梯专用的低转速直流电动机,电动机获得供电的方式是直流发电机组供电,或是晶闸管供电;其梯速 $v > 2.0\text{m/s}$,一般提升高度 $h \leqslant 120\text{m}$。

3. 液压电梯

(1)柱塞直顶式

液压缸柱塞直接支撑在轿厢底部,通过柱塞的升降而使轿厢升降的液压梯,梯速 $v \leqslant 1\text{m/s}$,一般提升高度 $h \leqslant 20\text{m}$。

(2)柱塞侧置式

液压缸设置在井道的侧面,借助曳引绳或链通过滑轮组与轿箱相连使轿箱升降。

4. 齿轮齿条式电梯

这类电梯无需曳引钢丝绳,电动机及齿轮传动机构直接安装在轿箱上,依靠齿轮与固定在构架上的齿条之间的啮合来驱动电梯的上下运行,建筑工地用的施工升降机就属于此类。

5. 螺旋式电梯

通过螺杆旋转,带动安装在轿箱上的螺母使轿箱升降的电梯。

6. 直线电机驱动的电梯

动力源是直线电动机,由于直线电机驱动的电梯没有曳引机组,因而建筑物顶的机房可省略。如果建筑物的高度增至 1000m 左右,就必须使用无钢丝绳电梯,这种电梯采用高温超导技术的直线电机驱动,线圈装在井道中,轿厢外装有高性能永磁材料,就如磁悬浮列车一样,采用无线电波或光控技术控制。

(四)按控制方式分类

1. 手柄操控电梯

电梯的工作状态由电梯司机在轿箱内控制操纵箱手柄开关,实现电梯的启动、上升、下降、平层和停止的运行。这种控制方式要求轿箱门上装有透明玻璃窗口或者使用栅栏轿门,井道壁上有楼层标记和平层标记;电梯司机根据这些标志判断楼层目的地来控制电梯的平层。

2. 按钮控制电梯

这种电梯是一种简单的自动控制电梯,具有自动平层功能。常见的控制方式有:

(1)轿箱外按钮控制

这种电梯由安装在各楼层门口的按钮箱进行操控。操控内容通常为召唤电梯、指令运行方向和停靠楼层。电梯接受了某一楼层的操纵指令,在没有完成指令前是不会接受其他楼层的操控命令的,这种控制方式常用于杂物梯。

(2)轿箱内控制电梯

这种电梯运行靠轿箱内操纵盘上的选层按钮或者层站呼梯按钮来进行操控。某楼层乘客将呼梯按钮按下,电梯就启动运行去应答。在电梯运行过程中如果有其他楼层呼梯按钮按下,控制系统只能把信号寄存下来,不能去应答,而且也不能把电梯截住,直到电梯完成前应答运行层站之后应答其他层站呼梯信号。

3. 信号控制电梯

这种电梯把各个层站呼梯信号集合起来,将与电梯运行方向一致的呼梯信号按先后顺序排列好电梯依次应答接送乘客。电梯运行取决于司机控制,而电梯在哪一站停靠由轿箱操纵盘上的选层按钮信号和层站按钮呼梯信号控制,电梯往复一周可以应答所有呼梯信号。

4. 集选控制电梯

这种电梯是在信号控制的基础上把呼梯信号集合起来进行有选择的应答,电梯无司机操纵。在电梯运行过程中可以应答同一方向所有层站呼梯信号和按照操纵盘上的选层按钮停靠。电梯运行一周若无呼梯信号就停靠在基站待命。为适应这种控制特点,电梯在各层站停靠时间可以调整,轿门设有安全触板或者其他近门保护装置,轿箱设有过载保护装置。

5. 下集选控制电梯

集合电梯运行下方向的呼梯信号。如果乘客想从较低的层站到较高的层站去,需乘电梯到底层基站后再乘电梯到要去的高层站,常用于住宅电梯。

6. 并联控制电梯

这种电梯是共用一套呼梯信号系统,两台或者三台规格相同的电梯并联起来控制。无乘客使用电梯的时候,通常有一台电梯停靠在基站待命称为基梯,另一台电梯停靠在运行过程中间预先选定的层站称为自由梯。当基站有乘客使用

[问一问]
　电梯按控制方式分类常见有哪几种?

电梯并启动后,自由梯即刻启动前往基站充当基梯待命。当除基站外其他层站呼梯时自由梯就近先行应答,并在运行过程中应答与其运行方向相同的所有呼梯信号,如果自由梯运行时出现与其运行方向相反的呼梯信号,则在基站待命的电梯启动前往应答,先完成应答任务的电梯就近返回基站或者中间选下的层站待命。

7. 梯群控制电梯

在具有多台电梯客流量大的高层建筑中,常把电梯分成若干组,每层四至六台电梯,将几台电梯控制连在一起,分区域进行有程序或者无程序综合统一控制,对乘客需要电梯的情况进行自动分析后,选派最适宜的电梯及时应答呼梯信号。

8. 智能控制电梯

这是一种先进的应用计算机技术对电梯进行控制的群控电梯,其最大特点是它能根据厅外召唤,给群梯中每部电梯做试探性的分配,以心理等候时间最短为原则,避免乘客长时间等候和将厅外呼梯信号分配给满载性较大的电梯,使乘客失望,从而提高了预告的准确性和运输效率,达到电梯的最佳服务。此外由于采用了微机控制,取代了大量的继电器,使故障率大大降低,控制系统的可靠性大大增强。

三、电梯的型号及参数规格

(一)产品型号

为了有利于电梯的设计、制造、销售、选购、安装、使用维修和管理,我国原城乡建设环境保护部于 1986 年颁布了《电梯、液压梯产品型号编制方法》(JJ45—86)。所谓电梯型号就是用一组字母和数字,以简单明了的方式将其基本规格表示出来。一般采用的编制方法如图 5-1 所示:

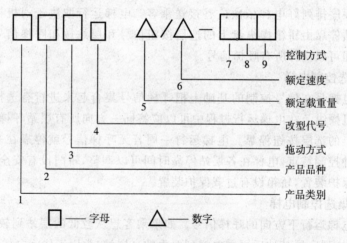

图 5-1 电梯型号编制方法

第 1 位——产品类别 T 表示梯。

第 2 位——产品品种 其含义是:乘客电梯 K;载货电梯 H;客货电梯 L;病床电梯 B;住宅电梯 Z;杂物电梯 W;船用电梯 C;观光电梯 G;汽车电梯 Q。

第 3 位——拖动方式　其含义是:交流 J;直流 Z;液压 Y。

第 4 位——改型代号

第 5 位——用数字表示额定载重量,单位 kg。

第 6 位——用数字表示额定速度,单位 m/s。

第 7～9 位——控制方式　其含义是:手柄开关控制、自动门 SZ;手柄开关控制、自动门 SS;按钮控制、自动门 AZ;按钮控制、手动门 AS;信号控制 XH;集选控制 JX;并联控制 BL;群控 QK。

〔做一做〕
　请列表比较电梯代号的组成。

当采用微机控制时,用 W 表示,放在其他代号后面,例如采用微机的并联控制,代号为 BLW。

下面举两个实例来说明产品的型号:

THY 1000/0.63－AZ　表示液压载货电梯,额定载重量为 1000kg,额定速度 0.63m/s,按钮控制,自动门。

TKZ 1000/1.6－JX　表示直流乘客电梯,额定载重量为 1000kg,额定速度 1.6m/s,集选控制。

(二)电梯的性能要求

电梯是服务于建筑物中的运输设备,为了满足这一特定环境的需要,电梯必须具有相应的性能要求。正确安装以及及时维修保养电梯的目的,就是为了使电梯保持其应有的功能,保证电梯安全可靠的运行。

电梯的主要性能包括安全性、可靠性、平层精度和舒适性。

1. 安全性

安全性是电梯首先应该具有的性能指标,也是电梯的设计、制造、安装调试和试验环节及使用管理和维修保养过程中必须确保的的性能指标,为此电梯的重要部件在设计、制造时都采用了较大的安全系数,一般为 10～12,同时也设置了相应的安全保护装置。

2. 可靠性

可靠性是反映电梯技术先进程度和制造安装精度的一项指标,主要体现在运行中故障率的高低上。一般来说控制技术和制造工艺越先进,电梯的可靠性越高。电梯的可靠性还主要靠电梯日常保养的质量来保证。在实际使用中电梯的机械故障率一般小于电气系统的故障率,但是一旦出现机械故障,往往修复时间长,造成的损失也大,应当引起重视。

3. 平层准确度

平层准确度又叫平层精度,是指轿箱到站停靠后,地坎上平面对层门地坎上平面垂直方向上的误差值。其大小主要取决于电梯的运行速度、制动距离、拖动性能及轿箱的负载情况等。大多数电梯的平层精度要求小于 15%,额定速度小于 1.0m/s 的交流双速电梯平层精度要求小于 30%。

4. 舒适性

舒适性是乘客在乘坐电梯时最敏感的一项指标,也是电梯各方面指标的综合反映。它与电梯运行过程中的速度、加速度、噪声以及装饰等都有着密切的关系。一般要求加减速度最大为 1.5m/s^2，最小为直流 0.5m/s^2、交流 0.7m/s^2；水平振动加速度应不大于 5cm/s^2；轿箱内的噪声运行时不大于 55dB。

(三)主要技术参数和常用术语

1. 额定载重量(kg)、额定载客人数(人)

指设计规定的电梯载重量(载重人数)或者制造厂家保证安全运行的允许重量(人数)。

客梯载重量有：630kg(8 人)；800kg(10 人)；1000kg(13 人)；1250kg(15 人)；1600kg(20 人)。

住宅电梯载重量有：630kg(8 人)；800kg(10 人)；1000kg(13 人)。

货梯载重量：1000kg；2000kg；3000kg；5000kg。

需要说明的是，由于人种在体型上的差异，日本电梯按 65kg/人计算，欧洲按 80kg/人，我国按照 75kg/人计算。

2. 轿箱尺寸

轿箱的内部尺寸和外部尺寸，用"长×深×高"来表示。

3. 额定速度

指设计规定的电梯运行速度或者制造商保证电梯正常安全运行的允许运行速度。

4. 轿门形式

电梯门的形式主要有栅栏门、封闭式中分门、封闭式双折门、封闭式双折中分门等。

5. 提升高度

底层端站楼面指定层楼面之间的垂直距离。

6. 电力拖动及控制方式

见产品型号编制规则。

7. 停站层数

凡是建筑物内各楼层用于出入轿箱的地点均称为站。

8. 平层和平层区

平层指轿箱接近停靠点时，欲使轿箱地坎与层门地坎达到同一水平面的动作，也可理解为电梯正常停靠后轿箱地坎与层门地坎相平齐的状态。

平层区指的使轿箱停靠站上方和(或)下方的一段有限区域在此区域内可以用平层装置是轿箱运行达到平层要求。

9. 基站

轿箱无运行指令时停靠的站层，一般位于大厅或底层端站乘客最多的地方。

10. 井道及井道尺寸

井道是为轿箱和配重运行而设置的空间。该空间是以井道地坑的底、井道壁和顶为界限的。根据井道内运行电梯的数量分为单梯井道和多梯井道。井道尺寸主要是井道宽度和井道深度；井道宽度指的是平行于轿箱宽度方向所测得的井道内表面之间的水平距离；井道深度指垂直于井道宽度的水平距离。

四、电梯选用的一般原则

(一)根据建筑物的用途、楼层高度及建筑标准选择

电梯的选用需要考虑各种因素,主要是综合评价技术性能指标和经济指标两项。

1. 技术指标

电梯的技术指标是电梯应该达到的先进性、合理性和稳定性的要求。其先进性表现在利用现代的电子技术和控制技术,使电梯达到速度高、平层准确度高、效率高、舒适性高。合理性表现在对不同的场所、不同的服务对象选用具有不同技术性能的电梯。稳定性指电梯性能稳定、故障率低、可靠耐用,一般要求有 10 年以上的稳定期。

2. 经济指标

经济指标是指初投资费和运行费:初投资费包括电梯设备费、运输费、安装、调试及其他工程费,井道、机房的土建费用和装修费等;运行费包括电梯的维护费、电梯、电梯司机与管理人员的工资等。

技术指标与经济指标在很多情况下并不矛盾,技术指标高虽然意味着要投入高昂的费用,但是选取先进的技术指标、提高服务质量,在一定的条件下也可以减少电梯的运行费用。

(二)按照建筑物的楼层高度选择额定速度

一般来说,层数多、高度高的建筑物应选择快一点的电梯,层数少、高度低的则可以选择速度慢一点的电梯。

通常电梯额定速度的选取原则是:从基站至最高层的单程运行时间以不超过 40s 为宜。

(三)按照建筑物的类型选择轿箱的额定乘客人数

不同的建筑物,应选用不同的额定载重量或电梯轿箱额定载客人数,如表 5-1 所示。

表 5-1 电梯的额定载重量或额定乘客人数

建筑物类型	电梯额定载重量(kg)	电梯额定载人数(人)
中小型办公大楼	≥630	≥8
大型办公大楼	≥1000	≥14
住宅大楼	≥630	≥8
中小型旅馆	≥800	≥10
大型旅馆	≥1000	≥14
百货大楼	≥1000	≥14

(四)按照运输能力及平均等待时间选用电梯台数

电梯的运输能力及平均等待时间是表征电梯服务质量的主要因素。

[问一问]
如何确定建筑物所需电梯的台数？

1. 电梯的运输能力

电梯的运输能力定义为：在客流高峰期间轿箱负载率为80％的情况下，5分钟内电梯可以运载的乘客占服务总人数的百分比。计算法则见式(5-1)：

$$\Delta\% = 5 \times 60NR/(TRT \times Q) \tag{5-1}$$

R——电梯轿箱乘客人人数；

N——电梯台数；

Q——建筑物内总人数；

TRT——电梯往返一周的时间。

很显然电梯载客人数越多，台数越多，电梯运载能力越大。

2. 平均等待时间

平均等待时间又称平均等候时间。乘客到达的时间与电梯到达的时间不一致，从按下召唤按钮到电梯到达所召唤楼层的平均时间即为平均等待时间。以 $TAVW$ 表示：

$$TAVW = 85\% TRT/N \tag{5-2}$$

和运输能力一样，台数越多，平均等待时间越短。但是这个结论，与电梯的运行方式密切相关。当电梯台数超过一台的时候，采取先进的控制方式，可大大缩短平均等待时间；反之，若控制方式落后，即使台数较多，仍然会有较长的等待时间。根据建筑物要求的平均等待时间可以初步确定电梯的台数。

五、电梯土建技术要求

[想一想]
电梯对土建工程有哪些技术要求？

1. 工作环境要求

(1)机房的空气温度应保持在5℃～40℃。

(2)运行地点最湿月月平均相对湿度不超过10％，同时该月平均最低温度不高于25℃。

(3)介质中无爆炸危险，无足以腐蚀金属和破坏绝缘的气体及导电尘埃。

2. 机房技术要求

(1)机房面积一般要为井道截面积2倍以上，一般来说：交流电梯2～2.5倍，直流电梯2.5～3倍。任何情况下机房高度不得低于1.8m。

(2)机房地板应能承受6 856Pa的压力；机房地面应采用防滑材料。

(3)曳引机的承重梁如果埋入承重墙内，支撑长度应超过墙中心20mm，且不小于75mm。

(4)机房地面要平整，门窗应防风雨，楼梯或爬梯要有扶手，机房门应加锁，外侧写有警示语"电梯机房——危险！未经许可禁止入内"。

(5)机房内钢丝绳与楼板孔洞每边间隙应为20～40mm，通向井道空洞四周应筑一高 50mm 以上的台阶。

（6）当机房地面包括几个高度并且相差 0.5m 时，应设置台阶或台阶和护栏。

（7）当机房地面有任何深度大于 0.5m，宽度小于 0.5m 的任何槽坑均应盖住。

（8）承重梁和挂钩应标明最大允许载荷。

3. 井道技术要求

（1）井道均应由无孔的墙、底板和顶板完全封闭起来。除了有层门开口、检修门开口、安全门开口、消防排气孔、通风口和井道与机房之间的永久性开口外不得有其他开口。

（2）井道的墙、底板和顶板应具有足够的机械强度。

（3）当相邻两层门地坎之间距离超过 11m 时，其间应设置安全门。

（4）安全门的高度不低于 1.8m，宽度不小于 0.35m；检修门的高度不低于 1.4m，宽度不得小于 0.6m，且均不得向里开启。

（5）井道顶部应设置通风孔，面积不得小于井道水平断面面积的 1‰；通风孔可以直接通向室外，也可以经机房通向室外。

（6）井道应为电梯专用，不得装设与电梯无关的设备、电缆等。

（7）井道内设永久性照明，在井道最高和最低点 0.5m，各装一盏灯，中间间隔 7m（最多）装一盏灯。

（8）采用膨胀螺栓安装导轨支架的混凝土墙壁应满足：厚度不小于 120mm，耐压强度不低于 24MPa。

（9）规定的井道尺寸是用铅垂测定的最小净空尺寸。其允许偏差为：

高度小于 30m 的井道	0～+25mm
高度大于 30m 小于等于 60m 的井道	0～+35mm
高度大于 60m 小于 90m 的井道	0～+50mm

4. 底坑技术要求

（1）井道下部应设置底坑及排水装置，底坑不得渗水，底坑地步应当光滑平整。

（2）井道最好不要设置在人们能达到的空间上部，如果这种情况不可避免，底坑的地面至少按照 5 000Pa 负荷设计，并且将对重缓冲器安装在一直延伸到坚固地面上的实心桩墩上或者设置对重安全钳。

5. 层门技术要求

主要是层站候梯厅的深度尺寸要求，候梯厅的深度尺寸指的是沿轿箱深度方向测得的候梯厅墙和对面墙之间的距离。至少要符合以下规定：

（1）住宅楼用的电梯候梯厅深度不低于最大的轿箱深度，服务于残疾人的候梯厅深度不小于 1.5m。

（2）客梯住宅电梯（Ⅰ类电梯）、两用电梯（Ⅱ类电梯）、病床电梯（Ⅲ类电梯）、货梯（Ⅳ类电梯）的候梯厅，单台或者多台并列成排时，候梯厅深度不小于 1.5 乘以最大轿箱深度。除Ⅲ类电梯外，当电梯群为四台以上时，深度不得小于

2 400mm。

多台面对面排列的电梯最多台数为 2×4 台,候梯厅的深度不小于相对电梯的轿箱深度之和,除Ⅲ类电梯外此距离不得大于 4 800mm。

【实践训练】

课目:了解电梯机房构造

(一)目的

通过参见某建筑物,熟悉电梯机房构造,以及电梯配备情况,有条件的可以参观模型展示。

(二)要求

统计学校或者学校附近各类建筑中电梯类型及相关参数;参观电梯相关土建工程的施工过程,熟悉电梯对土建工程的要求。

(三)步骤

(1)了解电梯的型号及参数规格,熟悉《电梯、液压电梯产品型号编制方法》。

(2)了解如何选用电梯的一般原则。

(3)了解电梯土建技术要求。

(4)合理选用电梯应用在建筑物中。

第二节　曳引式电梯

曳引式电梯和强制式(又称卷扬式)电梯工作原理都是采用控制拖动电机的正反转,通过钢丝绳拖动轿箱上下运动的。

读者可以比较图 5-2 和图 5-3,不难看出两者的不同点。

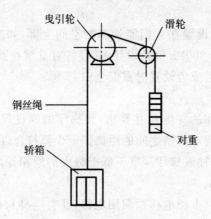

图 5-2　曳引式电梯示意图

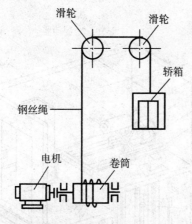

图5-3 强制式电梯示意图

由于强制式电梯在安全、提升高度和载重量等方面存在很大的缺陷,所以没能得到发展。曳引式电梯1903年出现,使得电梯传动机构的体积大大缩小,而且在安全性、提升高度和载重量方面都得到了加强。

一、曳引式电梯的优点

曳引式提升机构是目前世界上电梯行业最广泛使用的一种提升形式,曳引式电梯和强制式电梯相比具有以下优越性:

1. 安全可靠

如果下降过程中的轿箱或者对重因为某种原因冲击地坑中的缓冲器时,曳引式提升机构可以自动消失曳引能力,不至于使对重或者轿箱冲顶或者拉断钢丝绳,造成伤亡事故和财产损失。

2. 结构更紧凑

由于规范规定曳引轮或者滚筒直径与钢丝绳直径之比不得小于40。曳引式提升机构很容易通过调整钢丝绳的直径或者根数达到减小曳引轮直径的目的,由于曳引钢丝绳都在三根以上,因此曳引式提升机构结构更加紧凑。

3. 允许提升高度大

强制式提升机构随着轿箱的升高,曳引钢丝绳一圈一圈绕在卷筒上,因此限制了钢丝绳的长度也因此限制了提升高度。而曳引式则不受这种限制,可以实现将轿箱提升到任何需要的高度。

二、曳引式电梯的结构

电梯主要有机械系统和电气控制系统两大系统组成。(1)机械装置包括曳引系统、导向系统、轿箱系统、对重系统、门机系统、安全保护装置等。(2)电气系统主要包括控制柜、操纵箱等十多个元件以及几十个分别装在电梯上的元件。

图5-4为曳引式电梯部件组成示意图。从图中可以大致看出一部完整电梯部件组成情况。

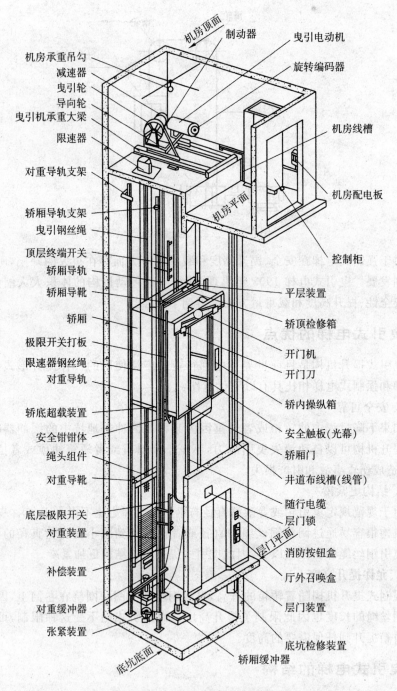

图 5-4　曳引式电梯结构原理图

(一)机房里的主要部件

1. 曳引机

曳引机是电梯的主要拖动设备。它通过曳引绳带动轿箱和对重做上下运动,曳引机可分为有齿轮曳引机和无齿轮曳引机。其中无齿轮曳引机没有减速箱,直接有电动机拖动曳引轮,一般速度大于2m/s的电梯采用。我们经常接触的是有齿轮曳引机(参见图5-5)。

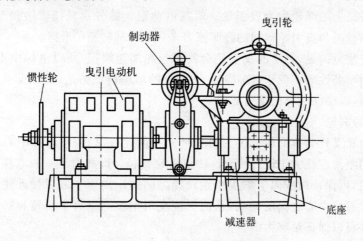

图5-5 有齿轮曳引机简图

(1)曳引电机

提供原动力的装置,交流电梯为专用交流异步电动机或者交流同步电动机,常用的交流电动机有单速鼠笼式、双速鼠笼式以及双速绕线式。其中单速鼠笼式主要用于杂物电梯,平常所说的交流双速电梯就是使用双速交流电动机,高速用于启动、运行,低速用于制动和调试电梯。直流电梯为专用的直流电动机。

(2)制动器

制动器是电梯机械系统的主要安全设施之一,直接影响到电梯的乘坐舒适感和平层准确度。制动器的特点是:电动机通电时制动器松闸,电梯失电时或者停止运行时抱闸。

在电梯上常用双瓦块常闭式电磁制动器,它的作用可以归纳为两条:

① 能够把运行中的电梯在切断电源时自动把电梯轿箱擎住。制动时电梯的减速度不应大于限速器动作索产生的或者轿箱停止在缓冲器上所产生的减速度。电梯正常使用时,电梯速度大于1m/s的,一般都是在电梯通过电气控制使其减速停止,然后再机械抱闸。

② 电梯停止运行后,制动器能保证在125%～150%的额定负荷情况下,电梯保持静止位置不变,直到工作时才松闸。

(3)减速器

又叫减速箱,主要作用是把曳引电机的转速变换到合适的曳引速度。常用的减速器有涡轮蜗杆减速箱、采用行星齿轮传动、斜齿轮减速箱。

涡轮蜗杆减速箱结构紧凑,传动比大,运行平稳、噪声低,具有较好的耐冲击负荷特性,缺点是传动效率低和发热量大。

斜齿轮减速器结构整体尺寸小,重量轻,传动效率高。但是由于负荷对齿轮的作用有正逆两个方向,决不允许发生疲劳断裂的情况,而且振动和噪声较大。

行星轮系结构减速器,传动比大,传动效率高,曳引机整体尺寸小、重量轻,所以应用日益广泛。

(4)曳引轮

曳引机上的绳轮称为曳引轮。两端借助钢丝绳分别悬挂轿箱和对重,并依靠曳引钢丝绳和曳引轮槽间的静摩擦力来实现电梯轿箱的升降。

需要注意的是,钢质的曳引轮会使钢丝绳加速磨损,所以电梯中不被采用。一般采用耐磨性能不低于(GB1348—88)中的球墨铸铁铸造,此外曳引轮上严禁涂油润滑,以确保电梯的曳引能力。

(5)导向轮

导向轮又称为抗绳轮。因为轿箱尺寸一般比较大,轿箱悬挂中心和对重悬挂中心的距离往往大于设计所允许的曳引轮直径。因此对于一般电梯来说应设置导向轮,以保证两股向下的曳引钢丝绳之间的距离等于或者接近轿箱悬挂中心和对重悬挂中心之间的距离,从而保证曳引钢丝绳垂直于轿箱和对重且相互平行。并可以保证足够大的包角。

2. 限速器

限速器是当轿箱运行速度达到限定值时,能发出电信号并同时产生机械动作的安全装置,限速器一般为离心式,常见的有抛块式、抛球式和凸轮式三种。抛块式因抛块似锤形又称锤形限速器,抛球式以钢球代替抛块,凸轮式以凸轮代替甩块。

任何限速器都包括三个部分:一是反应电梯运行速度的转动部分;二是电梯运行速度达到限制速度时,根据离心力原理将限速器绳夹紧的机械自锁部分;三是限速器钢丝绳下部张紧装置部分。

[想一想]

如果曳引钢丝绳断了,限速器会不会起作用?

其工作原理是:当电梯以额定速度下降时,尽管限速器绳对于连杆系统有一个拉力,但由于拉力较小机械装置不会发生动作。当速度达到限速器动作速度时,限速器被限速器的夹绳装置夹持掣停。与此同时轿箱继续下降,这时被掣停的限速器绳就产生较大的拉力,使机械装置动作提起安全楔块,根据自锁原理将轿箱掣停在导轨上,达到保护轿箱、乘客或货物的目的。限速器应保证仅在电梯超速时起作用,有安装方向性决不允许装错。

3. 控制柜

各种控制元件,安装在一个保护用的柜形结构内,按照预定程序控制轿箱运行的电气控制设备。

另外,电源开关、照明开关、选层器、极限开关、机械楼层指示器、发电机组等根据电梯种类规格需要而设置。

(二)电梯井道里的主要部件

1. 轿箱

轿箱是电梯的主要部件,是用于运送乘客或者货物的组件,一般由轿底、轿壁、轿顶、轿箱架(龙门架)组成。

(1)轿箱架

又称为龙门架,是电梯的主要承重结构,其钢材的强度和构架的结构,要求都很高,一般由上梁、底梁、立柱、拉杆四部分组成。轿箱架有两种结构形式:对边式和对角式。如图 5-6 所示。

(2)轿底

为了防止箱底振动,常常采用框架式底梁,在底框和轿底之间加入 6～8 块专门制造的橡胶块。在轿底的前沿应设有轿门地坎和护脚板,以防止人在底站时将脚板插入轿箱底部造成挤压。护脚板的宽度和底站入口处一样,高度至少为 0.75 米,且斜面向下延伸。轿箱底部还装有测试负载的装置。

(3)轿壁

轿壁由几块薄钢板拼合而成,每块钢板中部点焊加强筋以增强轿壁强度。内层通常贴有一层防火塑料板或者带有图案的不锈钢板。

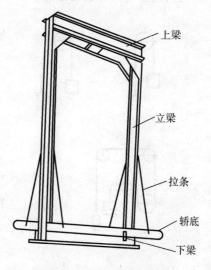

图 5-6　轿箱架示意图

(上梁、立梁、拉条、轿底、下梁)

(4)轿顶

轿顶结构和轿壁相似,一般有一定的承重能力(检修时上人),并有防护栏和根据安全要求设置的安全窗。顶部安装有照明灯具,有时候装有装饰板和通风电扇。

2. 导轨

导轨的主要作用是作为轿箱和对重在垂直方向上运动时的导向,限制轿箱和对重的自由度,防止轿箱由于偏载而产生歪斜。两根导轨为轿箱导向,俗称大道,两根导轨为对重导向,俗称小道。

当安全钳动作时,导轨作为夹持的支撑件,承受轿箱或者对重向下的制动力。导轨一般不能直接固定在井道内壁上,而是使用导轨压板固定在导轨架上,这种安装方式可以防止导轨由于井道下沉或者热胀冷缩变形时发生弯曲。

3. 对重

又称平衡装置,设置在井道中,由曳引钢丝绳经曳引轮和轿箱连接,在运行过程中起到平衡作用,即减少曳引电动机的功率和曳引轮上的力矩。对重的重量一般为轿箱总重量加上 0.5～0.6 倍的额定载重量。

4. 钢丝绳

钢丝绳是连接轿箱和对重的机件,承载着轿箱重量、对重重量和额定载重量等重量的和,是电梯中的重要部件。由于运行情况的特殊性及安全方面的要求,决定了电梯用的钢丝绳必须具有较高的安全系数,并能够抵消在工作场所产生的振动和冲击。

电梯曳引钢丝绳应具备以下特点:(1)具有较大的强度;(2)具有较高的径向韧性;(3)较好的耐磨性;(4)能很好地抵消冲击负荷。

曳引钢丝绳的绕法见图 5-7。

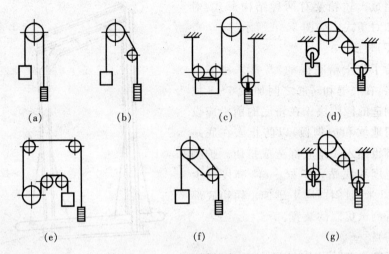

图 5-7　钢丝绳的绕法

钢丝强的绕法不同,其用途以及曳引机的位置也不相同,详见表 5-2。

表 5-2　钢丝绳的绕法和用途

对应图号	绕法	钢丝绳包角	曳引机位置	曳引轮负载比	用　途
(a)	1∶1	180°	顶部	1	≥0.5m/s 以上的有齿轮电梯
(b)	1∶1	135°~180°	顶部	1	≥0.5m/s 以上的有齿轮电梯
(c)	2∶1	180°	顶部	1	≥0.25m/s 以上的有齿轮电梯
(d)	2∶1	135°~180°	顶部	1	≥0.25m/s 以上的有齿轮电梯
(e)	1∶1	180°	井道或者底坑	1	≥0.5m/s 以上的有齿轮电梯
(f)	1∶1	>360°	顶部	1	≥2.5m/s 以上的无齿轮电梯
(g)	2∶1	>360°	顶部	1	≥2.5m/s 以上的无齿轮电梯

5. 限位开关

该装置可以安装在轿箱上,也可以安装在井道上端和下端站附近,当轿箱运行超过端站时,用于切断控制电源的安全装置。

6. 接线盒

固定在井道壁上,包括井道中间接线盒及各层站接线盒。

7. 控制电缆

传递能源及控制信号的电缆,其两端分别连接井道中间接线盒和轿内操作箱。

8. 缓冲器

缓冲器是电梯最后一道机械安全保护装置。缓冲器的主要作用是,当电梯超过极限位置时,用来吸收轿箱或者对重所产生动能的制停安全装置。缓冲器一般设置在井道地坑的地面上,轿箱和对重下方均设有缓冲器,两者规格相同。缓冲器按规格分一般有弹簧缓冲器(蓄能型)和液压缓冲器(耗能型)两种。

弹簧缓冲器是利用弹簧自身的变形,将电梯的动能转化为弹簧的弹性势能,将能量存储在弹簧内,使电梯得到缓冲。缓冲结束后,弹性势能释放,使电梯回弹直至能量耗尽。弹簧式缓冲器用于速度小于1m/s的电梯上。

液压式缓冲器是以油作为介质来吸收轿箱或者对重装置动能的缓冲器,这种缓冲器结构复杂。当柱塞受压后,缸内油压增大,是由通过油孔向柱塞喷流,缓冲了柱塞的压力。由于油压缓冲器的缓冲过程是缓慢、连续且均匀的,因此效果比较好。当柱塞完成一次缓冲后由于柱塞弹簧的作用使柱塞归位,以接受新的缓冲任务,液压式缓冲器可用于任何速度的电梯。

9. 补偿链或补偿绳

它们都是用于补偿电梯在上升或者下降过程中由于曳引钢丝绳在曳引轮两边长度不均而引起的重量偏差。

(1)补偿链

补偿链以铁链为主体,链环一个扣一个,并用麻绳穿于铁链环中,其目的是为了减少运行过程中的噪声。一般一头连接在轿箱底部一头连接在对重底部,适用于额定速度小于1.75m/s的电梯。

(2)补偿绳

补偿绳主体是钢丝绳和张紧装置,这种补偿装置运行稳定噪声小,但是机构复杂,多用于额定速度大于1.75m/s的电梯。

电梯额定速度超过2.5m/s时,应使用速张紧轮的补偿绳。张紧轮的节圆直径与补偿绳的公称直径之比应不小于30。电梯额定速度超过3.5m/s时,应增设一个防跳装置。

常见的补偿结构如图5-8所示。

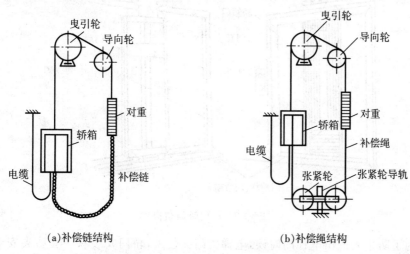

(a)补偿链结构　　　　　　　(b)补偿绳结构

图5-8　补偿装置结构图

10. 平层感应器

在平层区内,检测轿箱位置,使得轿箱地坎和厅门地坎自动准确对齐的装置。

[注意]　电梯曳引钢丝绳一般情况下不需要润滑,因为润滑后会降低钢丝绳和曳引轮之间的摩擦力,影响电梯正常的曳引力!

(三)轿箱上的主要部件

1. 操作箱

装在轿箱内靠近门口附近,用指令开关、按钮或者手柄等操作轿箱运行的电气装置。

2. 轿内指示灯

设置在轿箱内部,客梯一般设在轿门上方,货梯一般装在侧壁,用以显示电梯运行位置和运行方向的装置。

3. 自动门机

安装在轿箱顶前部,以小型的交流直流或者变频电动机为动力的自动开关轿门和厅门的装置。一般由电机、减速装置、执行机构和安全机构组成。

4. 安全触板(光电装置)

设置在层门与轿门之间,在层门、轿门关闭的过程中,当有乘客触及或者有障碍时,门应当停止并返回到开启状态。载货电梯一般没有此装置。

5. 轿门

又称为轿箱门,是设置在轿箱入口的门,挂在轿箱上坎上,和轿箱一起升降,供人员或者货物出入轿箱。如图5-9所示。主要靠门机系统驱动开启或者关闭。按结构形式一般有栅栏式和封闭式两种。按开关形式,栅栏式有左开门、右开门两种,封闭式分为左开门、右开门和中开门三种。

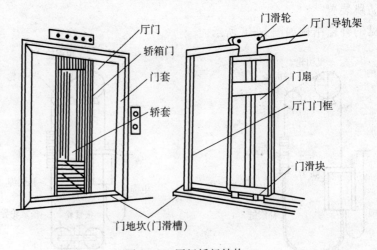

图5-9　厅门轿门结构

为了防止人进出电梯的时候,电梯关门夹住人,轿门安装有一套防夹安全装置。主要有安全触板、光电式和电子式三种。

安全触板设置在轿门上,采用机械结构,其动作的碰撞力不大于5N,当关门过程中有货物或者乘客接触安全触板,轿门立即返回开启状态。

光电式安装在轿门上,发光装置装在一侧在开启状态下发出光线,另一侧安装受光装置,当乘客或者货物挡住光线时,轿门返回开启状态。

电子装置采用的是电容量检测装置,当有人或者货物处在敏感区时电梯门不能关闭。

6. 称重装置

检测轿箱内负载变化状态并发出信号的装置,当负载超过额定负载时,能发出报警信号并使轿箱不能运行的安全装置。按安装位置有轿底测量式、轿顶测量式和机房测量式三种形式,按照原理有机械式和电磁式两种。

7. 安全钳

电梯轿箱下部一般设置一套在电梯超速下降时动作的安全钳。在限速器动作时甚至钢丝绳断裂的情况下,安全钳应能保证满载轿箱或者对重装置擎停在导轨上并能保持静止状态,同时切断电梯的安全装置,只有电梯被向上提起的时候才能使安全钳复位,一般有渐进式安全钳、瞬时式安全钳和缓冲作用瞬时安全钳三种。

渐进式安全钳又称为滑移动作安全钳或者弹性安全钳,是一种使用弹性元件,能使制动力限制在一定范围内的装置,制动时,轿箱可以滑移距离,因此有缓冲作用,减少冲击。适用于速度大于0.63m/s的电梯。

瞬时式安全钳动作是瞬时的,这种安全钳从限速器卡住钢丝绳,到提起安全钳拉杆,是安全钳的楔块把轿箱卡住为止,轿箱走的距离比较短,造成的冲击力比较大。一般应用于速度小于0.63m/s的电梯。

缓冲作用瞬时式安全钳能在瞬间安全地夹紧在导轨上,使其悬挂部分的作用力由一个中间弹性系统所限制,故有一定的缓冲。由于使用不方便,制造复杂,现代电梯一般不用。

8. 导靴

设置在轿箱或者对重上,是轿箱和对重沿着导轨运行的装置。为了防止轿箱因为钢丝绳上的扭转或者负载不对称的情况下发生偏斜,为了使电梯的轿门地坎、层门地坎、井道壁之间及操纵系统各部分之间保持恒定的位置关系,在轿箱架的四个角上,设置四个可以沿着导轨滑动或者滚动的导靴,两只固定在轿箱上梁上,两只固定在安全钳钳座上。

导靴主要有滑动导靴、滑动弹簧导靴和滚动导靴三类。滑动导靴适用于额定速度小于0.63m/s的电梯,滑动弹簧导靴适用于额定速度小于2m/s的电梯,滚动导靴适用于额定速度大于2m/s的电梯。

(四)电梯层门口的主要部件

1. 层门

层门也称厅门。层门和轿门一样,都是为了安全而在各层楼的停靠站通往各层楼的入口处,设置供司机、乘客及货物等出入的门,其结构见图5-10,和轿门结构基本相同分类也相同。所不同的是厅门固定在建筑物上,且门扇上有连锁开关,当电梯离开该楼层时,连锁开关闭锁门扇,不能随意打开;只有当轿箱到该楼层时,轿门刀片打开连锁机构,轿门打开的同时开启层门。

2. 层门门锁

层门门锁是锁住层门不被随便打开的重要机电连锁安全装置,设在层门内侧,门关闭后将层门锁紧,同时接通控制回路,轿箱方可运行。只有轿箱平层完成后,该层层门门锁才可以被打开。

3. 楼层指示灯及层门方向指示灯

设置在层门上方或者侧方,显示电梯轿箱运行位置以及电梯运行方向的装置。

4. 呼梯盒

设置在层站门侧,当乘客按下需要的召唤按钮时,轿箱内可以显示或者登记,令电梯停靠在召唤层站的装置。

(五)装在其他位置的部件

对于群控电梯,在消防中心或者监控大厅值班室设置群监控屏。可以监控每个轿箱的运行状态,供管理人员监视和控制。

【实践训练】

课目:电梯的结构、功能及操作

(一)目的

通过对实验电梯的观察研究,了解电梯的构造及工作原理。

(二)要求

进一步熟悉机房、井道、轿厢各部分的结构,了解电梯各装置的构造及工作机理、操作方式、控制方式等。

(三)步骤

(1)观察电梯机房里的主要部件,曳引机,限速器和控制柜。

(2)观察电梯井道,了解各部件工作原理、性能及使用要求。

(3)观察轿箱的主要部件,了解其工作原理,性能及使用操作要求。

(4)观察电梯层门口的主要部件,了解其工作原理,性能及使用操作要求。

[想一想]

电梯的保养与维护有何意义?

三、电梯的保养与维护

为保证电梯正常运行,降低故障率,应坚持以电梯经常性的维修保养为主,及早发现事故的隐患,将事故消灭在萌芽状态之中。经常性维修保养应突出重点而不是普遍地进行,如机房内的曳引机、控制柜、井道内的层门锁闭装置、开关门机构及轿厢门,这些重点装置的维修周期越短,则发生故障的机会越少。因此,有条件的使用单位均应建立自己的专业维修电梯组织机构,坚持贯彻经常性维修制度,可收到较好效果。对没有条件的单位,必须委托有关单位建立长期的维修业务。另外要保证电梯正常运行,除了经常性维修外,还与机房环境条件有密切的关系,如机房环境温度能保持在 5℃～40℃ 之间,且通风良好,无油、污气体排入,基本无灰尘、无潮气,电源电压波动较小等,在这样良好条件下,电梯可能发生故障的机会就少得多了。因此,对没有良好的机房环境条件的使用单位,应千方百计创造条件,加强日常维修,缩短维修周期,也能收到较好的效果。

1. 保养与修理的安全知识

(1)禁止在工作时搞恶作剧、开玩笑和打闹。

(2)必须在机房或适当地方张贴紧急事故的急救站地址、医院、救护车队、消防队和公安部门的电话号码。

(3)在维护保养时,必须戴好安全帽。

(4)当工作场地离地高度超过 1.2m,有坠落危险时,必须系好安全带,并扣绑好。

(5)当在转动的机械部件附近工作时,禁止戴手套。

(6)当在电路上进行工作时,必须穿着绝缘胶鞋或站立在干燥木板上。

(7)当测试电路上的任何电压值时,应先把电压表调整在表上最高一档数值。

(8)使用的跨接线必须便于位移,规定用鲜明颜色和足够长度的线。当装置恢复工作时,必须把跨接线拆除。

(9)在有电容器的线路上工作之前,必须用一根绝缘的跨接线将电容器的电能释放掉。

(10)注意避免金属物与控制板的通电部分、运转机器的部件或连接件相接触,提防触电。

(11)当在通电电路或仪器旁工作时,禁止使用钢尺、钢制比例尺、金属卷尺等金属物件。

(12)当在黑暗场所进行电路工作时,应用有绝缘外壳的手电筒。

(13)禁止使用汽油喷灯。

(14)当钻、凿、磨、切割和焊接时,或用化学品或溶剂时,都必须戴好护目镜。

(15)禁止在井道内吸烟和使用明火。

2. 维修与保养须知

(1)维修保养人员到达维修场所后,应通知电梯主管部门,并在电梯上和电梯入口处挂贴必要的"电梯检修"警告牌。

(2)当对电梯进行任何调整或工作时,保证外人离开电梯,保证轿厢内无人,并关闭轿厢门。

(3)当在转动的任何部件上进行清洁、注油或加润滑脂工作时,必须令电梯停驶并锁闭。

(4)如果一个人攀登轿厢顶部,应在电梯操作处设法挂贴"人在轿厢顶部工作"或"正在检查工作"标牌。

(5)当在轿厢顶部工作并使轿厢移动时,要牢牢握住轿厢结构上的绳头板或轿厢结构上的其他部件,不可握住曳引钢丝绳。在 2:1 钢丝绳悬挂的电梯上,握住钢丝绳会造成严重的伤害事故。

(6)按照一般原则,应从顶层端进入轿厢顶部。

(7)只有当轿厢停驶时,才可检查钢丝绳。

(8)严禁在对重运行范围内进行维护检修工作(不论在底坑或轿顶有无防护栅栏),当必须在该处上作时,应有专人负责看管轿厢停止运行开关。

(9)维修完毕后,做好记录,并向电梯主管部门汇报维修情况。如果电梯恢复行驶,应把全部的"维修、暂修"标牌和锁拆除。

四、电梯的故障处理及事故预防

电梯使用一段时期以后,常会出现一些故障。出现的故障并不一定就是机器零件的磨损或老化所引起的,故障的原因多种多样,维护人员应根据电梯出现的故障判别属于哪种类别,然后着手解决。我们必须尽量避免由于电梯事故而引起的对人的伤害,除此之外,还必须避免由此而引起停止运行及降低输送能力等。因此,严格遵守电梯安全操作规程,平时仔细地做好检查工作,是保证电梯安全、高效率行驶的重要措施。

随着电梯的广泛应用,电梯的事故也逐渐增多,已引起人们的普遍关注。《安全生产法》、《特种设备安全监察条例》、国家质检总局 13 号令等法律法规,对电梯的安全使用及有关要求作了较明确的规定;一系列国家标准,如电梯主要标准《电梯制造与安装安全规范》自 1987 年颁布后,已作了三次较大修改,逐步靠近国际标准。这些政策和技术标准的出台,有效地预防了电梯事故的发生,为电梯的安全运行提供了保证。

(一)电梯故障的分类

[问一问]
电梯常会遇到哪些故障? 如何排除?

1. 设计、制造、安装故障

一般来说,新产品的设计、制造和安装都有一个逐步完善的过程。当电梯发生故障以后,维护人员应找出故障所在的部位,然后分析故障产生的原因。如果是由于设计、制造、安装等方面所引起的故障,此时不能妄动,必须与制造厂家或安装维修部门取得联系,由其技术和安装维修人员与使用单位的维护人员共同解决问题。

2. 操作故障

操作故障一般是由于使用者玩弄安全装置和开关引起的,这种不遵守操作规程的行为必然造成电梯发生故障,甚至危及乘客生命。如短接门的安全触点,在门开启的情况下运行等。

3. 零部件损坏故障

这一类故障现象是电梯运行中最常见的、也是最多的,如机械部分传动装置的相互摩擦,电气部分的接触器、继电器触头烧灼,电阻过热烧坏等。

(二)电梯事故的原理、种类

1. 电梯事故的原理

生产过程中发生事故的原理遵循骨牌原理即:人的因素→个人的缺陷→机械的或物质的缺陷引起的风险→发生事故→造成伤害。事故按照从左到右顺序发生,一个影响一个,如果中间某一因素不发生,则最终不会发生。电梯事故的发生原理与生产过程中的事故有所不同,如果电梯本身有故障(即:机械的或物质的缺陷引起的风险),比如超速冲顶或蹲底等,即使个人无任何缺陷,事故也会发生。如果电梯维修人员违章作业(即个人缺陷)等,即使电梯本身无任何隐患也会发生事故。所以电梯事故应为:(人的因素、电梯故障)→发生事故→造成伤害。

使用或维保人员的缺陷和电梯的安全隐患,两者是电梯发生事故的前提条件。条件具备其一,则电梯事故也可能发生,也可能不发生;但是两个条件都具备,则电梯事故一定发生。如果了解或掌握了这一原理,使其中的条件皆不具备,就能有效地预防电梯事故的发生。

2. 电梯事故的种类

电梯事故的种类按发生事故的系统位置,可分为门系统事故、冲顶或蹲底事故、其他事故。据统计,各类事故发生的起数占电梯事故总起数的概率分别为:门系统事故占 80%左右,冲顶或蹲底事故占 15%左右,其他事故占 5%左右。门系统事故占电梯事故的比重最大,发生也最为频繁。

(三)电梯事故的预防措施

1. 管理使用者或维保人员的缺陷引发的事故及预防措施

(1)使用者和管理者的缺陷

[想一想]
从哪几个方面可以预防电梯事故的发生?

部分使用者和管理者对电梯安全不够重视,认为只要电梯能运行就行,而对电梯的安全保护装置是否完好有效,漠不关心。而且,部分使用单位的规章制度也不够完善,即使有一些规章制度,管理者不重视,有章不循,形同虚设。

1995 年 9 月 13 日,山东某服装厂发生了一起恶性电梯死亡事故。该电梯为客货电梯,6 层 6 站,XPJ 型,额定速度 0.5m/s,额定载荷 1000kg,门锁为 GS75－11 型。因该电梯制造较早,各部件的型号已趋于老化,因三角碰块与勾子锁频繁碰撞,使三角碰块已磨成倒圆弧状,加之弹簧老化,啮合深度只有 3mm,只要在层门外,用手一扒层门则很容易就打开。针对这一情况,维修人员已向单位领导汇报三次,均答复为企业效益不好,资金紧张,先用着等以后再说。9 月 13 日下午,员工高某从车间出来(车间在四层),发现电梯正要关门,便急匆匆地跑过去。此时电梯已启动,正快速驶向六楼,高某用手扒开层门迈进去,一步踏空,跌入底坑,当场死亡。这是一起典型的管理者及使用者不重视安全而引发的事故。

(2)维保单位或维保人员的缺陷

部分维保单位或维修保养人员不是执行"安全为主,预检预修,计划保养"的原则,而是头痛医头,脚痛医脚;不是有计划地进行预防性维修,而是待出现故障停梯后,才进行抢修,既误时又误事;部分维保单位或维修保养人员,甚至是敷衍了事,置电梯安全于不顾。管理者或维修保养人员,应加强有关法规的学习,做到有法必依,有关部门应加强执法力度,不断完善法规建设。

2. 电梯自身的安全隐患及预防措施

(1)门系统事故

门系统事故之所以发生率最高,是由电梯系统的结构特点造成的。因为电梯的每一运行都要经过开门动作过程两次,关门动作过程两次,使门锁工作频繁,老化速度快,久而久之,造成门锁机械或电气保护装置动作不可靠。若维修更换不及时,电梯带隐患运行,则很容易发生事故。

① 部分维保人员对标准理解不正确,致使电梯带隐患运行

据不完全统计,电梯层门的故障约占整个电梯故障的70%以上,而由于门锁开关不能及时接通和损坏频繁造成的故障约占门故障的80%以上。维保队伍在电梯维保中煞费苦心,动了不少脑筋。主要做法是与原门锁开关并联一永磁感应器,感应器的位置与门开关向平行,只要关门到位,连接在门上的隔磁板就会插入永磁感应器,因该感应器与原门锁开关关联,门锁回路很容易被接通,故障率大大减少,用户也很满意。其实,这一做法已留下了严重的事故隐患。根据GB/T10058—1997《电梯技术条件》第3.10.7条规定:"轿厢运动前应将层门有效地锁紧在关门位置上,只有在锁紧元件啮合至少为7mm时轿厢才能启动。层门的锁紧必须由符合要求的电气安全装置来验证";GB7588—1995《电梯制造与安装安全规范》第7.7.1条也明确规定:"对坠落危险的保护:正常运行时,就不可能打开层门是否锁紧的功能,即使在层门没有锁紧的情况下门锁也照样接通,甚至在锁紧装置失效的情况下电梯也能照常运行,所以很容易导致坠落或剪切事故的发生。

② 部分设计、安装、维保人员对标准理解不透

GB7588—1995《电梯制造与安装安全规范》第14.1.2.5条,对电气安全装置的控制作了明确的规定:"……对于冗余型安全电路,应由传感器元件机械的或几何的布置来确保机械故障时,不应丧失冗余性";其14.1.2.1.8条也明确规定:"电梯正常运行或电网上其他设备引起的电压峰值,不应在电子部件中产生不允许的干扰"。而部分设计、安装、维保人员对这一规定理解不透或理解有偏差。

1999年7月14日,北京市朝阳区光熙门北里14号楼南侧电梯在运行时开门走梯,致使三层楼住户祖孙二人在上电梯时被剪切,造成一死一伤。1998年9月24日,山东某银行的电梯,也出现了一起开门走梯的事故。那天,一位乘客进入轿厢选好楼层,站在门口等人一同乘梯。就在这时电梯开着门却以正常速度向下运行,将这位乘客的头与下颌分别由轿厢上沿和地坎形成挤压,造成重伤。

以上事故案例中,电梯在事故前后一切都正常,层门电气及机械联锁装置也是完好的。这就要求使用单位及有关使用人员除遵守有关规定外,设计及安装人员应加强程序冗余、抗飞跑及抗干扰设计,并进行试验,待完全可靠后,才允许出厂进行安装。因为电梯一旦安装完毕,电梯检验人员很难发现,使用单位人员

更是无法发现,给电梯的安全运行留下了事故隐患。建议在有关标准特别是在强制性标准里面,将此方面要求进一步明确。

(2)冲顶或蹲底事故

冲顶事故的危害是十分可怕的,尤其是发生在高层建筑的电梯上。欧洲的EN81-1988已把上行超速保护装置列入安全元件。这仍是我国目前一个薄弱环节。

北京市某房管所一幢24层楼的MBDS电梯,由于维修工在作业时忘记了拔出开闸扳手,随着电梯运行的震颤,扳手越插越紧,最终导致了抱闸无法闭合。这时电梯回到一层,维修工正欲从轿里撤出,却发现电梯自动上行,正犹豫间只见电梯移动越来越快。他打下轿顶急停开关,但无济于事,维修工无计可施。电梯失控了,加速直冲24层,呼啸冲顶,维修工立即将身体收扰、蜷伏在轿顶的最低处。轰隆一声巨响,轿冲顶震动了整个大楼。维修工的性命保住了,但轿顶复绕轮被楼板击碎,机主心顶面拱起一个大大的鼓包。

这起事故是由于电梯的制动器发生故障所致,制动器是电梯十分重要的部件,如果制动器失效或带有隐患,那么电梯将处于失控状态,无安全保障,后果将不堪设想。要有效地防范冲顶事故的发生,除加强标准的完善外,必须加强制动器的检查、保养和维修。

(3)其他事故

这类事故主要是个别装置失效或不可靠所造成的。1999年8月25日,东北某学院新装了两部电梯,李、高二人对电梯厅门与轿厢刀间的距离进行调整。当他们正在调整螺栓时,有人按了呼梯按钮,电梯快速上行,李某被挤入轿厢与6层厅门侧井道门,后抢救无效死亡。GB/T10058-1997《电梯技术条件》第3.3.9条规定:"轿顶应装设一个检修和停止装置,如轿内、机房也设有检修运行装置,应确保轿顶优先";GB7588-1995《电梯制造与安装安全规范》第14.2.1.3条规定:"检修运行:……a)一经进入检修运行,应取消正常运行"。可见,轿顶检修位于检修位置应同时能切断其他一切控制回路,即一经进入检修状态,应取消正常运行。

通过前面的分析可知,有关部门应宣传、执法到位,不断完善有关法规和技术标准;管理、使用、维保单位和个人应遵章守法;电梯检验人员,应严把安检关,从而杜绝或减少事故,以确保电梯的完全运行。

[做一做]
请列表将电梯运行故障及事故做一个分类,并提出针对性的预防措施。

【实践训练】

课目一:电梯的故障演示

(一)目的

通过实验电梯内设故障的启示,观察电梯的运行情况,从而对电梯的各种常见故障有一个直观的认识。

（二）要求

了解电梯故障的分类和电梯事故的原理及其种类；分析产生电梯故障的原因及故障排除方法，以预防电梯事故的发生。

（三）步骤

（1）由老师带领学生进行演示性实验，老师逐一设定故障内容，学生观看电梯现象。

（2）分析这些现象产生的原因及故障排除方法，写出实验报告。

课目二：电梯安全装置的作用

（一）目的

通过本实验使学生进一步加深对电梯安全保护装置的认识，了解安全装置在电梯运行过程中的重要性。

（二）要求

能够掌握电梯安全保护装置的构造和功能，认识到安全装置的重要性。

（三）步骤

（1）由老师带领学生演示，一边操作、一边讲解。

（2）讲解：①厅门锁；②轿门限位；③急停保护；④上限位、上级限；⑤下限位，下极限；⑥限速器。

（3）学生观察老师调整各保护装置的参数进行的演示实验，写实验报告。

第三节　液压电梯

液压电梯与电力驱动的曳引式或强制式电梯相比，主要区别在于驱动系统采用液压传动方式，另外，它没有对重，但可以设置平衡重。液压电梯不必在楼顶设置机房，建筑高度可降低，这对高度受到日照限制的大楼，更能发挥其优势。近几年来，国外乘客用液压电梯每年约以20％的比率增长。随着人口的老龄化，如果低层（5层以下）楼也开始安装电梯，则液压电梯将具有很大的开发潜力，应用前景广宽。

一、液压电梯的特点及应用场合

[做一做]

列表比较液压电梯的优缺点。

液压电梯与其他驱动形式的垂直运输工具（如曳引电梯）相比，具有许多特点：

（一）优点

1. 建筑方面

（1）不需要在井道上方设立要求和造价都高的机房，顶房可与屋顶平齐。

（2）机房设置灵活。液压传动系统是依靠油管来传递动力的,因此机房位置可设置在离井道 20m 内的范围内,且机房占有面积也仅 4～5m²。

（3）井道利用率高。通常液压电梯不设置对重装置,故可提高井道面积利用率。

（4）井道结构强度要求低。由于液压电梯轿厢自重及载荷等垂直负荷,均通过液压缸全部作用于井道地基上,对井道的墙及顶部的建筑性能要求低。

2. 技术性能方面

（1）运行平衡、乘坐舒适。液压电梯传递动力均匀平稳,且比例阀能实现无级调速,电梯运行速度曲线变化平缓,因此舒适感优于调速电梯。

（2）安全性好,可靠性高,易于维修。

（3）载重量大。液压系统的功率重量比大,因此同样规格电梯,可运载的重量大。

（4）噪声低。液压系统可采用低噪声螺杆泵,同时泵、电动机可设计成潜油式结构,构成一个泵站整体,大大降低了噪声。

（5）防爆性性能好。液压电梯采用低凝阻燃液压油,邮箱又为整体密封,电动机、液压泵浸没在液压油中,能有效防止可燃气、液体的燃烧。

3. 使用维修方面

（1）故障率低。由于采用了先进的液压系统,且有良好的电液控制方式,电梯运行故障率可将至最低。

（2）节能性好。液压电梯下行时,靠自重产生的压力驱动,能节省能量。

(二)缺点

（1）运行速度偏低及提升高度偏小。由于控制、动力及结构上的原因,液压电梯的速度一般限制在 1.5m/s 以下,提升高度也很少有超过 40m。

（2）受油温影响大。油温变化直接影响油缸压力,油温变化会引起速度波动。

（3）驱动功率能耗大。

（4）泵站噪音大。

(三)应用的场合

（1）宾馆、办公楼、图书馆、医院、实验室、中低层住宅,这些建筑对电梯的要求是舒适、噪音低、可靠性高。

（2）车库、停车场,由于汽车电梯轿箱规格大,输出功率大,一次采用液压电梯能够满足要求。

（3）需要增设电梯的旧房改造工程,由于旧房改造的土建结构限制,配用液压电梯是较好的方案。

（4）古典建筑,增设电梯不能破坏其外貌及内在风格,因此液压电梯也是首选。

（5）跳水台、石油钻井台、船舶等由于不能设置机房且载重量较大,液压电梯的优势也比较明显。

二、液压电梯的基本形式

液压电梯有多种形式。从体现结构特点的角度,通常以液压缸与轿厢的连接方式来分类,分为直顶式和侧顶式。

1. 直顶式

直顶式液压电梯是柱塞直接作用在轿箱上,轿箱和柱塞之间是挠性连接。直顶式液压电梯可以不设安全制动装置,也不必设置限速器,而是由装在液压缸油出口处的限速切断阀来实现电梯超速的保护。所以轿箱设置简单,不需要设钢丝绳,油缸直接竖在底坑中,底坑一般较深。为了减小底坑深度,可采用多级伸缩式液压缸。其结构如千斤顶上加一轿箱,直顶式液压电梯结构如图5-10所示。

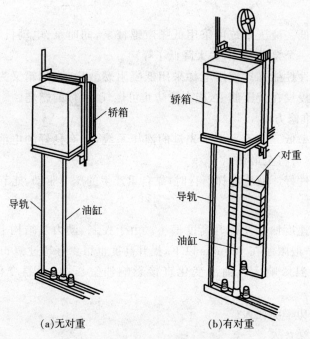

(a)无对重	(b)有对重

图 5-10　直顶式液压电梯

2. 侧顶式

侧顶式液压电梯柱塞不直接作用在轿箱上,是将柱塞通过悬吊装置连接在轿箱架上。一般柱塞和轿箱的位移比是1:2,也有采用1:4或者1:6的。轿箱用这种方式不必设置很深的底坑,但由于采用了钢丝绳或者链条等悬吊装置,所以要配置限速安全装置。

侧顶式液压电梯采用单级柱塞液压缸,提升高度一般为20~40m,若采用多级伸缩式液压缸可获得较大的提升高度。

三、液压电梯的基本结构

液压电梯是一种高科技的机、电、液一体化系统,它可以分为多个相对独立,但又相互协调配合的子系统。一般包括以下几部分：

1. 泵站

泵站是液压电梯的动力源，常用的液压泵有齿轮泵、叶片泵和螺旋泵三种，从振动小、噪声低的要求一般使用螺旋泵。泵站系统由电动机、液压泵、油箱及附属元件等组成，其功能是为液压缸提供稳定的动力源，储存油液。

(1)电动机

为液压泵提供稳定的输入动力。

(2)液压泵

将电动机输入的机械动力转化为压力能，为液压系统提供在一定压力下的流量，输出压力一般为 $0 \sim 10$ MPa 之间。

(3)油箱

主要功能有储油、散热、分离混入油中的空气、沉淀油液中的污染物等等。

液压动力装置的最大问题是噪声大，为了减小噪声可以设置隔音罩，目前国外使用较多的是采用潜油型液压的动力装置。

2. 液压控制系统

液压控制系统由集成阀块、止回阀、液压系统控制电路等组成；其功能是控制电梯的运行速度，接收输入信号并操纵电梯的启动、运行、停止。

(1)集成阀块

对于阀控系统，在泵站输入恒定流量的情况下，控制输出流量的变化，并具有超压保护、锁定、压力显示等功能。对于泵控系统，阀块常具有流量检测功能，还具有超压保护、锁定、压力显示等功能。

(2)止回阀

用于停机后锁定系统。

(3)液压系统控制电路

有开关系统和闭环比例系统之分。闭环比例系统，电路一般比较复杂，具有自动生成理想速度变化曲线，并有利用 PID、模糊控制等技术来控制系统流量变化的功能；开关控制系统，电路比较简单，只能利用多个输入信号来控制液压系统电磁阀的启闭。

3. 液压缸及柱塞

液压缸及支承系统功能是直接带动轿厢的运动。液压缸将液压系统输出的压力能转化为机械能，利用柱塞的机械运动来带动轿厢的运动。液压缸一般用薄壁钢管制造，液压缸要承受液压油的压力，柱塞要承受电梯的总重量。

液压电梯一般采用单作用柱塞缸，很少采用活塞缸。为了提高行程，也有采用二级乃至多级的伸缩缸。

4. 导向系统

导向系统由导轨、导靴和导轨架组成；其功能是限制轿厢的活动自由度，使轿厢只能沿着导轨作升降运动。

导轨在井道中对轿箱的运动起导向作用，由钢轨和连接板组成。导靴与曳

[问一问]

1. 液压电梯有哪些特点? 适用于那些场合?

2. 液压电梯有哪些结构形式? 各有何特点?

引式电梯相同,装载轿箱上与导轨配合,强制轿箱沿导轨运行。导轨架是支撑导轨的构架,固定在井道中。

5. 轿箱

和曳引式电梯一样,轿箱由轿箱架和轿箱体组成,其功能是直接运送乘客或者货物。轿箱架用来固定轿箱体及承重,轿箱体用来容纳乘客或者货物。

6. 门系统

门系统由轿箱门、层门、开门机及门锁装置构成,其功能是按照电气控制系统的指令控制封闭或者开启层站入口和轿箱入口。

轿箱门用来封闭或者开启轿箱,由门、门导轨架、轿箱地坎组成;层门由门导轨架、门、层门地坎、层门联动装置等组成。

开门机用来开启或者关闭轿箱门、层门。门锁装置当层门关闭后锁紧层门,同时输出信号通知电气系统。

7. 电气控制系统

电气控制系统由控制柜、操纵装置、位置显示装置等组成。其功能是控制电梯的运行协调各部件的工作,并显示电梯运行情况。

8. 安全控制系统

安全保护装置由限速器、安全钳、缓冲器、端站保护装置等组成,其功能是确保电梯安全正常工作,防止事故的发生,其结构和功能见本章第二节。

四、液压电梯的控制方式

采用了先进的液压系统,具有良好的电液控制能力,电梯运行的故障率可降至最低,且使用维修简便。电梯液压控制系统是典型的非线性负荷、变参数的系统。目前电梯液压控制系统的控制方式可以分为开关控制、容积调速控制、比例控制和复合控制。

1. 开关控制

开关控制是利用机械或者电气开关量来控制电梯在运行和停止两种工况之间的切换,主要用于早期的液压电梯,目前主要用于货梯,运行平稳性不高,最高速度受到限制。

2. 容积调速控制

容积控制是一种流量闭环控制。由于采用流量闭环,电梯运行平稳性好,负载刚度大,能量损耗小。但缺点是电梯下行的时候引起液压系统的温升较大。

3. 比例控制

这种控制方式采用流量—位移—力反馈、流量—电反馈等构成反馈回路,抑制了负载、非线性因素对系统性能的影响。动态性能,运行平稳性都很好。

4. 复合控制

复合控制系统是综合各种控制方式的系统,上行部分采用容积控制或者比例控制,下行采用独特的结构将势能转换为电能。因其制造成本较高未能形成市场,但作为一种节能控制系统,有很好的应用前景。

课目：了解液压电梯结构及安装测试过程

(一)目的

　　通过录像或其他视频教学资料，了解液压电梯结构以及安装测试过程，掌握液压电梯安装验收相关知识。

(二)要求

　　了解液压电梯的基本结构和液压电梯的控制方式，熟悉《液压电梯》(JG 5071—1996)相关内容。

(三)步骤

　　(1)了解液压电梯的优、缺点及应用场合。

　　(2)了解液压电梯的基本结构。

　　(3)了解液压控制系统的功能。

第四节　自动扶梯、自动人行道

　　自动扶梯、自动人行道也是比较重要的垂直交通工具。它们同样采用电力进行驱动，特点是能大量、连续地在固定楼层间运送乘客。因其结构紧凑，安全可靠，故而在商场、地铁站、机场等人流量较大的场所得到了广泛的应用。

　　自动扶梯、自动人行道的安装工程与电力驱动的曳引式或强制式电梯及液压电梯的安装工程相比有较大的差别，电力驱动的曳引式或强制式电梯及液压电梯以零部件出厂，现场完成组装、调试；而自动扶梯、自动人行道(除大长度水平人行道外)，一般已在生产厂内进行了组装、调试、检查。工程施工主要工作是土建验收、吊装、整机安装及调试。

一、自动扶梯和自动人行道的定义

　　自动扶梯和自动人行道在结构和工作原理上没有根本的区别，只是两者的提升坡度的区别和运载形式的区别。

　　1. 自动扶梯

　　其定义一般是：带有循环运动梯路向上或者向下倾斜(30°～50°)输送乘客的固定电力驱动设备。

　　2. 自动人行道

　　其定义一般是：带有循环运动走道(板式或带式)水平或者倾斜(≤12°)输送乘客的固定电力驱动设备。

[问一问]

　　自动扶梯和自动人行道两者的区别是什么？

二、自动扶梯和自动人行道的分类

1. 按驱动装置位置分类

(1)端部驱动自动扶梯(或称链条式)

驱动装置置于自动扶梯头部,并以链条为牵引构件的自动扶梯。

(2)中间驱动自动扶梯(或称齿条式)

驱动装置置于自动扶梯中部上分支与下分支之间,并以齿条为牵引构件的自动扶梯。一台自动扶梯可以装多组驱动装置,也称多级驱动组合式自动扶梯。

2. 按牵引构件形式分类

(1)链条式自动扶梯(或称端部驱动式)

以链条为牵引构件、驱动装置置于自动扶梯头部的自动扶梯。

(2)齿条式自动扶梯(或称中间驱动式)

以齿条为牵引构件、驱动装置组置于自动扶梯中部上分支与下分支之间的自动扶梯。

3. 按自动扶梯扶手外观分类

(1)全透明扶手自动扶梯

扶手带只用全透明钢化玻璃支撑的自动扶梯。

(2)半透明扶手自动扶梯

扶手带用半透明钢化玻璃及少量撑杆支撑的自动扶梯。

(3)不透明扶手自动扶梯

扶手带采用支架并覆以不透明板材支撑的自动扶梯。

4. 按自动扶梯路线分类

(1)直线型自动扶梯:扶梯梯路为直线型的自动扶梯。

(2)螺旋型自动扶梯:扶梯梯路为螺旋型的自动扶梯。

5. 按使用条件分类

(1)普通型自动扶梯,每周少于 140h 运行时间。

(2)公共交通型自动扶梯,每周大于 140h 运行时间。

6. 按提升高度分类

自动扶梯按提升高度分有最大至 8m 的小提升高度,和最大至 25m 的中提升高度以及最大可达 65m 的大提升高度 3 类。

7. 按运行速度分类

自动扶梯按运行速度分有恒速和可调速两种。

8. 多级驱动(中间驱动)自动扶梯

为了减轻自动扶梯自重、节约能耗、充分利用自动扶梯本身所占空间,使其布置更为紧凑,将中间驱动装置放置于自动扶梯上、下分支的中间,即为中间驱动自动扶梯。该为自动扶梯必占空间,充分利用这一空间即可省去金属结构上端的内机房所占的空间。

9. 自动人行道的分类

自动人行道的分类除类似以上自动扶梯分类方法外,一般可以分为:

(1)踏步式自动人行道

由一系列踏步组成的活动路面,两边安装有活动扶手的自动人行道。

(2)钢带式自动人行道

有整根钢带上面敷设橡胶层的活动路面,两边安装有活动扶手的自动人行道。

(3)双线式自动人行道

有一根销轴垂直放置的牵引链条构成来回两分支,在水平面内的闭合轮廓,以形成一来一回两台运行方向相反的自动人行道。

[问一问]

1. 自动扶梯和自动人行道的区别?

2. 自动扶梯和自动人行道的分类?

三、自动扶梯的构造

自动扶梯是复杂的动力机械传动装置,是工厂生产的定型产品,在设计使用前应向有关厂家索取技术资料作为设计依据。除机械动力装置外,扶梯的外部造型,可根据具体环境要求设计,由工厂定做或现场制作。

自动扶梯基本构造,如图 5-11 所示。主要由以下部件组成:

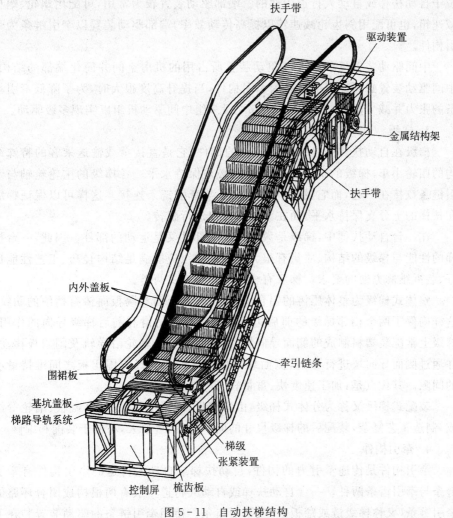

图 5-11 自动扶梯结构

1. 金属构架

自动扶梯或自动人行道的金属结构架具有安装和支承各个部件、承受各种载荷以及连接两个不同层楼地面的作用。

金属结构架一般有桁架式和板梁式两种,桁架式金属结构架通常采用普通型钢(角钢、槽钢及扁钢)焊接而成,有整体焊接桁架和分体焊接桁架两种,分体桁架一般由三部分组成:上平台、下平台和中部桁架。

为了保证电梯处于良好的工作状态,桁架必须有一定的刚度,一般要求其挠度为上下距离的1‰。必要时扶梯桁架设中间支承,不仅起到支撑作用,还能随桁架的胀和缩自行调节。

2. 驱动装置

驱动装置的作用是将动力传递给予梯路系统及扶手系统,一般由电动机、减速箱、制动器、传动链条及驱动主轴等组成。

驱动装置通常位于自动扶梯或自动人行道的端部(即端部驱动装置),也有位于自动扶梯或自动人行道中部的。端部驱动装置较为常用,可配用蜗轮、蜗杆减速箱,也可配用斜齿轮减速箱以提高传动效率,端部驱动装置以牵引链条为牵引构件。

中间驱动装置可节省端部驱动装置所占用的机房空间并简化端部的结构,中间驱动装置必须以牵引齿条为牵引构件,当提升高度很大时,为了降低牵引齿条的张力并减少能耗,可在扶梯内部配设多组中间驱动机组以实现多级驱动。

3. 梯级

梯级在自动扶梯中是一个很关键的部件,它是直接承载输送乘客的特殊结构的四轮小车,梯级的踏板面在工作段必须保持水平。各梯级的主轮轮轴与牵引链条铰接在一起,而它的辅轮轮轴则不与牵引链条连接。这样可以保证梯级在扶梯的上分支保持水平,而在下分支可以进行翻转。

在一台自动扶梯中,梯级是数量最多的部件又是运动的部件。因此,一台扶梯的性能与梯级的结构、质量有很大关系。梯级应能满足结构轻巧、工艺性能良好、装拆维修方便的要求。梯级有整体式和装配式两类。

整体式梯级为整体压铸的铝合金铸造件,踏板面和踢板面铸有精细的肋纹,这样确保了两个相邻梯级的前后边缘啮合并具有防滑和前后梯级导向的作用。梯级上常配装塑料制成的侧面导向块,梯级靠主轮与辅轮沿导轨及围裙板移动,并通过侧面导向块进行导向,侧面导向块还保证了梯级与围裙板之间维持最小的间隙。其优点是:加工速度快、重量轻、安装精度高。

装配式梯级又称为分体式梯级,由脚踏板、起步板、支架与基础板、滚轮等组成,制造工艺复杂,装配后的梯级尺寸的同一性差,重量大,不便于装配和维修。

4. 牵引构件

牵引构件是传递牵引力的构件,自动扶梯或自动人行道的牵引构件有牵引链条与牵引齿条两种。一台自动扶梯或自动人行道一般有两根构成闭合环路的牵引链条(又称梯级链或踏板链)或牵引齿条。使用牵引链条的驱动装置装在上分支上水平直线段的末端,即端部驱动装置。使用牵引齿条的驱动装置装在倾斜直线段上、下分支的当中,即中间驱动装置。

5. 张紧装置

张紧装置有张紧装置的作用是:

(1)使牵引链条获得必要的初张力,以保证自动扶梯或自动人行道正常运行;

(2)补偿牵引链条在运转过程中的伸长;

(3)牵引链条及梯级(或踏板)由一个分支过渡到另一分支的改向功能;

(4)梯路导向所必须的部件(如转向壁等)均装在张紧装置上。

张紧装置可分为重锤式张紧装置和弹簧式张紧装置等。目前常见的是弹簧式张紧装置。见图5-12所示,张紧装置链轮轴的两端各装在滑块内,滑块可在固定的滑槽中水平滑动,并且张紧链轮同滑块一起移动,以调节牵引链条的张力,安全开关用来监控张紧装置的状态。

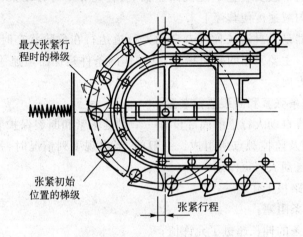

图5-12 弹簧式张紧装置结构

弹簧式张紧装置轮轴的两端各装在滑块内,滑块可以在固定的滑槽内滑动,张紧弹簧可以由螺母调节张力,使电梯处于良好的运行状态。当链条断裂或者伸长时,张紧装置上的滚子产生位移,使安全装置动作,扶梯停止运行。

6. 扶手装置

扶手装置是装在自动扶梯或自动人行道两侧的特种结构形式的带式输送机。扶手装置主要供站立在梯路中的乘客扶手之用,是重要的安全设备,在乘客出入自动扶梯或自动人行道的瞬间,扶手的作用显得更为重要。扶手装置由扶手驱动系统、扶手带、栏板等组成。

扶手驱动系统有驱动装置通过扶手链直接驱动,无需中间轴,扶手带驱动轮缘有耐油橡胶摩擦层,以提高摩擦力保证扶手带和梯级同步运行。

扶手带有多种材料组成,主要为天然或者合成橡胶、棉织物(帘子布)与钢丝或者钢带。标准颜色为黑色,厂家也可以根据用户需要提供其他颜色的扶手带。

栏板设在梯级两侧,起保护和装饰作用,有多种形式,材料结构也不尽相同,一般分为垂直扶栏和倾斜扶栏。垂直扶栏一般是全透明无支撑护栏,倾斜护栏则为不透明或者半透明扶栏。

7. 安全装置

[做一做]

自动扶梯的安全装置非常重要,请列表比较常见安全装置的构造及原理。

自动扶梯及自动人行道的安全性非常重要,国家标准对所需的安全装置有明确的规定。安全装置的主要作用是保护乘客,使其免于潜在的各种危险(包括乘客疏忽大意造成的危险和由于机械电气故障而造成的危险等);其次,安全装置对自动扶梯及自动人行道设备本身具有保护作用,能把事故对设备的破坏性降到最低;另外,安全装置也使事故对建筑物的破坏程度降到最小。

下面将介绍一些常见的安全装置:

(1)工作制动器和紧急制动器

工作制动器是正常停车时使用的制动器,紧急制动器则是在紧急情况下起作用。

工作制动器一般安装在电动机高速轴上,它能够使得自动扶梯或者人行道以一个几乎是匀减速度使其停下来。

紧急制动器是当自动扶梯或者自动人行道运行在危险状态时,紧急将电梯停下来的装置。主要采用的是机械式,其动作的条件是梯路超速 40% 或者梯路忽然改变运行方向。

(2)牵引链条张紧和断裂监控装置

自动扶梯或自动人行道的底部设有一牵引链张紧和断裂保护装置。它由张紧架、张紧弹簧及监控触点所组成。一般的,当出现下列情况时,张紧触点会迫使自动扶梯或自动人行道停运:

① 梯级或踏板卡住;

② 牵引链条阻塞;

③ 牵引链条的伸长超过了允许值;

④ 牵引链条断裂。

(3)梳齿板保护装置

为了防止梯级(或踏板)与梯路出入口的固定端之间嵌入异物而造成事故,在固定端设计了梳齿板保护装置。

在梳板下方装一楔块如图 5-13 所示,楔块前装一个开关,当乘客的雨伞尖、高跟鞋跟或者其他异物嵌入梳齿后,在梳齿板前移一定距离时,楔块撞击开关,切断电源,电梯停止运行。

(4)扶手带入口安全保护装置

在扶手带端部下方入口处,常常发生异物夹住的事故,孩子不注意时也容易把手夹住。因此需设计扶手带入口安全保护装置其结构如图 5-14 所示。

该结构是一种弹性体套圈防异物装置。这种套圈在受到平行于扶手胶带运动方向的力作用的时候,将发生形变。这个装置有一个安装在扶手胶带入口处的套圈,扶手胶带可以从中间通过,里面装有弹性缓冲器,缓冲器内有许多销钉,销钉沿着扶手胶带的方向穿过套圈。当套圈缓冲器由于与扶手胶带入口处的异物接触而充分变形时,销钉能够触动安装在入口内的开关。当销钉触动开关时,自动扶梯停车并发出警告。当衣物被脱离时,套圈固有的弹性使销钉离开开关,自动扶梯重新启动。

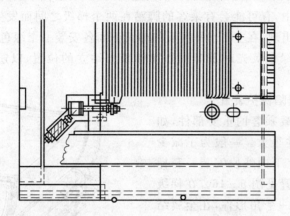

图 5-13 梳齿板保护装置

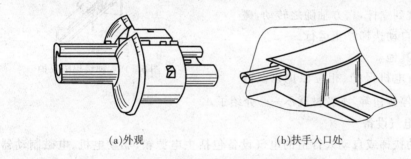

(a)外观 (b)扶手入口处

图 5-14 扶手带入口安全保护装置

(5)速度监控装置

自动扶梯或自动人行道超过额定速度或低于额定速度运行都是很危险的,因此需配备速度监控装置,以便在超速或欠速的情况下实现停车。速度监控装置可装在梯路内部,用以监测梯级运行速度。

(6)裙板保护装置

自动扶梯在正常工作时,围裙板与梯级间应保持一定间隙。单边为 4mm,两边之和为 7mm,为了防止异物夹入梯级和围裙板之间的间隙,在自动扶梯上部或下部的围裙板反面都装有安全开关。一旦围裙板被夹变形,它会触动安全开关,自动扶梯即断电停运。裙板保护装置如图 5-15 所示。

当有异物进入缝隙,裙板发生变形,裙板背面安装的 C 形钢也随之移动,达

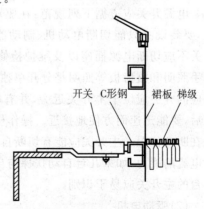

图 5-15 裙板保护装置

到一定位置碰击开关,自动扶梯停车。

(7)梯级间隙照明

在梯路上下水平区段和曲线区段的过渡处,梯级正在形成阶梯,或者阶梯正在消失的过程中,有可能会有乘客的脚踏在两个梯级之间而发生危险。为了避免这种现象的出现,在上下水平区段的梯级下面各安装一个绿色荧光灯,使乘客经过该处看到绿色荧光时及时调整在梯级上站立的位置,以避免危险状况的出现。

(8)梯级塌陷保护装置

梯级是搭载乘客的重要部件,如果损害,危险性很大。一般为了减少危险,在梯路上下曲线段安装一套梯阶塌陷保护装置见图 5-16。在梯级辅助轮上安装一个角形件,在金属结构上装一立杆,和一个六方轴相连,其下为开关。当梯级因损坏而下陷时,角形杆碰到立杆,六方轴随之转动,碰击开关,自动扶梯停止运行。

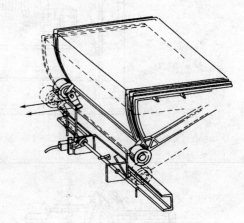

图 5-16 梯级塌陷保护

(9)其他

还有电机保护、相位保护以及静电刷、急停按钮等,本教材就不一一介绍了。

8. 电气设备

自动扶梯或自动人行道的电气设备包括主电源箱、驱动电机、电磁制动器、控制屏、操纵开关、照明电路、故障及状态指示器、安全开关、传感器、远程监控装置、报警装置等部分。

(1)主电源箱

主电源箱通常装在自动扶梯或自动人行道驱动端的机房中,箱体中包含了主开关和主要的自动断电装置。

电源开关应遵循下列规范:在驱动机房或是改向装置机房或是在控制屏附近,要装设一只能切断电动机、制动器的释放器及控制电路电源的主开关,但该开关不应切断电源插座以及维护检修所必需的照明电路的电源。当暖气设备、扶手照明和梳齿板等照明是分开单独供电时,则应设单独切断其电源的开关,各相应的开关应位于主开关近旁,并有明显标志。主开关的操作机构在活门打开之后,要能迅速而方便地接近。操作机构应具有稳定的断开和闭合位置,并能保持在断开位置。主开关应能有切断自动扶梯及自动人行道在正常使用情况下最大电流的能力,如果几台自动扶梯与自动人行道的各主开关设置在一个机房内,各台的主开关应易于识别。

(2)驱动电机

驱动电机可选用启动电流较小的三相交流鼠笼式电动机,并安装在驱动端的机房中。驱动电机的功率大小与自动扶梯或自动人行道的提升高度、梯路宽度、倾斜角度等参数有关。

关于电动机的保护问题应注意：直接与电源连接的电动机要有保护，并要采用手动复位的自动开关进行过载保护，该开关应切断电动机的所有供电。当过载控制取决于电动机绕组温升时，则开关装置可在绕组充分冷却后自动地闭合，但只有在符合对自动扶梯及自动人行道有关规定的情况下才能再行启动。

(3)电磁制动器

工作制动器和紧急制动器均可选用电磁制动器。当内部的电磁线圈通电时，衔铁吸合，并带动相应部件动作。

(4)控制屏

控制屏一般位于驱动端或张紧端的机房内。控制屏中有主接触器、控制接触器、控制及信号继电器、控制线路电源变压器、电子印板、单相电源插座、检修操纵盒插座等元件，控制屏的外壳应可靠接地。

(5)操作开关

操纵开关是对自动扶梯或自动人行道发出运行指令的装置，包括钥匙开关、急停按钮、检修操纵盒等。

(6)照明电路

照明电路可分为机房照明、扶手照明、围裙板照明、梳齿板照明、梯级间隙照明等。

其他电气设备结合相关部件的位置发挥相应功能。

四、自动人行道的构造

自动人行道结构和自动扶梯基本相似，所不同的是自动人行道采用的是平板式运输机构，其传送角度一般小于 12°，自动人行道传送的距离水平或者微倾斜时可以达到 500m，传输速度一般为 0.5m/s，最高不超过 0.9m/s。自动人行道示意图如图 5 - 17 所示。

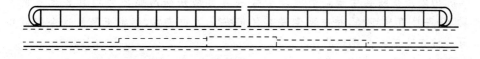

图 5 - 17 自动人行道示意图

将自动扶梯倾角降低至 0～12°，将梯级改为平板式踏步，使各踏步间不形成阶梯而形成平坦路面，自动扶梯就变成了踏步式自动人行道。其驱动装置扶手装置和自动扶梯通用，但由于踏步车轮无主次之分，其结构大大简化。

带式人行道原始结构就是工业上使用的传送带。带式人行道的主要部件是输送带，它由冷拉淬火的高强度钢带制成。钢带外面敷以橡胶层，钢带的支承可以是滑动的也可以使用托辊的。若使用滑动支承，钢带的另一面不敷设橡胶。上面橡胶带带小槽，能与梳齿板顺利啮合，这种结构的自动人行道使用量较少。

双线式结构的自动人行道使用更少,本教材不做介绍。自动人行道的桁架结构及安全装置的设置与自动扶梯基本相同,安装和调试程序与自动扶梯也一样。

【实践训练】

课目一:了解自动扶梯和自动人行道的结构和安装

(一)目的

通过观看录像或者其他视频教学资料。有条件的可以到施工现场,了解自动扶梯和自动人行道结构以及安装调试过程。

(二)要求

(1)熟悉《自动扶梯和自动人行道的制造与安装安全规范》(GB 16899—1997)相关内容。

(2)掌握自动扶梯和自动人行道安装验收相关知识。

课目二:自动扶梯和自动人行道的事故分析

(一)目的

通过自动扶梯和自动人行道事故案例分析,讨论其原因以及预防事故发生的措施。

(二)案例背景资料

[事故1] 2005年10月3日晚,11岁的彬彬(化名)随母亲李女士前往某书城购书。李女士在3楼买书时,彬彬独自一人上下自动扶梯,就在彬彬再次从3楼上至4楼时,突然意外地从自动扶梯上翻出,直坠至一楼,当时虽被火速送往医院仍无法挽救其生命。书城每个楼层与自动扶梯两侧之间均有2米宽的空隙,从一楼直通四楼,扶手两侧没有任何安全防护装置,彬彬正是从这个空隙中由三楼直坠至一楼死亡的。

[事故2] 2005年某购物中心由于促销打折,大量顾客为了抢购廉价商品而涌入一楼通往二楼的扶梯,使向上运行的扶梯逆转向下运行,造成乘客在下出入口处挤压,14人送往医院,1名38岁妇女因胸椎骨折被高位截瘫。

[事故3] 2007年8月13日下午,在某市轻轨车站A入口处,2岁大没有穿鞋的女孩小丽(化名)和婆婆下自动扶梯时,很兴奋,非要下来自己站着。到扶梯末端,孩子没有抬脚,脚趾顺势滑进挡板与活动台阶的缝隙中,可扶梯并未停下,而是继续向下运动,右脚不慎卷入扶梯的挡板下。经过消防队1个小时的营救,虽然孩子的腿被取出,但经医生诊断,其伤势严重,可能需要截肢。

(三)讨论与分析

[事故1] 本事故可以认为是由于死者鲁莽轻率行为导致的。虽然《自动扶梯和自动人行道的制造与安装安全规范》(GB16899—1997)已经考虑到某些情况下使用者的鲁莽轻率行为,但不是全部的情况。所以安装施工时,要由有防止人员从此间隙坠落的措施。

[事故2] 造成事故的直接原因是扶梯严重超载运行,电动机的功率不能提供满足负荷的制动力矩而产生逆转,即使保护动作,制动器也无法将扶梯停止下来,从而导致溜车。次要责任应该是管理者的责任,没有采取措施防止扶梯超载。由于扶梯本身不能保证超载,其载重量是按人员正常规矩的站立在梯级设计的,如果发生不正常的滥用,安全是不能保证的,因此管理者有责任防止扶梯被滥用。

[事故3] 分析如下:

(1)围裙板的强度不够,受到挤压后与梯级之间的间隙变大,使脚夹入,而由于围裙板具有弹性,在将脚取出后,恢复到原来的间隙;

(2)梯级下沉,使其与梳齿板的间隙增大;

(3)梳齿断齿,使其与梯级踏面的间隙增大;

(4)梯级驱动轮磨损,左右逛量增大,当与围裙板之间夹入异物时将梯级推向另一边,使其间隙更大,而当异物取出后其又回到原位运行。

本章思考与实训

1. 电梯的性能要求有哪些?

2. 曳引式电梯的优点是什么?

3. 电梯运行故障及事故分类是什么? 如何预防?

4. 液压电梯的基本形式有哪些?

5. 试述自动扶梯的安全装置的特点。

6. 结合案例,请写出预防电梯事故发生的措施。

参考文献

1. GB 50300—2001　建筑工程施工质量验收统一标准．北京:中国建筑工业出版社,2001
2. 王继明．建筑设备．北京:建筑工业出版社,2007
3. 陈思荣．建筑设备安装工艺与识图．北京:机械工业出版社,2008
4. 田奇．建筑机械使用与维护．北京:中国建材工业出版社,2003
5. 马铁椿．建筑设备．北京:高等教育出版社,2003
6. 孙光远．建筑设备与识图．北京:高等教育出版社,2005
7. 赵兴忠．建筑设备工程．北京:科学出版社,2002
8. 陈妙芳．建筑设备．上海:同济大学出版,2002
9. 张琦．现代电梯构造与使用．北京:清华大学出版社,2004
10. 张元培．电梯与自动扶梯安装维修．北京:中国电力出版社,2005
11. 李秧耕．电梯基本原理及安装维修全书．北京:机械工业出版社,2006
12. 杨万高．建筑电气安装工程手册．北京:中国电力出版社,2005
13. 瞿义勇．电梯工程施工与质量验收实用手册．北京:中国建材工业出版社,2004